新大话信息通信丛书

大话

（第2版）

移动通信网络规划

马华兴　董江波 等◎编著

U02773Z3

人民邮电出版社

北　京

图书在版编目（CIP）数据

大话移动通信网络规划 / 马华兴等编著. -- 2版
. -- 北京 ：人民邮电出版社，2019.8（2023.1重印）
（新大话信息通信丛书）
ISBN 978-7-115-50989-5

Ⅰ．①大… Ⅱ．①马… Ⅲ．①移动通信－网络规划
Ⅳ．①TN929.5

中国版本图书馆CIP数据核字(2019)第051631号

内 容 提 要

　　本书是一本介绍移动通信网络规划的专业科普图书，主要讲解了如下几个问题：网络规划是什么？为什么要做网络规划？网络规划有哪些事可以做？怎样才能做好网络规划？如何扮演好规划咨询师的角色？网络规划今后的发展在何方？为解答这些问题，本书从概念、管理、方案、人、建模、容量、覆盖、频率、仿真、参数、场景、演进多个角度做了细致入微的讲解。

　　本书可供从事通信网络规划设计、优化和维护的技术人员及相关管理人员阅读，也可供高校通信专业的师生阅读参考。

　◆ 编　　著　马华兴　董江波 等
　　　责任编辑　李　强
　　　责任印制　彭志环

　◆ 人民邮电出版社出版发行　北京市丰台区成寿寺路 11 号
　　　邮编　100164　电子邮件　315@ptpress.com.cn
　　　网址　https://www.ptpress.com.cn
　　　北京盛通印刷股份有限公司印刷

　◆ 开本：800×1000　1/16
　　　印张：21　　　　　　　　　　2019 年 8 月第 2 版
　　　字数：366 千字　　　　　　　2023 年 1 月北京第 7 次印刷

定价：99.00 元

读者服务热线：(010)81055493　印装质量热线：(010)81055316
反盗版热线：(010)81055315
广告经营许可证：京东市监广登字 20170147 号

再版前言

《大话移动通信网络规划》第 1 版出版已将近 10 年时间，我没想到这本书能在网络规划这个很小的圈子里快速普及，很多通信设计院、运营商规划优化部门、设备商网络规划部门的员工都会买一本，甚至不少通信专业的毕业生都会买。

而今，通信网络取得了较大发展，通信技术已经是以 LTE 为主的 4G 技术，因而我应人民邮电出版社邀请，再版此书。

本书和其他网络规划图书的最重要区别是，以规划为主，技术为辅，技术为规划服务。所以，书的前半部分通通在讲怎么完成一个网络的规划，更多从项目、方案、沟通的角度来讨论规划。我们尽量用通俗浅显的语言说清楚一个网络规划工程师的工作到底是什么样的，会从个人能力培养的角度来看待这个职业。

后半部分，我们还拉回技术，将涉及无线网络规划的方方面面：覆盖、容量、频率、仿真、参数、场景，都分析了一遍。我们尽量向上归纳，不站在某个具体技术上分析，而是从中找出 2G/3G/4G 的共通点进行讨论，这样纲举目张，一通百通，能从本质上洞察网络规划的特点、要点和难点。

最后，本书讲述了未来通信网络中网络规划的难点。特别是到了物联网和人工智能应用的 5G 乃至 6G 网络，传统的网络规划方法会面临新的挑战，网络规划工程师的职业生涯也会面临新的挑战，由此开启一个新的展望。

新版的内容主要增加了 4G（LTE）网络的技术理念和涉及覆盖、容量、仿真、频谱和参数的规划理念、思路和方法。其中，原稿大部分内容未做改动，在各个章节增加了 4G 网络规划的案例。

本书的主要作者为董江波和我。董江波博士从事通信网络规划方法研究、规划软件开发、仿真软件开发十余年，是 3G、4G 乃至 5G 网络规划研究的资深专家，负责编写了书中所有涉及 4G 技术的规划思路和方法；我 2012 年之前从事通信网络规划的工程设计、标准制定、项目管理和团队管理，对通信网络规划的整体流程、工程师的工作定位、网络规划的项目管理有丰富的经验，负责编写书中的多数章节。本书第 8 章由李文琦先生和马文华博士编写。

　　最后，感谢人民邮电出版社李强编辑给予我们的鼓励和支持；感谢中国移动通信集团设计院有限公司高鹏副院长对本书的大力支持；感谢一起从事网络规划的领导和同事：马文华、李文琦、赵培、高峰、袁静、何继伟、朱文涛，通过与他们的沟通，我感到非常愉悦，也学到了很多知识；感谢在论坛上和其他角落关注我的人们。

　　本书的内容有很多个人主观的感悟和见解，由于笔者水平有限，时间仓促，书中会有很多不足之处，欢迎读者批评指正。

马华兴

2019 年 2 月

目 录

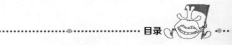

Chapter 1

第 1 章

规划：控制心中的不确定

1.1 抛开网络谈规划：规划为哪般

谈到规划，很多名言谚语就浮现在脑海里："凡事预则立，不预则废"强调规划的重要性；"不谋万世者不足谋一时，不谋全局者不足谋一域"强调规划的全面性和长远性；然而，也有些俗语对规划颇有讥讽色彩，"计划赶不上变化""规划鬼话，纸上画画，墙上挂挂……"所有言辞反映了人们对"规划"的重视与无奈的矛盾心理。

规划是对未来的发展计划。抛开通信网络不谈，几乎所有人所参与的事情都需要规划，国家战略规划、市政规划、产品规划、人生规划、职业规划……反观这所有的规划，我们是否发现一个特点，即规划必须要跟未来挂钩。设计师们今天辛苦成就的规划却要为明天的现实负责，难免会受到诟病和非议了。

移动通信网络为什么要规划？更广义层面问：人类做的这么多事为什么要规划呢？以下是本人私自揣测的原因。

原因之一是人类本能使然。规划的古意是规而划之，即按某种规律对事物进行归类划分。生养过小孩的人会发现小孩子在 2 岁左右会有一段时间的"秩序敏感期"，他会将所有的东西都划出归属来，比如哪个椅子是谁专门坐的，哪些书是爸爸的，哪些书是妈妈的……一旦大人们没按他心中的秩序来执行时，比如他认为某个椅子是妈妈坐的，结果爸爸坐在上边了，那么他就会十分焦虑，甚至发怒抓狂、嚎啕大哭。这是本能，最好的办法是尊重他的"规划"，不评价也不强化，过一段时间这个敏感期自然过去。如果在这时不尊重他的秩序感，那么有可能造成在他成人后心理边界上的混乱，要么任人欺凌，要么极度霸道。

原因之二在于反熵过程。人类社会发展这几十万年的过程是反熵过程的典型案例。而规划则是反熵过程的前奏，通过规划，将原本混乱的世界变得井然有序，社会由此逐步演化。通信网络规划一样如此，不经过规划的网络定会服从熵增规律而越发混乱，而规划则是对网络反熵的一次次努力。这样，通信网络在规划、设计、优化的长期过程中保持稳定、可控及和谐，满足了各价值环节获取收益的需求，最终满足了广大用户通信的需求。

原因之三在于对未来不确定性的恐慌。必须承认，未来从来都是不确定的。这几年科技的发展速度呈现指数级增长，未来的不确定性更是与日俱增。设想一下，如果电梯里没有所在楼层的显示，那将是一种什么景象呢？不知道自己到了哪一层，不知道下一层在何方，也不知道什么时候到达目的楼层，你的安全感一点点消失，很恐怖吧（这是很多恐怖小说的经典情景再现）？再提一个问题：我们会对你所关心的未来某事提供三个选择："知道好消息""知道坏消息""不想知道任何消息"。相信大家都会选择好消息。但是如果只有两个选择："知道坏消息"和"不想知道任何消息"呢？你会选择哪一个呢？心理学家对此进行过实验，结果很有趣，很多人对不确定事件比坏消息更感到紧张，"知道的魔鬼要比不知道的魔鬼好"。规划则是在告诉人们未来是什么样的，降低未来的不确定性，以平息人们对不确定性的恐惧，就是在"控制心中的不确定"。

众所周知，移动通信网络规划必须依赖于移动通信系统的技术体系、技术特点和设备特点。如针对 2G 的网络规划设计就需要熟悉 GSM 的网络架构、GSM 信道、频率对网络容量的影响，要掌握 GSM 网络 C/I 的计算，了解 GSM 的复用方式；而针对基于 CDMA 的 3G 系统规划设计则需要掌握 3G 系统网络架构，熟悉码分多址、软切换、导频、网络参数、网络自干扰的特点；对于 LTE 的 4G 网络还要掌握 MIMO、多载波聚合、异构网络、调度算法等关键技术对网络的影响。同时，还要了解网元设备、天馈系统、直放站、分布系统等不同类型的设备特点。

问题又来了，只掌握这些内容是否就真能完成一个网络规划，是否就能达到网络建设运营的目的，是否就能让客户、用户及其他相关人员满意呢？

通过多年的无线网络规划，我们逐步发现，无线网络规划与其说是一门科学，不如说是一门艺术，是结合通信技术、通信设备、项目管理、消费行为、用户心理乃至经济学等很多学科领域于其中的艺术。用辩证法的说法：科学和艺术是对立统一的。说起科学就总会与逻辑、计算、可量化、可统计这些"硬"概念扯到一起，而谈到艺术则会想到感受、情绪、冲动、灵性等"软"感受。移动网络规划本来是一个以通信技术为核心的工作，不同的是，"规划"本身就代表了个性、创造性、人性的特点，我们真正服务的不是网络，不是技术，而是一个个活生生的人。再者，移动通信网络技术本身也不单单是科学，网络技术本身也是服务于人的。所以，科学是一种哲学的存在。

历史上比较有名的规划当属《隆中对》。抛开《隆中对》战略上正确与否，让我们来做一次牵强的解读，看看这里边"规划"的奥妙。

《隆中对》是诸葛亮与刘备首次见面的谈话内容。《三国志》所记载的内容言简意赅，属于教科书级别的规划，想必诸葛先生已经对此打了很多年的腹稿了。首先，刘备诚恳地请诸葛亮发表看法："汉室倾颓，奸臣窃命，主上蒙尘。孤不度德量力，欲信大义于天下；而智术浅短，遂用猖蹶，至于今日。然志犹未已，君谓计将安出？"很多人可能对《隆中对》诸葛亮所言很有心得，但是，刘备这段话却十分重要。这段话实际表达的是"客户需求"，可以看出一个优秀客户的精神。刘备可以说是直接摊开来把需求告诉了诸葛亮，而不像很多"主公"那样先卖关子、打哑谜，这说明了客户的诚恳。当然，刘备这么诚恳，也是由于诸葛亮之前做了大量的工作，按《三国志》的说法是，徐庶先见到先主，先主器之，然后徐庶狂贬自己一通并把诸葛亮"吹"上了天，还说要主公亲自去请。之后刘备"凡三往"，才有了这次伟大的握手。这种先吊客户胃口的手段，省却了对客户需求进行深层分析和描述，猜客户心中所想的过程，这便是规划中"需求分析"的一种手段，相当艺术。在后边章节里，我们还会讲到。

之后便是诸葛亮著名的对策了。

"自董卓已来，豪杰并起，跨州连郡者不可胜数。曹操比于袁绍，则名微而众寡。然操遂能克绍，以弱为强者，非惟天时，抑亦人谋也。"

这段话主要描述了整体形势，类似每个规划开头的背景，如果我们做移动网络规划，开始也要将当前的整体形势说一下，比如当前通信技术体系的发展，国家对电信发展的政策、国际通信技术发展的状况等。

"今操已拥百万之众，挟天子而令诸侯，此诚不可与争锋。孙权据有江东，已历三世，国险而民附，贤能为之用，此可以为援而不可图也。荆州北据汉、沔，利尽南海，东连吴会，西通巴蜀，此用武之国，而其主不能守，此殆天所以资将军，将军岂有意乎？益州险塞，沃野千里，天府之土，高祖因之以成帝业。刘璋暗弱，张鲁在北，民殷国富而不知存恤，智能之士思得明君。"

这是典型的现状分析，如果从移动网络规划的角度来描述就类似通信技术体系分析，如果是针对全网进行规划，上述文字则可以转化为对当前几种移动通信制式的技术特点、标准编制情况、商业网发展情况以及对网络的总体影响进行分析，并提出网络的发展目标和路线图。

"将军既帝室之胄，信义著于四海，总揽英雄，思贤如渴，若跨有荆、益"这是目标和定位，强调某个网络的特点和关键技术，并提出如"一步规划、分步实施""先满足重点区域的需求，之后进行扩张，先满足话音和 CS64k 业务的需求，之后通过某手段扩展覆盖"等目标。

"保其岩阻，西和诸戎，南抚夷越，外结好孙权，内修政理；天下有变，则命一上将将荆州之军以向宛、洛，将军身率益州之众出于秦川，百姓孰敢不箪食壶浆以迎将军者乎？诚如是，则霸业可成，汉室可兴矣。"其实，整个《隆中对》重点内容就在这句话，这句话是具体的"方案分解"。其中的每个分句都能再形成更细节的方案，这些"方案"决定了能否满足需求。在网络规划中的容量分析、覆盖分析、干扰分析、邻区分析、电磁辐射分析……就相当于"保其岩阻，西和诸戎，南抚夷越，外结好孙权，内修政理；天下有变，则命一上将将荆州之军以向宛、洛……"事实上，刘皇叔三分天下的成功在于对"将军……"的实践，而最终的失败则在于对"保其岩阻……"没照着做。要我说，诸葛亮说的前边那一堆话的份量不足这句话的十分之一，前边说的都是务虚的话，这句话才最终落地。但是，这最关键的一句话一带而过，也似乎太不求其解了。如果一个网络规划，对背景、网络现状、技术分析，以及目标和定位都研究了一大套，最后的具体"方案"却写得很简单，估计没哪个客户会像刘皇叔那样"如鱼得水"。

通过分析，我们大致能总结出移动网络规划的框架了，即需求、背景、现状、技术体系和特点、目标、定位、方案。

1.2 蜂窝网络的特点：2G、3G、4G 及未来

上节完全抛开了技术谈规划，是出于更宏观的角度看移动网络规划这件事的动机。不过，话说回来，移动通信网络的规划毕竟是跟移动网络紧密相关，所以，本节还得把网络技术给拉回来，谈谈这些年来移动通信网络的发展。这里我们从网络规划设计的角度来看（而不是从简单几个关键技术的角度看），能够看到移动通信网络发展的核心特点，为你打通移动通信网络的"任督二脉"。

1.2.1 ×分多址——移动通信系统变革之源

移动通信系统被人为分成了 1G、2G、3G……如果更仔细地观察不同移动通信系统的关键特点（有的就在名称中体现），我们会发现一些共有的东西：

FDMA、TDMA、CDMA、SCDMA、SDMA、WCDMA、OFDMA。

这些名称共同点是什么呢？三个字母"DMA"。这三个字母是"Division Multiple Access"的缩略语，中文叫"分多址"。频分多址、时分多址、空分多址、码分多址、正交频分多址……几乎所有的移动通信系统都是用"分多址"的方式来做区分的。

大道至简。其实，解析"Division Multiple Access"，还是要先把这三个词拆开：Division是分隔，Multiple 是复用，Access 是接入——也就是"址"。接入是目的，分隔是手段，而复用充当了连接目的和手段的桥梁。

复用是将多个同时发生的通信信息合并到一个电路或频段，"复用接入"是通信信息合并到一个电路或频段，但同时又能区分出不同终端的通信信息。如果只是直接复用之后接入就会搞砸，因为直接复用的结果就是干扰。在通信的通道里，这些干扰再加上其他乱七八糟的噪音，哪个终端也分辨不出它所需要的通信信息，多个通信合到一起就是谁也不能通信。就像把一堆人放一个房间里，然后各说各话，声音很大，通话双方距离都是随机的，结果就是大家谁也听不明白。但如果所有通信和信息传输不复用，任何两两通信都是独立的，那对线路资源的浪费就是平方级别的，这对于规模化的大生产就是灾难。于是人们理所当然地想出了很多招数，既实现复用接入，又能把每个通信信息选出来，即"分多址"。

如果是固定通信，那就是天生的空分多址，多个固定终端用电话线分隔开，最后复用到一个接线盒中，接线盒就是个复用器，将多路电话复用到一根电缆或光缆中，再通到交换机，实现程控交换。

移动通信的特点是媒介很特别，不是封闭的线，而是开放的空间。移动通信如何实现分多址呢？

1. 时分多址

通信空间是四维空间，人们想到把时间切成片，同时分给多个终端，即时分多址（TDMA）。但是我们通话都是连续的，就是多个正弦波的叠加，把这个波"切碎了""分开了"，再掺上别人的波，这还能分开吗？奈奎斯特抽样准则救了时分多址：不需要无穷抽样而只需要以带宽 2 倍以上的速率抽样即可恢复信号。当抽样是离散时，就出现了缝隙（这个缝隙还很大），之后就可以利用这个缝隙来抽样其他的信号。这样整个时间段就可以分成 N 个时间缝隙（简称时隙），然后每个时隙为某终端传一路信息，依旧能确保无损恢复。TDMA 示意图如图 1–1 所示。

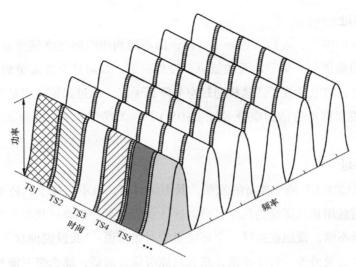

图 1-1 TDMA 示意图

2. 频分多址

频分多址（FDMA）的概念更简单。时间都能切成时隙分了，那通过调制这种高招，也可以把每个终端的通信信号调制到不同的频率上，让不同地址的用户占用不同的频率（也叫载波），这样就不会出现干扰。在更高的射频波频段可以是从几十兆赫到几十吉赫，通过把低频的话音、图像、数据调制到射频波频段，再把它分成成千上万路载波。FDMA 示意图如图 1-2 所示。

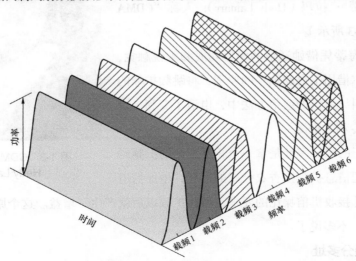

图 1-2 FDMA 示意图

3. 空分多址

电磁波在空中传递，人们又想到了空间，能不能利用空间把终端给分开？智能天线，给通话的人专门提供一个很窄的天线波束，设想一下，如果这个波束窄到像一根线一样，就有点像固定电话的电话线了。这样通过空分降低干扰，反过来说，就是为网络容量提供了增益。所以说，移动通信的空分多址（SDMA）与天线很相关，没有天线技术的突破，空分就是空谈。

4. 码分多址

码分多址（CDMA）是个神奇的发明，既不切时间，也不切频率，还不切空间。让每个终端的通信信息用相互正交的码来区分。这让我想起了一件事：我夫人是江苏人，她说当地话我根本听不懂，设想在这样一个环境里我对张三说："我没说他拿了你的钱"，我说普通话，她在旁边说另外一句江苏话，张三只能听懂普通话，那么张三能听懂我说的，江苏话的干扰就跟外边马路上汽车跑的噪音一样，不影响理解。但如果她说了另外一句普通话，声音还挺大，那张三估计就听不准谁说啥了。普通话和江苏话就是正交的扩频码，这就是码分多址。

但是，这里需要八卦一下，CDMA 的根源来自跳频，而跳频的发明却不是高通公司，而是具有传奇般色彩的美国女影星海蒂 · 拉玛（Hedy Lamarr），人称"CDMA 之母"（如图 1-3 所示）。

1940 年，海蒂凭借她通信的深厚功底和敏锐触觉，和钢琴家安泰尔借用了自动钢琴的原理，将跳频扩频的方式运用到了引导鱼雷的通信方法中，申请了专利，成为 CDMA 系列专利之根源。

图 1-3 CDMA 之母——
Hedy Lamarr

当然，真正的码分多址是拿一个相互正交的扩频码跟信息相乘，把信息扩频按香农公式的推导，增加信道的带宽可以降低接收机信噪比的要求，因此扩频以后就产生了增益。这个原理在很多书中都讲了 N 遍了，不多说了。

5. 正交频分多址

正交频分多址（OFDMA）技术号称 4G 移动通信的招牌技术。但如果从原理来分析，其实也是很容易理解的技术。

FDMA 是将频带切成不同载波，载波与载波之间互不干扰重叠。TDMA 是将时间切成时隙，时隙与时隙之间互不干扰重叠。那 CDMA 呢？CDMA 是拿一个正交序列与时隙相乘，就是调制时间，最终"实现时间的正交"，因此，我再给 CDMA 起另外一个不恰当的名字，叫 OTDMA。说到这里，估计大家就该明白 OFDMA 的原理了吧，就是"实现频率的正交"。那么，如何实现频率的正交呢？就是将高速比特流分解成多个低速比特流，然后调制到正交的子载波上，这些子载波需要实现其间隔等于符号周期的整数倍，才可实现频率的正交，即通过傅里叶变换，每个子载波的中心处，其他子载波为零值，如图 1-4 所示。

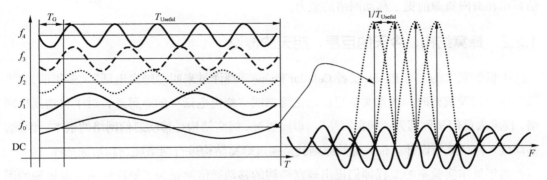

图 1-4 OFDM 符号时域、频域正交性示意图

至于正交频分多址（OFDMA），则是在 OFDM 的基础上，将整个带宽分成多个子载波组，每个用户占用其中一组，以实现多址。图 1-5 所示为交织分配机制的 OFDMA 示意图。

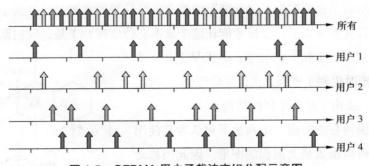

图 1-5 OFDMA 用户子载波交织分配示意图

移动通信网络技术几乎都是以"分多址"技术为核心的，原因在于分多址技术的任何

一次变革和创新，都能够在数量级上提升频谱效率（或称频谱利用率），在有限的频谱资源内能够大幅度提升容量。反过来，移动通信网络的关系划分的一个主要依据就是频谱效率（频谱效率的概念将在第6章详细阐述）。

为什么在上面讲了那么多"分多址"的招数，这跟网络规划有什么关系呢？

网络规划的一个最主要的目标就是容量，这个容量不仅指用户通信的速率和整个网络所能提供的速率，关键是频谱效率。而"分多址"的这些招数所要解决的就是怎么才能在有限的资源下尽可能多地提升并发信息的容量，因此只有了解这些"分多址"的原理，才能在其中寻找到容量提升的密码，才能尽可能合理地采用某种方法配置网络资源，也才能估算出在有限资源前提下移动网络的能力。

1.2.2　蜂窝结构，今天的巨星，明天的传说

手机的英文为 Cell Phone 或者 Cellular Phone，翻译过来叫"蜂窝电话"。多年前，"手机"这个词没流行时，技术文章里就是把终端叫"蜂窝电话"的。另外，对于移动通信网络，技术人员们又称其为"蜂窝网络"。毋庸置疑，蜂窝结构是移动通信网络的根本。因此，移动接入网络规划设计里很关键的原则就是通过蜂窝结构进行网络规划和站址选择。

当年贝尔实验室的工程师们提出蜂窝结构的移动通信网是为了解决频率资源短缺的困扰。本来用大区覆盖很靠谱，一个大区覆盖几十平方千米的范围，但是用户容量蓬勃发展了，就必须要拥有更多的频率才能满足业务量。可是，频谱资源太宝贵了。

"老天爷饿不死瞎家雀"，没得频率用，那可不可以把大区覆盖变小一点，然后多建几个小区呢，贝尔的工程师提出了"分裂"的概念。可分裂所增加的成本就是多建小区所花的钱，那就得算算经济账了，怎样才能让这个成本有价值呢？于是，我们就可以编出这样一个类似"苹果砸到牛顿"的故事：一天早上，一个工程师在喝蜂蜜时想到了蜜蜂，由此又联想到了蜂窝，于是茅塞顿开，提出了蜂窝小区的结构。

这是一个很科普的猜想：正六边形被认为是使用节点个数最少可以覆盖最大面积的图形。因此当移动网络采用蜂窝结构时，效率最高，即用最少的站点覆盖最大的面积。蜂窝结构如图1-6所示。

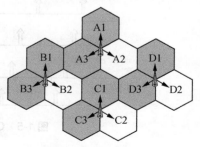

图1-6　蜂窝结构图

这个猜想如此令人信服，以至于自打蜂窝结构提出之后，从规划到优化、从设备到天线几乎都无法回避蜂窝，小区扩容要遵循蜂窝来分裂，频分复用、码分复用要根据蜂窝分簇，天线的方向图也是按照蜂窝的方式设计，说蜂窝渗透到了移动网络规划设计师的骨头里并不为过。如果哪个人敢在2G网络、3G网络里边不遵循蜂窝结构规划的原则，那是要被人耻笑的。

　　这个神奇的规划方式风靡世界。但是，现在的网络到底还是不是蜂窝的呢？答案恐怕有点尴尬。

　　这个世界并不平，老人讲："人要接地气"，可是那些在大城市里忙碌的人们没几个人两只脚是接地的，上班在24层的办公楼，回家又到了16层的居民楼。蜂窝结构的网络是怎么做到覆盖垂直空间的呢？

　　基站就像公共厕所，谁都离不了它，谁也都不愿意离它太近，即便我们用蜂窝的理想方式选择了站点，但到了现场就会发现在这个理想站点规划很困难。实际的情况往往是，哪个楼允许建设就选哪个楼。"遵循蜂窝原则？不好意思，我只能想想。"

　　蜂窝结构的效率最高，站点性价比最高，这个论点很正确。但经济学里的边际成本理论告诉我们：建1 000个站的成本并不比建1 050个站的成本低多少。那么，蜂窝结构所勾勒出的站址数量到底能节约多大比例的站点呢？

　　随着城市和大城市群的发展，微微小区、家庭基站、智能天线、MIMO、自组织网络，这些都对蜂窝结构的原则提出了疑问：我们在进行移动网络规划设计时还要不要蜂窝原则呢？

　　……

　　但是，大家已然把蜂窝作为移动网络规划必须遵循的原则。原因何在？原因和地理地图有关。任何一个移动网络规划（或者说无线网络规划）的一个核心工作就是对地图进行布点，而只有三角形、正方形和六边形才能自我复制地无重叠覆盖整个地图，而站点覆盖的一个重要原则是各向同性，那么只有圆才能保证各向同性。好了，在无重叠覆盖中最接近圆的就是六边形，即蜂窝。因此，蜂窝是初期布局所能遵循的最好原则，尽管存在上述所提到的种种制约蜂窝的因素，在遵循蜂窝原则的同时就上述因素进行调整，之后再对天线方向按蜂窝原则进行调整。这是避免网络质量出现雪崩效应的最好方法。

　　如果学习城市规划理论，也能找到六边形蜂窝原则的注脚，即"中心地理论"，在理想的地表之上，要满足商人赢利、生存与消费者为购买商品所出行距离之间的平衡，中心地向周围提供服务的范围就会趋近于正六边形，其原因在于正六边形分布可以使消费者都能选择距离自己最近的中心地来获得服务。以北京为例，在城市的最中心——天安门的周围，围绕着鼓楼、东四、东单（王府井）、天桥、西单、西四6个繁华的商业中心。从比例尺略小的地图来看，丰台、大兴、通州、顺义、昌平、门头沟6个区分别位于北京城区的6个方向，把它们用线段在地图上连接起来，就会出现一个围绕京城的六边形，这些城区为市中心提供多方面的服务。在其他城市中，我们也能发现这样的现象。通信网络规划与城市规划的基本要素都是地图，根本需求也都是为地图上的人群服务，所以两者规划所遵循的蜂窝原则相似也就不奇怪了。

1.2.3　网元：移动通信网络的"五脏六腑"

通信网络规划设计的基本功之一是画一张网络结构图，图论里定义图是由节点和连线组成，让我们先看一个基本的 GSM 网络结构图，如图 1-7 所示。

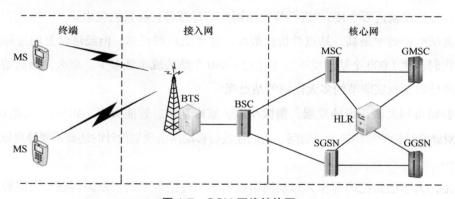

图 1-7　GSM 网络结构图

图 1-7 有 BTS、BSC、MSC、HLR、GGSN 等节点，行话将这些节点归纳为"网元"。多年以前做网络规划方案时，一个老工程师强调 BSC 的作用，跟客户这么说："BSC 是一个网元"，一脸的郑重其事，可见网元在网络中的地位。

网元是什么？站在不同的角度有不同的说法，从网络管理的角度讲，网络可管理的所有物理硬件都叫网络单元。但有人就会问，基站上边的跳线算不算网元？基站里边的空调算不算网元？交换机房的配线架算不算网元……我比较认同另外一种说法：网元是能够独立对网络信息进行处理的设备。网元一定要"独立"进行"信息处理"，如存储、转换、汇聚、复用……

　　这很像我们身体里的"五脏六腑""四肢五官"，当然大脑也可以包含进来，它们都可以独立地处理人体内的"信息"，比如肺处理空气、心脏处理血液、大脑处理神经脉冲、肾脏处理废弃物……"元"从中华文化来讲是万物之本的意思，那么网元就是网络之本了。

　　网元及其之间的接口、连线构成了网络结构图。我们可以看看移动网络的网络结构图是如何演变的。

　　对于 2G 而言，网元分为核心网域、接入网域、终端域。

　　之后，变化到了 3G R99 版本，这个版本在核心网域里增加了处理数据业务的网元 GGSN、SGSN（实际在 GPRS 结构里已经存在）。R99 的特点是接入网域已经 3G 化，而核心网域还是基本传承了 GPRS 架构。个人认为，R99 是特殊年代的特殊版本，在 IP 蓬勃发展时，电信领域的专家为了守住自己的"一亩三分地"对 IP 说"不"，固守自己的 TDM 传输方式而采用了电信系统自有的 ATM 技术。R99 网络结构如图 1-8 所示。

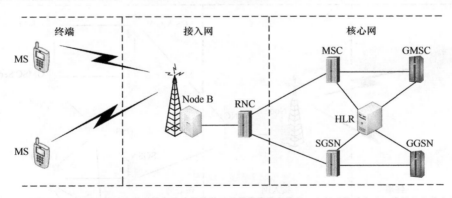

图 1-8　R99 网络结构图

　　之后，3G 的版本再升级到 R4，R99 的架构迅速土崩瓦解，IP 技术横扫体系架构，核心网发生巨大变革：MSC 这个"州牧"被生生地分成了"布政使"——MSC Server 和"按察使"——MGW。R4 网络结构如图 1-9 所示。

　　再之后到了 R5，IP 已经深入整个网络的底层接入网，同时业务导向的理念逐渐战胜了技术导向。为此，核心网层增加了一个新的域"IMS"及由它带来的 CSCF、HSS、MGCF 等多个网元，用于将电路域和分组域合在一起，并生成众多多媒体共享业务，至此，话音和数据被一视同仁，再无电路域和分组域之分。R5 版本是业务应用的巨大变革。R5 网络

大话移动通信网络规划（第 2 版）

结构如图 1-10 所示。

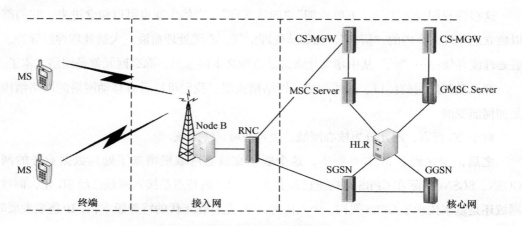

图 1-9　R4 网络结构图

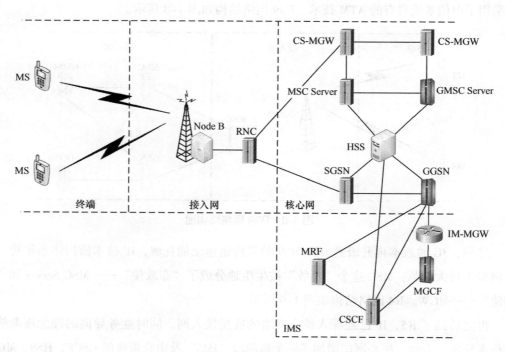

图 1-10　R5 网络结构图

再之后到了 R6、R7，网元结构并未发生巨大的变化，更多内容是网络的应用和 IMS

14

功能的充实。

在 R8 阶段，此时网络已经成为 LTE 的 4G 网络了。调制技术实现了 64QAM，复用方式也变成了 OFDM。业务导向更为明显，网络及网元的设计多基于业务需求，如对 IMS 架构的深加工。同时，为了让信息延迟更小，终端和基站单元（eNode B）的功能不断壮大，导致 RNC 的逐渐消失。这样，基站的角色更像以前的 RNC。核心网的网元也极大简化，用一个演进的分组核心网（EPC，Evolved Packet Core）结构就实现了核心网的功能。在 EPC 中还含有 MME（Mobile Management Entity，移动性管理实体）和 SGW（Serving Gateway，服务网关）。网元的简化带来了网络延迟的降低。但是别以为网元简化了，功能就简化了，这样做无非是把复杂的功能集成到了一个网元里。而且，随着 MIMO 天线的出现，由射频单元和天线组成的远端节点就更有点"网元"色彩，因为 MIMO 的天线和射频单元也在独立地处理信息了。R8（LTE）网络结构如图 1-11 所示。

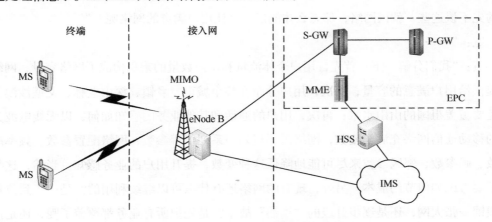

图 1-11 R8（LTE）网络结构图

电信专家所能想到的网元架构至此算是告一段落。

 # 1.3 移动通信网络规划的"三魂七魄"

话说，某员工阿宽刚刚进入网络规划领域，阿宽对移动通信技术比较了解，但进入通信规划领域，总是有点水土不服。如果有个领路人指引一条路，那至少能加快其成熟的速度。在这个圈子里找个资深的人并不困难，这不，黄师傅出现了。以下是这两位师徒的对话。

黄师傅热情真诚，满脸笑容。俗话说，人之患在于好为人师，黄师傅（以下简称黄）也一样。听了阿宽（以下简称宽）的困惑之后，黄问道："你说网络运营者建设移动网络的目的是什么呢？"

宽："赚钱。"

黄："好直接啊……不过我喜欢。我们把这个目的给学术化一点，赚钱就是收入减掉成本还有余。因此网络的目的就是增加收入，降低成本。那网络运营者找谁收钱呢？"

宽："当然是移动用户了。"

黄："这么难的问题都明白，太有才了。要从用户腰包里拿出钱，得给用户提供好的服务，电信业务、价格、市场、营销等都是让用户掏钱使用通信服务的手段。我们做网络规划的先不谈这些，就谈网络，那怎么才能建一个让用户满意的网络呢？"

宽："……"

黄："我们分解一下：首先，用户个体流量和用户数量的乘积构成了网络容量，网络需要提供给用户满意的容量；其次，用户分布在整个城市、乡镇、深山老林、戈壁沙漠，网络还要覆盖祖国的山山水水；再次，用户的通话和其他业务的感知如何，以无线电波为通道的移动通信网络充满了变数，网络需要规划一系列工程参数、网络配置参数、频率配置参数、码参数、邻区参数来尽可能地降低这种变数，提升用户的业务感知。当然，这些都必须要考虑如何节约成本。另外，现有的网络还有什么可以继续利用的？是一步到位花大价钱铺一张大网，还是逐步升级的"添油"战术？是先把所有业务都覆盖了呢，还是把业务分开，专网专用？这些问题都是运营商要考虑的。"

宽："好像有点明白了，那我们做网络规划要做什么呢？"

黄："在规划阶段，网络还不存在，但人们最害怕的就是不确定，因此网络规划就是通过描绘一个网络蓝图，告诉客户，网络建成就是这个样的，网络容量很大，网络质量很好，轻轻松松赚钱，到处都是黄金……用这种方法来给客户吃定心丸。网络规划者要解决的问题是：如何设计一个可演进的网络？如何整合已有的网络？本网络要为多少用户，提供多大面积覆盖的，质量多好的服务？"

宽："说慢点，有点晕。"

黄："好，那我把这几个问题拆成几个词，即网络规划的纲：容量、覆盖、质量（品质）、整合、人。把这几个要素搞明白，然后按照这几个要素一个个地去修炼，你的等级会大涨。"

宽："师傅这一说，好像有点谱了，不过我脑子比较笨，您能不能把这几个要素再详细讲讲，好让我彻底明白。"

黄："做网络规划跟做其他规划一样，关键是有个纲，纲举才能目张。我会再仔细讲讲，不过再深的内容，就得靠你自己修炼了。"

1.3.1　容量

第二天早上 8 点半一上班，阿宽就找了黄师傅，说想请教一下容量规划。黄师傅说："大家都很忙，咱们删繁就简，用半个小时时间把这点事搞清楚。"

之后，他喝了口水："根据预测，中国 2020 年的私人汽车保有量将达到 2.3 亿辆，问题也就随之而来，建立一张多大的交通网络来满足这么多汽车的出行呢？"

宽："这跟移动网容量有什么关系？"

黄："交通网络规划的核心是满足交通容量，通信网络规划的核心则是满足通信容量，二者如出一辙。所以在一些国家，交通和通信是一个行政部门。"

黄："再问一个问题：容量规划的本质是什么？"

宽："不就是计算网络能力吗？"

黄："容量规划的本质是配置，是对网络资源的配置。网络需要多少载频、信道、时隙、负荷……因此，与其叫网络容量规划，不如叫网络配置规划。"

黄："那配置的本质是什么？需求和供给。"

宽："我明白了，就是分析预测用户的业务需求，然后计算得出配置的资源。"

黄："对。需求来自最终用户，容量规划要预测用户对通信话务量及业务量的统计量化需求。当然，每个用户的吞吐量、业务速率、通话量都各不相同。但是网络不能照顾所有用户，于是只好将众多用户的不同需求表征成一个标准人的需求，用一个专业的词叫'业务模型'。"

宽："需求很容易理解，那供给的网络资源是什么？是设备吗？"

黄："你说设备也算对，但是我们跟运营商谈的是什么配置？"

黄："我们先说老一点的 3G 网络。3G 网络是 CDMA 系统，业务信道由码来表征。那么网络资源如何表征？CDMA 系统是自干扰系统，增加一份业务，就增加了一点功率，对网络就增加一份干扰，因此 3G 的网络资源就是干扰资源。"

宽："干扰还能是资源？"

黄："是呀，干扰是资源，确实不太好听，因此我们粉饰一下，叫'负荷'。当负荷堆积到一定量时，网络就无法解码，这就是极限容量。因此，工程师设计了一个'信道单元'来表征一个基本业务的负荷。其实，IS-95 就是这么算的，只是 IS-95 设备存在信道的配置。那么这个基本业务用什么比较好呢？3G 初期当然就是话音喽。所以 3G 网络的网络资源就是信道单元，实际是业务负荷。当然业务负荷最终可能会转成码资源或者时隙（TD-SCDMA），这取决于设备商和运营商如何协商。"

黄："然后到了 4G 网络，4G 网络因为用了 OFDMA 和 MIMO，单载波容量巨大，并且全部使用分组业务，一个载波就可以组网并提供更强悍的吞吐量，因此讨论更多的配置叫'系统综合接入能力（RRC）'，这很像最老的语音信道。它代表的是一个小区的用户同时接入的能力；另外，业务信道（PDSCH 和 PUSCH）代表了真实的业务容量。"

宽："不过，我们似乎还要配置从基站向核心网侧的资源。"

黄："是啊，基站向核心网元的配置则是链路和接口（A 接口、Iub 接口……）。从基站到传输侧，再到核心网侧，从容量角度看就是流量的汇合，这之上的通信全部是有线通信，所以这部分容量的配置就很直观了。"

宽："师傅，我们搞清了需求，搞清了供给，但需求是流量，供给是配置，这两个怎么对上啊？"

黄："这个问题算是问到点子上了。需求到供给的匹配是容量规划的核心，因为成本和资源是有限的。我们还是拿汽车和道路打比喻。城市里这么多辆汽车，不可能条条马路都是双向十车道，满足所有人"一路畅通"的需求，只能根据不同地区的流量，有针对性地配快速路、环路，剩下只能是普通路。怎么针对日益增长的汽车需求供给道路就是个运筹学问题。通信网络的道理也如此，不可能供给"一路畅通"的网络，因此必须要想出一种在一定程度上降低用户需求，但能够有效供给的方法，这门学问叫"排队论"。关于排队论的专业知识，我就不多说了，你自己学习，师傅领进门，修行在个人。"

宽："师傅，最难的学问你让我自学，真有你的。"

黄："其实你肯定在学校里学过，拿来用一下就更熟悉了。我再问你个问题，你对网络做了容量规划，但凭什么你的规划配置是最合理的？用什么来评估网络的容量规划？"

宽："我做的配置能满足需求不就 OK 了。网络建成测试时的流量能满足需求，甚至超过需求就能评估了。"

黄："你提到测试，这是评估的方法，但我关心的是用什么指标来评估，你认为用网络的实际流量来评估，那有个问题，如果你规划的网络配置有挺大的空闲，你不是浪费吗？"

宽："我明白了，其实容量规划是有限资源的规划，因此评估网络的容量使用状况得用投入产出比，也就是效率。"

黄："阿宽你还挺有悟性的啊！不愧是我徒弟。从移动通信网络的角度看，网络容量规划归根结底指的是容量效率的规划，即在有限资源（如频率、设备、信道单元、负荷）的条件下，最大限度地发挥网络资源的能力。所以说一个本地移动网络容量规划的水平单看投入多少成本不够，单看满足多大的需求也不够，要看满足需求与投入的比值，即利用率。这里边有信道利用率和频谱利用率，以后可能还会有时隙利用率、码利用率……"

黄："好了，时间到了，你把这些总结一下。"

宽："总结一下，容量规划实际关注的是需求和供给，用户的通信业务需求即建立业务模型，这个研究足够写一本书；供给就是配置资源，而资源就是能够衡量业务设备配置，信道、载频、负载、信道单元等；把资源和需求进行匹配要通过'排队论'来实现；网络容量的效果评估得用效率的思想，就是用利用率来评估。嗯，这么一理，我就清晰了，明显感觉经验值大增啊。"

1.3.2 覆盖

宽："师傅，又打扰您了，今天你再花半小时跟我讲讲覆盖吧，看那些技术书看得头大，你讲得就很透彻。"

黄："嘿嘿，你小子给我戴高帽子。好吧，说说覆盖，覆盖是无线通信特有的要素。因为对无线通信来说，通道是空气，所以必须借助于天线，天线不是如来佛的巴掌，想盖多大就能盖多大，天线是路灯，每个天线就能照亮一个小区。因此，无线通信网络的规划必须将覆盖作为要素。"

宽："那覆盖的目标是什么呢？"

黄："对于覆盖，无线通信网络的远大理想是，有人的地方就有信号。更确切地说，有人迹的地方就有信号。因此高到珠峰，远到南沙，一切人迹罕至的地方，网络都希望自己的'波迹'可至。"

黄："覆盖规划的重头戏实际是小区布局的规划。我们必须估计出一个小区能覆盖多大范围，这就涉及一个最让人头痛的理论：电波传播理论。你还是得自己研究电波传播理论。"

黄："同时，我们还得了解还有什么能够控制覆盖的手段，这就涉及天馈系统等无源器件、放大器以及射频模块的设计。当然，尽管我们偏执地要求一切地区无缝覆盖，但是对于 N 种不同场景：室内、商业区、高楼、地铁、电梯……覆盖的方法和规划要点总还是有许多差异，另外还涉及覆盖的关键指标、覆盖规划的流程、仿真等内容。"

宽："这么多东西啊，我有点出汗了。那覆盖跟您昨天说的容量有什么关系呢？"

黄："哎，这个问题最让人头大。我们把无线网络规划分解成了几个要素：容量、覆盖、质量等，是希望能降低规划的复杂度，让这几个要素实现高内聚、低耦合，任何规划设计方法的原理都是尽力分解成低耦合的要素，之后对各个要素进行规划设计。在 1G 网络和 2G 网络，这几个要素的耦合程度很低，覆盖是规划站点，容量是规划配置。但是到了 CDMA 系统，问题变得复杂了。想必你也知道，CDMA 是'业务即干扰'系统，而干扰又会影响覆盖，还会影响后边讲的质量。CDMA 系统中的干扰既存在小区内自干扰也存在小区间的互干扰。但是 4G 网络时代，由于 OFDM 技术的应用，小区内各个用户之间互相不影响（正交），但是由于不同小区都应用了相关的载频资源，小区间存在干扰，业务负荷越大，干扰水平越高。所以几个要素的耦合逐渐增强。有人说我们可以用计算机来仿真。仿真是一个办法，但即便是仿真，也需要在程序设计阶段进行'解耦'，想办法把要素分隔开。这个问题还是值得研究的。"

宽："看来这事不好整。不过我觉得网络覆盖可能是移动通信网络最重要的要素了，里边涉及太多的学科和指标。毕竟信息在空中走本身就是一件不那么可靠的事情。"

黄："不可靠？对极了，这是覆盖面临的最核心问题。我刚刚说天线是路灯，只能照亮自己的地盘。但是实际上由于无线电波传播的复杂性，导致覆盖不可靠，使天线连路灯都不如，它极有可能只照亮了某个地方，因此通信理论的基础就是随机过程。"

1.3.3 质量

一周以后的一天，阿宽又找到黄师傅："师傅，该来请教您关于网络质量这个要素了，不过我个人感觉，网络的容量、覆盖其实不也是属于网络质量吗？"

黄："哈哈，阿宽你说，质量到底是什么意思？"

宽："你还别说，这个词看着容易理解，解释起来却力不从心。"

黄："其实，质量是物理概念，就是物体中物质的多少。我们所谈的网络质量，其实应该用'品质'这个词更合适，ISO 里边提到，质量是一组固有特性满足需求的程度。"

黄："因此你说得对。广义上讲，网络的容量、网络的覆盖都属于质量范畴。容量是供给满足需求，覆盖也是用户要求的覆盖。"

宽："那你为啥还要把质量单独作为一个要素来说呢？"

黄："把质量单提出来说，主要体现在解决通信业务是否好用的问题上。容量规划和覆盖规划解决的都是可接入、有信号等能用的问题，而质量规划则更多体现在业务好用上。"

黄："站点选成，硬件资源配完，并不意味着用户就可以自如地通话，自如地实现业务。还有软资源没配置，我把这些软资源统称为'参数'，频率规划实际就是配置小区的频点参数，邻区规划就是配置邻区参数，切换规划就是配置切换参数⋯⋯这些参数很大程度上决定了网络的品质。参数让网络产生智能，网络从一堆金属变成了可以进行通信的系统。如果说容量、覆盖规划类似构建一个人的骨架、肌肉、五官，那参数规划就是装上大脑。当然，对于一台 LTE 无线网设备，大约有上千个参数要配置。"

宽："啊，这么多。那谁能全明白啊，而且还这么多厂家设备。"

黄："稍安勿躁，没让你全搞懂，那是开站工程师的工作。但你总得知道一些通用的关键的参数设置吧。"

宽："那我需要懂哪些呢？"

黄："蜂窝网络也需要类似行政区域的规划，比如基站、MME/SGW 就可相当于村和县级行政区。为何可以这么类比呢？因为移动网络本身就是金字塔型结构，各层有各层的管辖范围和功能，这样可以让低层的问题在低层解决，减少了整个系统的负荷和压力。同时，我们还会将网络分为多个位置区、路由区，同样也是这样的目的，将总体网络的负荷转移到各个部分当中。那么，这些区域的管辖范围就很有必要权衡了，既不能让它们管得太大，又不能让它们管得太小；同时还得权衡各个区域之间的关系，因为终端在各个区域做布朗运动，位置区、MME/SGW 就得更新和切换，这同样是占用系统资源的。"

黄："频率规划的目的是减小系统内的干扰。我们知道 CDMA 系统由于是扩频系统，频率规划相对简单，但是需要码规划来减小系统内的干扰。而 LTE 系统作为宽带系统，在有限频率资源的条件下，往往需要同频组网，因此频率规划很简单甚至不需要频率规划。当然规划方法一直都很类似，就是在小区覆盖的地图分簇、染色、配频点号。这样做的目的就是使得同样颜色的小区距离足够远。无论频率规划还是码规划，簇都是核心元素，因此也叫簇规划。"

黄："邻区规划：移动通信的终端移动性导致手机的服务小区总是在变化，这就要求手机得"眼观六路""耳听八方"，基站也得"冷静观察""全局把控"。基站必须要对其相邻小区进行参数配置，并告诉手机，你现在周边的小区是这个样子的。手机才会去进行周边测量，通过配置参数及切换算法，手机才能完成切换。因此邻区规划和切换规划是焦不离孟，孟不离焦。"

宽："这几类就够多的了。而且我发现问题不只是这些参数是什么，而是这些参数配什么？"

黄："你要是知道怎么配置，那就向网络优化进军了。我只能说，规划阶段至少得依据某些原则进行配置，之后再优化。至于网络建成以后的优化，那就要依赖更多的经验积累了。"

1.3.4　整合

宽："真不好意思，黄师傅，又来叨扰您。了解了容量、覆盖和质量以后，我觉得网络规划的内容清晰了许多。"

黄："很多工程师讲的都是'路'，但是路前边还有个'道'字，站得高，就能看得更清楚。我知道你今天想了解什么，就是我提到的整合。"

宽："对，我对您说的这个整合有些思考，听听我对整合如何理解的吧。"

黄："你现在会自己讲了，那我倒是要听听。"

宽：那还是在想当初，移动网络一片空白，技术体系也只是 GSM，那时候没必要整合。但是世界变化快，移动通信技术是快速发展的技术，移动通信网络也是快速发展的网络。现在的移动通信网络属于多网共存。这种共存出于两个原因，一个原因是建设一张网络太花钱了；另一个原因是网络服务的对象是用户，之前使用的网络无论是覆盖还是质量都成熟得如同放了数十年的美酒，用户都喝习惯了，除非有什么全新的更诱人的口味（比如吞吐量的大幅度提升），否则怎么能撤下？

但是通信技术还得发展，通信网络还得发展。因此现在这种多网共存的局面不但会存在，而且还会掺入更多的网络，比如4G的LTE网络。作为一个全局的规划，不应该也没办法只规划某一个网络，而应该把所有移动通信体系的网络当成一个网络来规划。因为从用户角度看，运营商提供的是服务，不是网络，用户不关心通信采用的是何种网络；从运营角度看，最大限度地发掘成熟网络的价值，利用成熟网络的资源就是节省网络的成本。

把所有的网络当成新的网络来规划，类似网络扩容。只是这样的网络扩容需要整合的意识和前瞻的考虑。如何整合已有网络的站址、天馈、机房？如何拟定一个令人满意的组网方案？网络的下一步如何发展？网络扩展的进度如何考虑？这些内容都应该出现在规划方案中。请师傅补充。"

黄："你把该说的都说了，剩下的就去做吧，我已经没有什么可以补充了。

1.3.5 人

两周过去了，阿宽没有找黄师傅，反而黄师傅突然出现在阿宽面前。

黄："阿宽，我不清楚我前面的这些指点对你有多大帮助，这些也是我个人对移动网络规划的思考。"

宽："是啊，如果如您所说把容量、覆盖、质量全部搞明白，同时还能用科学发展观来提出整合网络的思路，那就算是能完成一份全面、详细的规划设计。"

黄："且慢，你清不清楚，我们做移动网络规划设计最终的目的是什么？"

宽："哦，之前讲过了，让客户满意。"

黄："对，一切技术的服务对象都是人，脱离了人去谈网络、谈通信、谈覆盖、谈容量都没有意义。因此网络规划最核心的要素是人。"

宽："那我以后做规划要想办法让客户满意。"

黄："哈哈，仅仅让客户满意是否足够呢？如果你的想法不能让客户的客户满意呢？如果施工方不满意呢？如果你做了一个令客户满意的规划，成本很小，因此你收的规划费用也很少，但你的老板不满意呢？如果客户满意你的规划，但完工时，最终的用户一堆投诉，他们不满意呢？"

宽："这个……这个……"

黄师傅随即画了一张图（见图1-12）："你看，你在这，你的客户（也许是运营商，也许是设备商，也许是……）在这，你跟他们是可以沟通的，但我们暂且画一条沟；然后你客户的客户（很有可能就是最终用户）呢，他们和你的客户之间的关系，你可能还不清楚，这还有一条沟；然后你跟你客户的客户呢，你们之间也还有一条沟；如果复杂的话，你客户的客户还有客户。"

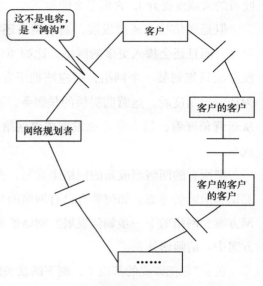

图1-12　沟通的鸿沟

宽："那有啥办法？"

黄："所以我说规划不光是通信技术的使用，还是管理科学的使用，不光是科学还是艺术。你规划的网络背后站着的全都是人。建设网络的是人，管理网络的是人，运营网络的是人，使用网络的还是人。"

宽："完了，跟人打交道比和技术打交道复杂得多，这可咋办呢？"

黄："哈哈，你除了研究技术，还得懂点管理，当然在游泳中学游泳是最直接的办法，世界上没有捷径。不过，其实想开了，网络规划是个游戏，跟你玩《三国》《星际》《模拟城市》都很相似，享受其中的过程才是最让自己开心的事。"

宽："嘿嘿，师傅说得很超脱，可是我还得靠这个养家糊口呢。不好意思，我得赶紧赶飞机去跟一个省客户谈4G网络规划的事，您有事您忙。"阿宽说着拎包准备走。

黄师傅心想："这小子卸磨杀驴，咨询费还没给呢。我怎么就忘了咨询法典第一条，把正确的答案全告诉他了呢。"（咨询法典第一条：如果您需要咨询或建议，我们将免费提供；如果您需要正确的答案，请您另外付费。）

Chapter 2
第 2 章
项目和项目管理

2.1 移动网络规划是"项目"

2.1.1 什么是"项目"

在科学管理领域，项目有其独特的概念。

"项目，是为创造独特的产品、服务和成果而进行的临时性工作。"

——PMBOK 第六版

项目有四大特点：临时性、独特性、驱动变更和创造商业价值。

（1）临时性。项目有明显的开始、结束标志。

（2）独特性。每个项目都是独一无二的。只有相似，没有相同。

（3）驱动变更。项目能驱动组织产生变更，推动组织从一个状态到另一个状态。

（4）创造商业价值。项目会创造有形的和无形的商业价值。

凡是符合上述四个特点的工作都可称为"项目"，大到登月、高铁，小到家庭装修、举办婚礼。就移动网络规划而言，移动网络规划是临时性工作，有头有尾；每个本地网的网络规划都是独特唯一的；网络规划驱动组织变更，你会看到当新的网络形态出现后，运营商、设备商的组织结构就会发生改变，甚至组织会有更多的新业务。因此，任何移动网络规划都可看作一个项目。项目就会有相对应的游戏规则和玩法，称为"项目管理"。

2.1.2 移动网络规划项目分类

移动网络规划的分类可从不同角度进行划分。

按时间跨度，分为长期规划、中期规划、近期规划。

按规划的宏观度，分为战略规划、实施规划。

按规划的技术，分为基本技术规划、特定的技术规划等。

不过既然规划是项目，也可站在项目管理的角度对规划分类，这样分类的好处是使实际的工作内容更清晰。

依照项目的复杂程度、项目的规模也将网络规划项目分为：项目组合（Portfolio）、项目集（Program）、项目（Project）。项目组合更加宏观，不同专业、不同时间跨度的项目集都可以组成项目组合；而项目集则是相互联系紧密的项目集合，通常本身就是一个大项目。

如果从工程建设角度看，项目组合类似于某省移动网络新建/扩容工程，包括不同核心网、业务网、无线网、电源、局房建筑等专业工程组合，该省项目组合的负责人——工程总负责人——在项目管理范围内为"项目总监"。项目集类似于某省某专业的项目，如A省无线网规划，相关负责人为专业总负责人。再往下可以分解为某地市某专业的项目，工程建设维度称为单项工程。以上相关项目对应如图2-1所示。

另外，还可以就某特别重大的专项（如世博网络、村村通网络）依次进行项目组合、项目集、项目的分解。

这样分解的好处是不同层级的负责人所

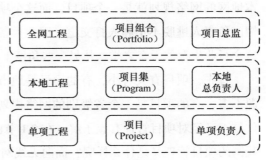

图2-1 网络规划项目分类

负责的工作不一样，责权明晰，有效管理。表2-1所示为一个项目各分类工作的示例。

表2-1 项目各分类的工作

	项目组合	项目集	项目
计划	制订整体网络规划的计划，维护和监控各个项目集及项目的过程和变更	制订本专业网络规划的计划，维护和监控本专业项目的过程和变更	着眼于本地网的专业网络规划，将工作细化
技术	决策全网规划的技术方案和组网布局策略，制定总体技术方法，对影响全网的关键技术问题负责研究，并组织讨论	为全网制定本专业的技术方案和组网策略，对影响全网的本专业关键技术问题负责澄清、研究和解决	为本地网制定技术方案和组网策略，对本地网的关键技术问题负责解决、澄清和研究
沟通	客户：总公司中层，省公司中层、高层，地市公司高层、中层。企业：设备商省级产品经理、省级施工代表	客户：省公司部门项目经理、省公司中层。企业：设备商省级产品经理、省级施工代表	客户：地市公司部门项目经理、地市公司中层。企业：设备商省级产品经理、省级施工代表

2.2 移动网络规划项目管理的特点

在通信网络规划工作中，一个技术水平高的专业技术顾问一般都会升到负责人的岗位，如项目总负责人（项目集经理）、单项负责人（单项项目经理）。管理学的经典定律说：雇员总是趋向于升到不称职的岗位，此话多少有点道理。但如果从项目管理的角度讲，一个本地网的网络规划就是一个项目，而这个项目的负责人兼顾技术和管理也是自然而然的事情。负责人逃脱不了和人打交道，因此具备项目管理的能力从某种角度（技术）上说是在这个行业生存的无奈之举，从另一些角度上看也是个人成长的表现。

首先，项目有大有小，有的项目是地市级别的网络规划设计，规模不大，给你配的资源不多；有的项目是一个省级别的网络规划，规模挺大，给你配的资源还是不多。不知道你是否已经对项目管理有点了解。在2.1节已经把项目解释清楚了。那么，何为项目管理？我国的项目管理又是什么样呢？面向无线网络规划的项目管理又有哪些轻重缓急的事呢？

项目管理是西方舶来的一套体系，一般分为10个维度：整合管理、范围管理、进度管理、成本管理、质量管理、人力资源管理、沟通管理、风险管理、采购管理和相关方管理。从逻辑上说，凡是项目都可以用项目管理的方式。很多刚学完项目管理的负责人为了大展宏图、显露自己的水平，恨不能早一日将这套体系照搬到项目中。但是如果机械地套用项目管理所有的流程、维度、方法和文档，那非但不会带来便利，反而会带来一堆麻烦和抱怨。因此，实施有无线网络规划特色的项目管理才是科学发展观的重要实践。

移动网络规划项目的特点是目标弹性、进度紧张、资源多变、质量不明、成本可控。

项目管理的核心是通过对目标的控制，在规定时间、一定的成本内，完成客户期望达到的结果。

项目的目标往往在项目启动阶段就能确定。因为一般的项目，都会在启动阶段确定合同和签约，合同一旦确定，目标、范围、进度、成本就初步确定了。但是，做过网络规划的人都知道，网络规划要么是还要为客户提供附加服务（打包到总体合同中），要么是在项目快完成时才能签合同（少数项目开始确定合同的都只是确定了单价合同，即规模不定）。因此，初期目标往往只是满足一定数量终端的通信服务需求，由于技术、需求及高层战略的快速变化，网络规模、设备都会在短短的时间内灵活多变，所以行业内对这种规划提出新概念——滚动规划，也称"迭代规划"。

移动通信产业的特点是规模效应，即短时间之内必须将网络建设到一定规模才能发挥作用，产生价值。而我国移动通信网络近几年的业务发展如此迅速，以至于超出了人们的预期。运营商对工程进度的要求达到偏执的状态，因此网络规划项目的进度从来都是越快越好。另外，在这种不确定的环境下，各方的不安全感是很强烈的，这样的不安全感驱使网络规划必须能尽快取得一些成果。

几乎任何一个项目都会人手不够，这很容易理解：人手一旦够了，就意味着成本太高。因此，项目管理的很大工作就是"抢资源"，而且很多时候是抢优质资源（在项目管理者眼里，人往往被看成跟设备一样的"资源"）。一个优质资源往往能胜过多个劣质资源。优质资源总是稀缺资源，会被部门领导或其他项目经理重复使用。当然，项目负责人很多时候就必须得把自己当作优质资源用到技术咨询上。

在网络规划阶段，如何评估网络的质量本身就是巨大的难题。网络质量涉及通信技术本身的质量、网络规划方案的质量、网络设备质量、施工质量、实际环境状况等因素。网络质量都难以评估，就不要提网络规划的质量评估了。因此，评估一个网络规划的好坏往往只能就规划评规划，在没有一套有效的质量评价体系时，项目负责人的一些总体思路和具体策略就变得很重要。

网络规划的成本，往往就是规划项目所需资源的成本，包括人、规划工具、软件、测试设备。这些成本和工程的进度往往有正相关的关系。因此，当紧张的进度确定后，成本也就是可控的了。然而，成本可控不等于成本变小。降低成本，提升效率仍然是值得研究的题目。

面对移动网络规划项目的特点，项目负责人可以把握以下的工作。

（1）确定阶段性目标。既然都是滚动规划了，那就先跟客户确定阶段性的目标，在项目状况一团迷茫的情况下先明确能看清楚的部分。客户的需求是可以看到的，因此，初步建立一个阶段性目标符合双方的意图。而阶段性目标就可以宏观一些，粗糙一些，初步投入的资源也可以少一些。

（2）尽快拿出一个阶段性成果。谁都清楚短时间内无法做到尽善尽美，因此应该在最短时间内先就最主要问题拿出一个阶段性方案。先弄一个"靶子"让客户来"打"，但是，千万不要把这个阶段性成果向对方上层领导汇报，否则这个"靶子"就会被打得千疮百孔，你的能力也会被人怀疑。你要先跟具体操作的客户沟通协调，经过多次修改，时间拉长了，质量也提高了。

（3）在人力资源和成本尚未挂钩的企业里（不评估资源质量跟成本的关系），尽量抢占优质资源。跟优秀规划人员搞好关系是提升效率的好办法。当然，还有一个办法就是用自己吧。另外，发现一些可以变成优质资源的新人，培养他们，即便他们以后不跟着你干，也会念着你的好。

（4）网络规划的质量依赖于方案。如何把方案写得好一些，并且做好汇报和评审，直接给客户一种高质量的感受非常重要，这点在第3章会详细分析。

（5）在承包型项目管理中，要尽可能地降低成本，因为成本减少就意味着收入增加。

在这里，笔者仍旧强调项目管理体系、方法的重要性。作为项目负责人，注重关系但又不失信用，服务客户又平衡变更，以诚相待又避免固执，这些是实现项目管理的理念。带着多个脚镣跳舞，总归是工作的常态。

2.3　第 *N* 只眼看过程

过程和流程有什么区别？英文里过程叫"Process"，流程叫"Procedure"，从英文解释来看，过程更加宏观，流程更加具体。过程说的是时间顺序上的一系列活动，流程说得更具体一些是指操作程序一类的具体工作。如果不咬文嚼字，我们可以把过程和流程混在一起，其实都是一个意思，就是从时间顺序上所看到的工作。

对过程进行分析是在时间轴上对目标进行分解，也是逐步明确规划步骤，清晰移动网络规划的状态。这样做能够有效地对进度和范围进行控制，也有可能提高整体网络规划的效率和质量。

提到过程，我总想到一个无聊的脑筋急转弯，就是把大象放到冰箱里分三步：打开冰箱门、把大象放进去、关上冰箱门。如果移动网络规划的过程也分解得这么无聊，那这个工作就没有必要存在。还好，网络规划自有其意义，其过程分解也有意义。从多个角度对过程进行分解和分析，能审视到很多要紧的内容和步骤，而这些内容的重要性恐怕我们以前并没意识到。

2.3.1　工程建设维度

移动通信网络建设是工程。谈到"工程",首先想到的就是建筑工程、机械工程、登月工程、曼哈顿工程等巨大的项目。工程的特点在于:工程具备更高的严谨性和可被重复的流程,同时工程是系统化的。工程中的每个工作都必须是严格的流程化操作并且可被量化。有时个体在工程中所起到的作用很难被人们看到。

移动通信网络建设是工程,因为建设一个网络必须具备严格流程化、系统化、规范化的操作流程和进度流程。而网络规划则只是网络工程建设的一部分。网络规划的工程特色决定了网络规划有别于职业规划、广告策划的强个性色彩。

工程建设过程的另一个特点是为投资决策提供依据。每一阶段的工作审查都是对投资的一次评估和细化。

具有工程建设维度的移动通信网络工程建设流程如图2-2 所示,它显示的是整个移动通信网络工程从规划到设计到施工等整个生命周期的所有流程,上述所有流程均可对照国家工程建设程序。网络规划是其中的几个阶段。

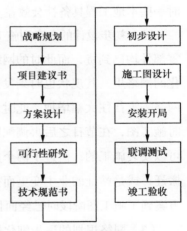

图 2-2　工程建设流程图

可行性研究:工程的可行性研究往往同网络前期规划相结合,就是根据网络发展状况、经济发展状况、技术发展状况决定是否有必要进行新阶段工程建设——必要性;是否具备实施工程建设的条件——可行性,以及对工程建设的总体规模和投资的宏观估算。

俗话说,"工程没有不可行的"。通信工程的可行性研究结论往往都是必要且可行的。因为工程是否可行,并不是靠可行性研究决定的,而是靠建设方和运营方前期的规划决定的。那么可行性研究的意义就在于对总体投资额度的决策,包括投入多少钱可以建设一个相对合适的网络?网络近期、中期的发展蓝图是什么样?如何利用现有的网络?投资需要多长时间可以回收?可行性研究是一个对容量、覆盖的初步预测过程,需要调研前期网络的基础数据,与建设方共同探讨需求,以及进行投资估算和经济评价。

初步设计:初步设计阶段实际是方案的明确和细化阶段。主要目的是提出网络建设的组网方案、技术方案和设备方案，并将估算细化成概算。初步设计的评审不是对整笔投资和总体方案的评审，而是重视具体方案细节是否合理、每一项投资是否合理。

施工图设计：与其说施工图设计是网络规划的执行，不如说是工程施工的指导。一张图纸上需要将设备、器件、连接线、零部件的安装全部详细体现，每个基站的设备和材料要绝对具体化。施工方将以施工图为指导，按图索骥，完成施工。

以上是关于网络工程建设过程中网络规划阶段的描述。需要强调以下几个关键的内容。

（1）不赚钱的通信工程不见得不可行。工程建设方和运营方往往不能仅追逐企业利益，还需要承担社会责任。同时，我们不能在某个工程的局部环境里评价工程的经济性，而是要站到更宏观的角度来评价。某个本地工程不能产生直接效益，但对全局会产生效益，有时一些本地工程具备社会效益。这样的工程是很常见的，典型的如村村通工程。

（2）初步设计的方案到施工图往往会有变化。一般来说，初步设计结束后，厂商的设备、零部件均已到货，而此时的网络需求和网络状况相比初步设计时有所变化。在一个需求变化的网络里，其现状也时刻发生变化。比如，在施工期间赶上了中秋节和国庆节，节日的网络需求往往大幅增加。此时，作为规划方，我们就要提供节日的临时配置方案并编制临时施工图，在节日之后再调配回来。经常发生的情况还有，在初步设计选站时，某站址是可以安装施工的，但过了两个月之后，该站址的环境发生了变化，需要覆盖的某个市场已搬迁，或是站址的业主变更而拒绝安装，那就必须变更方案和配置。很多时候，初步设计方案到了施工图阶段时已经面目全非。

（3）网络规划的逐步细化过程提前。现今可行性研究要做到初步设计的程度，初步设计要做到施工图的程度，这种情况已经司空见惯，这也是通信工程进度紧张的体现和工程规划设计竞争激烈的表征。因此，引入项目管理的方式来指导工程十分必要。另外，也要注意到，客户对我们提出的严苛要求往往并不一定代表他的真实需求。

2.3.2　网络维度

基于网络维度规划的过程，是将网络从模糊描述到清晰描述的过程。网络维度规划流程如图 2-3 所示。

需求分析：将在容量、覆盖、质量等要素范围内的需求变成目标。需求分析一般需要就以下问题得出结论。

- 网络现状如何：现有的市政格局；历年的地区经济发展、通信和 IT 业务发展；现有的网络运营商；现有网络的技术制式；现有网络覆盖的范围；现有网络资源配置；用户数、业务量的状况；用户的业务质量。

- 网络要实现的目标是什么：覆盖多大的范围；满足多少用户数；实现何种类型的业务承载；用户的业务质量指标是多少。

由此，可以确定网络的总体组网策略，也可以盘算出需要多大规模的网络。

网络预规划：网络预规划也称为网络规模预估，就是根据网络现状和具体目标，确定网络拓扑、网元配置和站点布局。通过业务模型及流量计算得出网络的资源配置；通过传播模型和无线

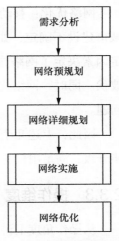

图 2-3　网络维度规划流程图

环境计算得出网络站点的布局。网络预规划能够形成网络的初步方案，将交换局、基站、小区布局在地图上。这是一个有意思的过程，买好一张地图，然后将站址用各种颜色标注在地图上；或者用电子地图的方式，将初步的站址和配置用不同颜色的标签标注在地图上。做这件事的时候我常常联想到一个很经典的电脑游戏《模拟城市》，把基站点标注在城市的各个部位恰似鼠标在《模拟城市》上的来回拖拉，想象一下，一张网络铺在这座城市上空，而其中有你的影子存在。

网络详细规划：网络详细规划是精益求精的细活儿。因为我们要对每个站址，说得更确切点是对每个网元进行规划。实地的查勘必不可少，之后要对站址和配置做细致的调整。接下来是参数规划，包括载波信道规划（码规划）、功率规划、邻区规划、切换规划。再之后是设备部署，需对具体厂家的设备、器件进行规划，例如，为满足道路覆盖采用高增益天线；在市政规划开发区中采用灯杆类美化天线以同周边环境相和谐；对于某些高站采用塔顶放大器以弥补上行链路损失。在网络对战游戏中，大量的"微操"决定了战队的胜利。同样，网络规划的成功与否也与网络详细规划的这些"微操"息息相关。

网络实施：网络实施即设备安装、调测、维护。对于交钥匙工程而言，网络实施是最后一个步骤。网络实施之后，钥匙交到运营商手中，所有设备全部"亮绿灯"，网络质量达到目标。

网络优化：移动通信技术里不确定的因素太多，电波传播不确定，用户行为不确定，城市建设不确定，如果使用了新的通信技术，那新技术的可靠性也不确定……这些不确定因素决定了网络建设后要开展大量优化工作。网络问题层出不穷，网络优化也就此起彼伏。同时，网络优化也是下一期网络规划的前奏，它决定了网络扩容的现状和存在的问题。

因此，上述几个步骤可以形成一个闭环。网络在这一次次规划、实施、优化过程中逐步升级，满足用户的层层需求。

2.3.3 操作维度

从操作角度上讲，对网络规划过程进行分解的目的是解决网络规划人员怎么实施规划的问题。在需求分析、网络预规划、网络详细规划的内容中，一个规划咨询人员要做的具体工作如图2-4所示。

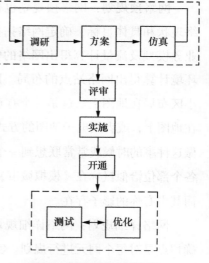

图2-4 操作维度流程图

调研：网络需求分析和前期规划是调研时必不可少的工作。摸清现状除了能影响实际网络方案的可靠性，还直接影响客户对本项目乃至规划咨询师本人的态度。调研分为三个阶段：调研准备、现场调研、后续执行。第2.4节将详细描述调研的内容。有时，客户对你是否信任、是否尊敬在第一次调研时就已经明确了。

方案：任何一个阶段的成果、任何一个网元的规划都将以方案的形式体现。第3章还将深入探讨如何实现一个让人满意的方案。

仿真：在网络未建设之前，以测试验证通信技术或算法的手段并不适用。因此大量移动通信系统技术、算法的验证全部采用仿真。第9章将专门谈仿真。

评审：网络规划的每个阶段都要经历大大小小的评审，从内部评审到客户评审再到专家评审。各种评审的目的不相同，我们汇报和应对的内容也要有所不同。评审对于规划人员来说既是挑战也是机会。

实施和开通：由于时间的关系，网络建设的实施与规划设计几乎是前后脚。设备安装开通之时，规划人员要做些什么呢?

测试：其实，测试并非一定要等一期网络建设完毕才进行。测试的目的既是给网络找问题，也是验证网络规划方案、设备工作的有效性和可靠性，还可以是前期调研采集数据的好办法。

优化：如果把网络规划比喻成生孩子，那网络优化就好比养孩子。生个宝宝需要 10 个月，而把孩子养大成人需要 18 年。优化是规划的延伸，由于网络结构的异构性和泛在性，网络质量所涉及的因素越来越多，网络优化的内容和工作也越来越复杂。作为规划人员，不可能长期参与网络优化，但是对于网络开局后的初步优化还是需要关注和参与的。

2.3.4 管理维度

项目管理中对项目的过程组有清晰的分类，通常分为启动过程组、计划过程组、执行过程组、监控过程组和收尾过程组，如表 2–2 所示。

表 2-2 项目管理维度过程组分类

名称	工作内容
启动过程组	项目获得授权，并初步明确项目目标
计划过程组	制定范围、进度、成本等基准，配置人、财、物等资源
执行过程组	按基准执行项目，并传递信息
监控过程组	跟踪项目绩效，变更控制，确保变更与基准的一致
收尾过程组	交付成果，验收项目，评价绩效，更新知识储备

各过程组的相关次序如图 2–5 所示。

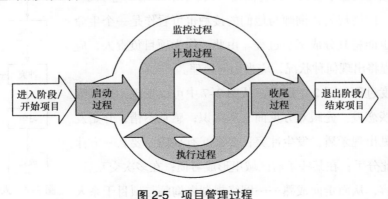

图 2-5 项目管理过程

项目管理的过程组与无线网络规划工程各阶段过程并不是对应关系，而是包含关系，即在可行性研究、初步设计、施工图设计或预规划、详细规划等阶段都可重复所有过程组，如图 2-6 所示。

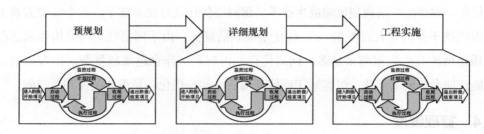

图 2-6 项目管理维度同其他维度的关系

用项目管理过程组来描述无线网络规划，是将整个移动网络规划或移动网络规划的各个过程看作一个整体生命周期，并将其分成诸多阶段，当某个阶段具备典型的项目立项、计划、执行、评审的过程，则可将该阶段视作一个项目，并以项目管理过程组的方式进行分解。

用项目管理过程组分解网络规划项目的最大好处就是可以参照一套现成的方法来向领导要资源、向客户介绍流程、为团队定分工。

2.3.5 人际维度

一期无线网络规划开启，网络规划咨询师参与其中，伴随而来的就是接触到大量干系人：运营商接口人、团队、分专业人员、施工人员等。网络规划咨询师与他们的接触也可看作是一个生命周期，因此也能将其分成诸多过程。由此，作为项目负责人，应当知道本过程将出现何种状况，应当如何处理。

人际维度过程如图 2-7 所示。从图 2-7 中可以发现，人际维度过程好像谈恋爱。先跟对方见面有所认识；感觉不错，开始发展；双方意见出现矛盾，发生冲突；要么互有妥协，要么一方让步，或者由此分手；在某些矛盾区域里形成习惯；在多次交互后，逐渐形成包容，从而走向成熟……网络规划咨询师与项目干系人

图 2-7 人际维度过程图

的关系也似乎如同恋人的关系一样，尤其是跟客户的关系，总是有接触期、蜜月期、冲突期的出现。但是，问题的核心在于，这并不是谈恋爱，而是实现移动网络的规划、建设和优化，因此，就需要将干系人管理的内容置于其中，在个人因素起一定作用的同时，用管理的方法来确定项目实施。具体的内容将在第 4 章详述。

2.4　调研——重要的开局

无线网络规划实际上是一种技术咨询。咨询的第一步就是调研，大量成功咨询项目将几乎一半的时间花在了调研上，可见调研环节的重要性。调研是对现状的了解，是对已有数据的采集，是同客户的第一次接触，也是形成网络规划总体判断的基础。

不要忽视调研，调研有套路可循。

按地域分类可以将调研分为省级调研和地市级调研。大多数网络结构都是以地市为分界的，即一个地市为一个本地网。因此，省级调研主要关注网络总体规划原则、网络建设指导意见、网络统计状况，而对地市级的调研才会涉及更加详细的内容。

按时间阶段分类，正如几乎所有工作都可以分为"前、中、后"三个阶段一样，调研也可以分为前、中、后三个阶段：调研准备阶段、现场调研阶段、调研后落实阶段。

别看只有三个阶段，我们都或多或少地会把其中某个阶段忽略掉，这不是态度问题，而是心智模式问题。

执行力很强的人会忽略掉准备阶段，他们会迅速进入调研状态，他们认为永远也准备不全，所以还不如直接谈，直接做。

而思维能力很强的人会忽略掉调研后落实阶段，他们认为把准备工作做完，现场调研完，工作就结束了。

还有一些完美主义的人，他们准备调研很细致，调研后落实工作也很细致，但是现场调研总有缺陷。

2.4.1　调研准备阶段

任何在台面上的精彩表演都依赖于台面下的精心准备。那些不需要临场准备就能信手拈来、游刃有余的"大师"依靠的是几十年的日常准备。刘备去江东娶老婆，诸葛亮也得准备三个锦囊呀。

有备无患。

那么，需要准备什么呢？我将调研准备分为如下几方面。

1. 调研对象的摸底

首先要明确调研的对象是谁。一般来说，调研的主要对象是客户，网络规划的客户主要是运营方（一些网络规划的客户也可能是网络集成方）；同时，还有一些次要对象，如设备提供方、施工方、系统集成方……不过笼统地把各方作为调研对象来看不够生动，真正的调研对象是一个个活生生的人。我们可以把这些人梳理一下。

首先是接口人。必须强调，接口人是一个人，而不是一个部门。因此我们至少要知道他是谁，他是男是女（这很重要，以后沟通时会有帮助）、联系方式、所在部门（部门也很重要，各个部门级别看上去是平的，但各个部门的能力可是不一致的），以及他的级别（常理上说，级别决定了他具备多大能量）。

当然，为了能够了解到整个网络现状，除了接口人之外，我们还需要对其他人调研：电源配套管理人员、工程建设管理人员、网优人员、采购人员、网管中心人员……在初步调研时，我们不可能对所有人员都了解熟识，因此，需要接口人协调，一些调研内容可由接口人直接获取。但接口人常常工作繁忙，我们就必须自己去各个部门沟通。因此，建立一个部门人员列表便于查找。当然，如果有机会见到中层领导（高层领导就别想了，以后才会有机会），最好把中层领导也纳入到列表中。

另外，打听打听是否有同学朋友在客户企业里，这很有帮助。

最后，别忘了自己公司里的力量，以前跟对方打过交道的同事也是好的顾问，应好好地沟通一下。

表 2-3 为一个人员列表实例。

表 2-3　人员列表实例——以《红楼梦》中人物为例

	部门	性别	级别	关系	备注
周瑞家的	计划部	女	项目经理	接口人	可引荐计划部王总
平儿	计划部	女	部门经理助理	接口人直接上司	性格好，可建立长期关系

续表

	部门	性别	级别	关系	备注
王熙凤	计划部	女	部门经理	接口人顶头上司	有决策权,精明
贾芸	工程建设部	男	项目经理	私人关系,同学的小舅子	有资源
薛宝钗	网优中心	女	部门经理		易接触
鸳鸯	总裁办	女	董秘		可打通关系
王夫人		女	CEO	主管计划部	面慈心狠
贾母		女	董事长		

2. 调研内容的准备

调研内容的准备包括获取内容的准备和传递内容的准备。

调研的主要工作就是获取规划信息,相关的准备工作则包含打算采集哪些数据、获取哪些信息、了解哪些问题。

必须指出的是,往往不见得我们需要什么客户就会给我们什么,有可能是短时间整理不出来;有可能是根本不存在相关数据;也有可能是比较有戒备心,暂时想试探一下你的能力。这就需要我们对所需的信息进行分解排序,哪些是必须获取的,哪些是获取之后能带来巨大方便的,哪些是可以等两天的,哪些是可有可无的(其实没有可有可无的内容,可有可无其实就是"无"的意思)。

表 2-4 列出了调研信息分类及重要性。

表 2-4 调研信息分类及重要性

分类	信息描述	表现形式	重要性
当地状况	本地区的地图,行政区划分、地形地貌图。本地区的经济发展状况、城市特色、新闻、通信状况、旅游景点	最好是电子版地图,格式和网优格式相符,一般采用 MAPINFO 格式。当然现在也流行谷歌地图以及在线地图格式。当地状况可以上网搜索	非常重要。该信息是不需要去现场调研就能搞到的(在谷歌出现以前还需要到当地地图出版社购买相关地图)。必须先对规划省、地市的地形地貌、市政规划进行完整了解。天天看地图至少能知道个大概。了解当地风土人情,在现场调研时十分有用

续表

分类	信息描述	表现形式	重要性
过去相关项目的技术、方法和方案	已有的网络规划方法、技术、方案	本企业已有的报告、设计及相关书籍（比如本书）	非常重要。这是方法论，方法论是几年、几十年沉淀下来的方法精华，也是我们做网络规划的主要依据
网络容量配置	现网的小区容量配置参数：小区名称、所属交换局、经纬度、子帧配置、占用频点、信道配置（包括信令信道的配置）、PRB 利用率等	Excel 表格：最好是最近的网络配置表。从 OMC 的话务报表中提取，最好能够直接找到整理后的日忙时话务报表	非常重要。没这个数据什么都干不了，需要第一时间获取；一般可以直接找到简化的容量配置表，而 OMC 的话务报表都需要三天到一周的整理
网络工程配置	方位角、挂高、天线类型、天线参数配置	Excel 表格；网络工程参数表；或嵌入电子地图的站址分布图，一般用 Mapinfo 数据	非常重要。要把站点都点在电子地图上，把 TAC 区框在电子地图上，才能对总体布局有直观的认识
网络业务量	各个小区的不同时间段的实际业务量（话务量及数据业务量）	依据网管数据进行分析，根据某一场景下小区平均数据业务密度以及每小区数据业务密度的相对关系，为每个小区定义业务密度热度。以上定义需要具体和省公司共同讨论确定，每个省公司的相对值以及绝对值可能有所差别。将不同业务密度级别用不同颜色进行表征，并在电子地图上直观显示，对于容量需求高的区域一目了然	非常重要。知道了业务量就知道了网络的忙闲程度，就了解了网络利用情况，也就对网络扩容、新建、上新的系统有了一个初步的配置概念。一般来说，难以得到所有需要的数据，因此获取该信息以尽力而为为主
网络质量	各个小区的接入成功率（RAB 建立成功率、RRC 建立成功率）、小区平均吞吐量、切换成功率、上下行电平及质量	从 OMC 的话务报表中提取	重要。了解各个小区的网络质量对网络布局方案很有好处，有的放矢。该工作的时间较靠后，可以通过长期调研的方式获取
网络问题	影响现网的网络质量问题	用户投诉，网优月报	重要。客户的网优部门都已经有现成的问题总结了，可直接拿来使用

续表

分类	信息描述	表现形式	重要性
前期规划设计	前期规划方案，相关网元的设计文件、设计表格、施工图、竣工图	前期的规划文件、设计文件	重要。前期的图纸为后续施工图设计打基础，至少先看看前人图纸的质量，也好评估客户对规划设计的需求。 该工作可以通过长期调研获取
网络设备资料	网络设备的功能、设备主要参数、设备硬件结构、设备尺寸……	设备手册、设备验收规范	重要。这些信息通过在客户、运营商处调研恐怕难以得到，需要日常的积累，比如同设备商的交流和技术谈判，同施工企业的合作

如果仅仅将调研内容当成采集的信息就过于片面了，在获取信息的同时向客户传递信息对于建立互信、方便沟通和形成共识都大有裨益。在准备阶段，网络规划师就需要备好传递哪些信息给客户。传递的信息包括以下内容。

（1）委托书、合同、协议等明确项目的信息。该信息用于双方正式核准项目，界定双方的责权。

（2）本企业、本部门宣传的材料。该信息用于进行企业宣传，给客户留下深刻的印象。

（3）通信技术及发展的知识。如果你懂得比客户多，比客户深，并且能解决几个客户的技术难题，那你在客户心里的形象就会高大起来。诚然，这是长时间积累的成果，但是临时抱佛脚，也没什么坏处。

（4）本企业已有的网络规划方法、技术、方案。让用户知道你的方法和思路才好配合。

（5）礼品。准备一个有点宣传色彩的小礼品可以增进双方的友好度，准备有点特色的礼品还可能形成自己独特的魅力。

3．调研方法的准备

在调研之前就要清楚采用什么方法来进行调研。调研方法？不就是去问、去复制这么简单吗？

但是，调研往往并不是准备好内容，客户、厂商就能痛痛快快地配合的。同样的项目，有的咨询师能获得大量信息，而有的咨询师则只能获得很简单的内容，差别往往在方法的使用上。因此，前期要对调研方法做准备也必不可少。

调研工具方面，现在都是电子化工具，便携式计算机、U 盘自是必不可少。不过计算机不是什么时候都能用的，还需准备笔记本。

沟通方法方面，考虑一下如何建立沟通关系，采用何种沟通媒介。同时，对于如何与本企业人员（如前期市场人员、项目部总监、部门经理）沟通也需提前准备。比如，客户往往会在调研时提出成本、合同等问题，这就需要同市场人员、项目总监沟通，明确一个共识的说法，这样的问题，最好通过邮件形式沟通，邮件方式有留档的价值，可以避免信息传递过程中发生扭曲。

调研准备工作最好形成一个计划，将对象、内容、方法做一个简要备忘。该调研计划更像一个清单，用以画对勾使用。

曾经有人认为这样的计划应该做得很详细，但是我个人以为不必如此。计划有时除了有备忘的作用，还有欺骗的作用，它会欺骗我们的大脑，让大脑认为一旦计划做详细了，项目无须执行就完成了。所以，计划的用处一定是仅做备忘，言简意赅，几个表格就可以了，现场还需要随机应变。

2.4.2 现场调研阶段

经过长途跋涉，鞍马劳顿，进入客户的公司，我们要大展拳脚了。不过，现场调研会有大量无法预见的情况，到时将如何应对？

1. 调研之前必然提前沟通预约

提前沟通的目的是让对方将本工作纳入自己的计划，并做好心理和资料的准备。现在通信手段如此发达，提前打电话就可以表明已经进入调研了。电话中除了介绍、寒暄和预约时间之外，可以稍微提及一下计划和所需资料，好让对方有所准备。当然，电话之后发个邮件，将计划和内容告诉对方，则更方便。一般而言，电话和邮件是相辅相成的沟通手段。只打电话难以让对方进行全面准备，而只发邮件又显得过于唐突。

2. 初次见面，建立互信比获取信息重要得多

记得沟通管理有一句话："沟通的成果无非两个：建立信任和摧毁信任。"初次见面，双方并不熟悉，往往需要先建立互信。自我介绍、公司介绍必不可少，如方便可制作些企业宣传 PPT 预发给对方；同时也了解一下接口人的工作状况。如能见到中层领导或高层领导，则说明对方的重视，更是宣传的机会，但拖长时间是大忌，对方时间都很紧，能抽出

几分钟见面已是不易，简洁的言语之后直接进入主题会给人以干练的印象，毕竟我们不是销售人员。同时，穿着无须过于正式，简洁着装即可。过于正式会给人表面光鲜的印象，反而不便于互信。

3．调研不是我问你答，而是互问互答

估计很多人的调研计划都准备了一堆问题，在现场调研阶段就一股脑全部抛出，如果换做你是被调研者，你心里一定会有一种厌烦。因此，问题不能全部在现场抛出。在调研前期的邮件沟通时，一些问题就已经发给对方了。现场中规划人员应就最关心的几个问题再做强调，之后也需引导客户问自己一些问题。特别是个人技术涉猎比较广泛，对某个技术领域研究深入时，能引导客户问该领域的问题，进行技术性的解答，虽有卖弄炫耀之嫌，但毕竟能让对方认可自己的能力。当然，在技术领域，双方互相讨教，互相"恭维"，互相"炫耀"，可迅速拉近双方的感情。须知接口人往往也是技术出身的知识型人才，都是爱当老师的角色，你虚心请教几个技术问题，不仅能让对方很有成就感，你自己也能学到东西。

4．非正式沟通也很重要

现场调研的正式沟通一般都不能获得足够的信息和问题，这就要借助非正式沟通的力量。与被调研者一起吃工作餐、午休等都是不错的非正式沟通场合。轻松的气氛中除了能得到意外的信息，还能了解到意外的需求。

5．切忌一次完成

现场调研不是简单地去对方所在处、调研提问、收集信息、回来落实那么简单的一步流程。一锤子买卖做不成生意，想要一次就能达到目的也是不可能的。双方的互信需要多次沟通才能建立，信息获取也需要一点点切入才能全面，有时还需要更多次地频繁反复沟通。因此，希望通过一次搞定来缩短调研时间，节约调研成本的人最终往往得不偿失。

6．现场调研也是性格搭配

调研是人与人的沟通，因此人的性格也起到一定作用和影响。调研人雷厉风行，被调研人稳重细致，双方可能一见面就发生矛盾；如果调研人和被调研人控制欲都很强，初次调研也会有隔阂。其实，性别也是性格特征之一，俗话说："男女搭配，干活不累"有一定道理。当调研人和被调研人是异性时，往往能很快进入工作状态。可能是因为见到对方是异性，双方都会照顾一下对方的感受吧。

2.4.3 调研后落实阶段

调研结束后，应该将初步方案落实。有必要在较短时间内提供给客户一个初步方案，一方面是建立网络规模的初步基线，另一方面博得客户的信任，还有是对自己的项目总监也有个交代。不过，这个方案仅仅是初步的、粗略的。拿出真正详细的方案，还需要一段时间的分析加工。

1. 调研后的落实是伴随现场调研发生的

调研前准备、现场调研、调研后落实三个阶段并不是绝对的串行顺序，必须一个做完了再做下一个。上节已经提到，调研切忌一次完成，现场调研和调研后落实总是犬牙交错般地进行。这样的交互才能形成互信和对相互工作的认同。

2. 在当地形成初步方案

距离是产生沟通障碍的直接原因。因此，一旦进入现场调研阶段，索性将初步方案的编制工作地点设在当地，这样方便快速沟通，也为一些加强感情的非正式沟通提供条件。而且，当项目规模很大，时间又很长时，在当地设立办事处，形成长期驻守、长期调研既是有效方法，也是无奈之举。现在的咨询部门、规划部门全都将"驻地化服务"作为重要手段，目的就是在此。不过这样就苦了那些辛勤在外的工程师和规划者了。

3. 双方需确定文字纪要

在阶段性现场调研结束后，要提交给对方一个宏观的初步方案，这个方案主要涉及网络的总体规模和配置数量及相关的方法。这一阶段的工作需要得到双方的认可，大家也好和各自的领导交差，同时也让各自的领导知道"项目在前进，我无须操心"。认可的最好方法是会议和纪要。利用一点时间将相关部门的人员召集起来开个会，形成一份纪要很有用。但是除非领导参加，否则很难有机会将各个部门的人员召集在一起。即便如此，也需形成一份双方认可的纪要。

记住，纪要一定要有签字或盖章，这意味着承诺和证明。笔者在第4章还要强调这个问题。

4. 向自己的主管汇报工作

一般，能当上主管一级的上司（部门经理或者项目总监），一定多少有点控制欲。有的上司会跟你说："小王，你大胆去做，有的事不用跟我说，自己拍板就行了。"这类话并不是不想控制，而是压力和责任的下传。因此，无论他是否希望你汇报，你都要在有阶段性结果（不是成果）时汇报，这既能满足其控制欲，也是压力和责任的上传。不过估计不少人的汇报都是把工作讲完之后紧跟着一个问题："下一步该怎么办？"

给上司汇报所提的问题不能是开放性问题，一定是选择题或者判断题。容忍上司的大智若愚，是成为大智若愚的上司的必要条件。

汇报哪些内容？（1）工作成果，成果主要从内容、进度两个角度谈论就行，无非就是在多长时间内完成了什么内容；（2）后续工作建议，作为项目负责人，自然有一套后续工作的计划；（3）工作中面临的问题，包括技术问题、商务问题和人际关系问题。有的问题要谈清责任，有的问题要提出建议，有的问题其实不是问题，而是显露你解决问题的能力。

2.5　计划赶不上变化——变更了怎么办

2.5.1　变更是网络规划的特色

移动网络规划是项目，但前边已经提到了它的特点。不同于信息系统项目，移动网络规划项目目标弹性，范围灵活。这预示着项目一旦进入实施，变更会接踵而至。我们来看看网络规划的变更是怎么一回事儿。

1. 项目计划阶段

前边已经谈到了移动网络规划的目标是弹性的，往往是在结束时才确定合同。当然，在项目计划阶段一般就确定了工作范围，但这个工作范围是灵活的。由于通信技术的变化，往往在过程中会跳出不少新的问题，作为规划方，你总得给个说法，但是一些事不见得在工作范围之内。同时，你也很难得到客户的承诺（承诺一定是书面的，是正式的），这些因素为频繁变更埋下了伏笔。

2. 项目执行阶段

也不知道是因为无线网络技术多变还是做网络规划的本来就没把项目管理当回事，执行阶段的变更常常出乎意料，比如下面一些情况。

网络预规划阶段，省公司换了领导，原来的规划原则被推倒，要求把节约成本放在首位。

这下可好，不但原来辛苦完成的方案泡汤，连前期的市场公关都白做了。

在网络详细规划阶段，赶上了中秋节，客户需要一套临时网络配置方案，还需要割接流程，这个可没在之前的工作范围里写清楚啊。一个星期要完成，如何是好？

在基站规划时，突然出现站址纠纷，有人提出某几个站址有电磁辐射，影响了工作学习，需要搬迁。客户着急了，需要规划人员临时出一份电磁辐射检测报告来解释。事不大，但是技术难度不小，电磁辐射检测是个什么东西？没人做过啊。借助其他力量，那要花钱，如何是好？

即便设备到货时还可能有变更，本来一个重要的功能由于种种原因消失了，设备厂家直接把责任推到了规划单位，说是规划方案里认为不需要该功能。你说要不要变更？

至于站址一变再变，规模由大变到小、再由小变到大这样来回折腾个两三回，那就是夫妻吵嘴——常有的事儿了。

……

所以，频繁变更是让项目负责人很头疼的事。而移动网络规划涉及的变更因素又很多，出现了变更需求，如何评估？如何选择？对于不同类型的变更，该如何应对？

2.5.2 应对变更有规律无规矩

在项目管理的理论中，变更管理是十分重要的内容。在企业中要建立变更控制系统，设立变更控制委员会，建立一套变更控制流程的文档更是必不可少的，图2-8所示为项目管理的变更控制流程。

而且，更主要的是，图中变更控制流程的每个环节都要有相应的文档对应，以确保流程的完整管理。

理论归理论。有的项目负责人（或者项目总监）在没学项目管理时，采用了一些国内工程建设流程的办法，觉得效果不好；一旦学了项目管理，直接照搬，依样建了一套复杂的流程和文档，非但效率没有提高，反而收到工程师和客户的大量投诉。科学发展观告诉我们：理论从来都要结合现状和实践，针对网络规划项目

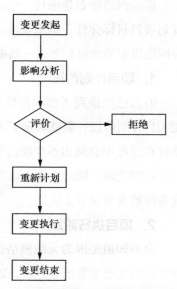

图2-8 项目管理的变更控制流程图

的变更也应如此。因此，需要建立适合本企业习惯的变更流程，即便企业里有所谓的"变更控制委员会"或类似的部门。

对于网络规划过程变更的应对，可以把变更按应对方式分类，如果按项目管理领域分类，可以分成：范围变更、进度变更、成本变更。根据网络规划的特点，范围变更实际最多，一旦范围发生较大变更，进度变更往往是衍生产品。

如果按变更应对方法分类，可以分成：不能变、一定条件下可以变、不能不变、一定要变。这样分类更能让我们掌握处理变更的技能。那么怎样才能明确何种变更属于哪类呢？用一句话来说就是：找原因，看后果。

1. 不能变的变更

什么样的变更要求不能变？

确定变更的核心是看这样的变更产生后果的严重性。不能变更的要求一般都会涉及几个方面：公共安全、法律、企业责任和职业道德。

如果某变更会导致可能的公共安全危害，此类变更即使客户强烈要求，也要拒绝。如涉及机房承重的变更、基站防雷的变更、电磁防护的变更等。

如果某变更牵扯法律和职业道德问题，这类变更一般都出现在设备选型、设备测试及网络测试过程。作为项目负责人，适合的方法是把自己定位成工程师，立足于讨论技术，回避进入商务环节。即使被领导要求进入商务环节，也要让所有变更决策进入集体讨论决策流程，让大家都来参与讨论和决策。

还有一类变更牵扯到企业责任、部门责任关系。举个例子，网络环节中，A 部门出现的过失，通过变更程序让规划部门或规划企业承担。类似的变更，作为项目负责人，首先要具备火眼金睛，看明白背后的责权利，之后最好向上汇报。毕竟这是针对整个企业和部门的，需要高层拍板。但是，有时候形势逼人，要求尽快处理变更。这就要求负责人随机应变了，既不能为了明确责任拖延进度而造成较大影响，也不能说改就改，最后还跟着担责任。一般情况下，不要搬出领导的意思，即不要说："我们领导认为……"的语言，最合适的工作语言是："为了咱们项目的进度和质量，我们可以随时变更，但是在问题根源没明确时，公司有管理流程，所以不方便签字。"让公司流程和规章制度来承担责任。

那么，如何才能拒绝这样的变更呢？

强硬拒绝：适当的强硬可以体现我们对原则的坚持，有时强硬拒绝效率很高。但是，拒绝背后一定要有理有据，要让客户理解变更后果的严重性。

委婉拒绝：这类拒绝一般都是要通过变更流程来解决，比如需要向上汇报，需要本单位变更委员会走流程等方法。由此可见，变更管理委员会起的作用还是很大的（这其实是让部门来承担责任，部门出面总比个人出面更合适）。同样要通过种种手段让客户理解变更后果的严重性。其实，如果我们能真诚地表述自己的理解和感受，往往能把客户打动。

2. 一定条件下可以变的变更

有一些外部变更要求属于一定条件下可以变的变更。比如，客户要求在完成规划的同时做基站电磁辐射的测试；这个增加的需求往往需要专门授权的第三方机构来做，对于这类变更，即便答应也没有资源去做。但对于具备电磁辐射测试认证的企业，从另一个角度讲，客户的这个需求却孕育了新的商机。所以，在向上汇报的同时，可以继续同客户讨论该变更的复杂性和技术性，同时同本企业市场部门确定是否可以完成，之后就可以请市场部的同事们过来再立个项、签个协议。此外，还有一些风险转嫁的变更，如设备方想将某技术风险转嫁给规划方，类似变更实际是一种博弈，如果经过评估风险不大，在承担该风险时还能获得某些技术细节，那么实际上是可以通过跟客户签署一个协议来界定双方的工作实施变更。

此类变更的关键在于：较大风险的背后蕴藏着机会，因此可以通过跟客户谈条件而完成。

同样地，对于这类变更，在跟客户、设备商沟通时要利用本企业的变更管理系统和流程。流程所扮演的角色很微妙，因此，建立适合本企业的流程是一个成熟企业高层首先需要完成的工作。

3. 不能不变的变更

必须很遗憾地说，大多数变更都是不能不变的变更。原因很简单：网络规划是一种乙方对甲方的服务。

何为服务，有这样一种解释很有意思。服务是由两个字组成："服"和"务"，服是心态上的，心态上要"服"；务是行动上的，行动上要"务"。因此客户提出变更，服不服？服，那就"务"吧，去执行。

这里一定要记住，别白白就执行了变更，要对客户做一定程度的"讨价还价"，对上要汇报，对下要安抚，同时还要依靠合适的变更流程来发挥作用。

当然，在计划阶段就跟客户和上司确定了项目范围，并得到双方的承诺和认可，并将变更更加有效地纳入流程中去，否则变更就很容易变成蔓延。

4. 一定要变的变更

缺陷总是存在。

如果客户、上司或者下属看到了缺陷，发现工作范围内缺少某一个重要的工作环节，比如：针对某个关键指标的仿真分析和结果，你是选择从善如流还是抱残守缺呢？

实际上，不少人是不情愿地选择变更的，因为无论缺陷如何，之前已经做了工作范围计划和承诺认同，我们总是不想改变已经承诺的内容，有时是因为怕麻烦，有时是因为好面子，有时是因为侥幸心理。

Chapter 3
第 3 章

方案：令人称道的蓝图

方案是移动网络规划项目的最主要交付物，它总会以报告、文档、图纸等形式体现。当今社会最不缺的就是主意或点子，真正缺的是行之有效的方案。好方案能十分贴合客户的真实需要，符合定制化、个性化的特点，同时也不失全面、层次性。而差的方案则让人感觉言之无物，套用模板，没有味道。另外，方案实际包括文案和提案，好的文案固然重要，但如何将方案提交给客户却更具挑战。优秀的咨询师除了文案出色之外，还应是善于沟通的演示高手。甚至，更有水平的人可以化腐朽为神奇，将看似不能出彩的文案"唱得响亮"。

3.1 方案架构和组合

小朋友都很爱玩插接积木（比如乐高积木），要用这些插接积木搭成一个很有范儿，很复杂的玩具：一个机器人、一架宇宙飞船……往往掌握了下面两个重要步骤的小朋友总能完成。

先搭出模块来，胳膊、腿、躯干、头，抑或是翅膀、尾翼、机身、机头，之后再按某种组合方式进行组合。

其实，很多工作都类似于玩插接积木游戏，先把架构拆开，之后组合。移动网络规划也是如此。

这不仅是一个工作，还是一个游戏。

3.1.1 一套完备的方案模块

一份完备的网络规划方案需要哪几部分？在第1章对《隆中对》的分析中笔者已经做了大略分解。无论是行政规划，还是人生规划、问诊看病、网络规划、网络优化，其模块几乎类似。我们索性拆分了它。

1. 现状

说明：客观清晰地描述现状。

要点：面向不同定位的网络规划，现状的描述内容也略有差别。一般来说，通用网络规划的现状描述包括：网络现状和技术现状。网络工程的网络规划的现状则将增加对于地区现状（经济、人口、发展等）、政策现状、竞争现状的描述；而对于某些专门的问题解决方案（如基于共建共享的网络规划、特殊地区的网络规划），则将增加对于政策现状、环境现状等描述。

举例：对于某校园高话务区域的网络规划，其现状描述如表 3-1 所示。

表 3-1 某校园高话务区域的网络规划现状

现状	说明
校园环境	校园的面积、区域结构、地形等
网络现状	现有网络的体系、基站分布、频率使用状况、基站配置等
业务现状	网络各小区近期不同时段、不同时期的语音与数据业务分布，以及接通率、掉话率、切换率、吞吐量等质量指标
资费现状	采用何种资费
竞争现状	竞争对手的网络、话务、资费等

意义：中医里提及"病症"，通过症状探寻病机，症为病之果，病为症之因，之后再辨症施治。网络规划中的现状就如同中医中的症状：症状不明，难以正本清源，遑论对症下药。这个道理似乎谁都明白，但是现实中大量方案不能解决实际问题多是因为对现状信息收集不够全面、描述过于主观。

2. 需求

说明：根据现状描述，分析网络需求。

要点：网络的需求可以转化为业务量的需求，而归根结底是最终用户的需求。当需求不满足时就会产生问题，因此需求和问题是相伴的。同时，除了就网络谈网络需求之外，你的客户还会有隐性需求。作为项目负责人、网络咨询师，对显性需求和隐性需求要两手抓，两手都要硬。

举例：还是就某校园高话务区域网络规划谈需求，需求分析如表 3-2 所示。

表 3-2 需求分析

需求	说明
网络问题	现有网络资源无法满足峰值话务
需求 1	经济效益评估
需求 2	提升网络容量的技术
需求 3	网络组网方案的评估
需求 4	隐性需求（此处略过，详见第 4 章）

意义：根据症状诊断病因，根据现状而分析需求。需求的意义不言自明，但必须搞清楚的是，网络需求、业务需求、显性需求、隐性需求……一切需求都是人的需求。

3. 目标

说明：根据现状和需求，确立目标。

要点：目标是问题解决后、需求实现后的状态描述。项目管理要求目标要具体、可量化、可实现（SMART 原则）；网络目标的确定也类似：具体、可量化是关键要求。不过，有时由于种种因素，问题无法解决，需求也无法实现（这种现象常常发生，原因很多，在第 4 章会详细说明），那问题和需求就要转化，从而形成可实现的目标。目标同样要分解，有主要目标和次要目标，很多时候，能达到主要目标就很不错了。

举例：还是就某校园高话务区域网络规划谈目标，如表 3-3 所示。

表 3-3　确定目标

目标	说明
目标 1	采纳提升容量的技术提升网络利用率 30%
目标 2	网络质量不下降
目标 3	……

意义：与其说目标是给客户定的，不如说目标是给自己定的。客户定的是需求，转化到自己的方案上就是目标。

4. 原则

说明：很多人不理解原则，因此在写方案时也不确定原则。原则是元方案，是决定具体方案的方案。

要点：原则，有时也称为指导思想，决定了提交何种方案。原则是战略，方法是战术。原则往往用"×××性"来描述，前边是形容词，比如"明确性""可测量性""可互补性"……这是形容词名词化的表示。有时也用简单的语言来描述原则，比如流传已久的"一步规划、分步实施"原则，再比如"农村包围城市"理论。

举例：还是就某校园高话务区域网络规划谈原则，如表 3-4 所示。

意义：原则指导方案，是战略层面的工作。很多工程师轻视原则，认为原则是说空话，或者说废话。我的感受是，原则为方案提供了方向，不少工程师低头跑路很勤奋，但往往容易偏离了方向。同时，方案可以有所出入，但是原则不能有所偏差，否则就很容易南辕北辙。

表 3-4　确定原则

原则	说明
前瞻性	能够满足未来一段时间的话务需求
有效性	方案需满足质量要求，达到指标
可利旧性	尽可能利用已有资源

5. 方法论

说明：方法论是得出方案的方法和技术。

要点：方法论说明了采用何种手段来得出具体方案。面向网络规划的方法论一般包括统计分析（数据挖掘）、数学建模、算法、仿真和测试，通过这些方法去实现一套遵从某类原则、达到某个目标的方案。在这些方法论当中，工程师会用到多个学科的理论，比如概率统计、测试原理、仿真原理、信号转换、图论等。

举例：还是就某校园高话务区域网络规划谈方法论，如表 3–5 所示。

表 3-5　方法论

方法论	说明
统计分析	对话务统计信息进行挖掘
数学建模	修订用户话务模型
算法和新技术	根据模型研究新的算法和新技术
网络仿真	通过仿真观察模型的有效性

意义：方法论是技术人员、咨询师的"武功招式"。尤其是有学术情结的人员，更是将方法论"顶礼膜拜"，手上有斤两，心里不着慌。方法论的价值可见一斑。本书的主要内容就是在讲方法论的。

6. 验证

说明：对方案进行验证，以评价其可靠性和有效性。

要点：验证的通用方法有两种：测试和仿真。测试是一门学科，包括测试方案、案例、实测、数据分析等。仿真也是一门学科，包括仿真设计、仿真搭建、仿真优化等。

举例： 还是就某校园高话务区域网络规划谈验证，如表3-6所示。

表3-6　验证

验证	说明
仿真	将方案的输入参数输入仿真工具中，根据仿真结果评价方案的有效性
测试	根据方案对网络进行配置，之后测试网络性能和网络质量

意义： 实践是检验真理的唯一标准。对于通信网络这种实证性强的行业，检验方案的有效性只能靠验证。

7. 解决方案

说明： 根据以上的全部模块提出可靠有效的解决方案。

要点： 解决方案的要点是将提出解决方案之前的工作全做好，之后提出解决方案就是水到渠成。

举例： 还是就某校园高话务区域网络规划谈解决方案，解决方案如表3-7所示。

表3-7　解决方案

解决方案	说明
网络规划解决方案	该地区校园小区的配置，参数配置； 建立互补小区数据库和参数配置脚本； 方案实施后对网络的影响
网络割接解决方案	网络调整的方法和流程

意义： 解决方案的意义是前面所有模块意义的总和。

3.1.2　怎么我组成"变形金刚"，你组成"哆啦A梦"

有了方案架构的模块，就可以按照次序组合成一套完备的方案了。但是，我们只是拿到了插接积木的分块，要想搭出一个叹为观止的玩具，还得动点脑筋。这其中最核心的要义在于：没有唯一正确答案。我们怎么拼，取决于场合和对象。我可以组成"变形金刚"，你也可以组成"哆啦A梦"。

我们可以先看看一个经典的次序，如图3-1所示。

图 3-1 中的架构是最符合因果逻辑的，前因后果、抽丝剥茧，能给人一种代入感。大多数网络规划方案、咨询报告都是按此次序组合的。可以作此评价：一个按此层次组合的完整方案可谓"中规中矩"。笔者将这里的组合称为"面向逻辑组合"。

但是，一个优秀的网络规划者不能仅仅掌握这样的组合，针对的对象不同、客户不同以及问题不同，组合也要有所改动。

下面先看看"面向逻辑组合"的一个关键瑕疵。

根据人的心理，开始和结尾是最留有

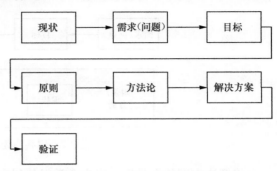

图 3-1 解决方案的经典次序

印象的内容，这是"首因效应"和"近因效应"在发挥作用。

那么，我们看看按照"逻辑组合"的规划方案的首尾是哪些内容：现状和验证。

这是你的客户最关心的内容吗？

现状，客户比你清楚，你一开始就啰啰唆唆写了几千字，写的内容若符合现状则罢了，如果有些出入，那客户对你的印象就大打折扣；关键是没有给客户建立全新的模式，炒冷饭。

验证，实施过网络规划验证的人都清楚，验证没有通不过的。验证的主要目的是证真，而非证伪。

如果客户是高层领导，他往往不会有时间仔细翻看这么厚的方案报告书，可能只看看开头结尾，当他真正关心的内容并不醒目时，那类似的解决方案在心里也就是 4 个字："不过尔尔"。

那什么才是客户最关心的内容呢？你把客户当成到医院看病的病人就清楚了，病人最爱问的两句话就是："大夫，你说我这是啥病啊？"和"大夫，你说该怎么治啊？"病人最想知道的是病情和治法。因此，一个方案报告的核心内容就是：需求（问题）和解决方案。

因此，如果将方案报告给客户看，我们就必须突出这两点。让我们把上述组合再作变形，如图 3-2 所示。

真正核心的方案报告包括了最为醒目的 4 个内容：需求（问题）、目标、原则、解决方案。

需求（问题）置于最开始，直接点出现状背后的本质需求或本质问题，让客户有种悬念，如果需求分析得透彻，客户会有醍醐灌顶之感。这也是写小说、拍电影惯用的手法。

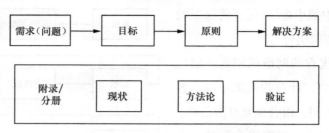

图 3-2　以客户为核心的方案次序

将解决方案放在最后，客户会觉得落到实处，有一种悬着的石头落地的踏实感。对于中层、高层管理者而言，能迅速地审读整个方案报告，看到一个咨询师的真知灼见，即便你的方案有所偏差，在他们心目中，对这个方案的好感度也会持续上升。同样的方案，一个字不改，仅仅变更一下次序，客户心目中的评价就会由"不过尔尔"变成"有点见地"。

当然，目标和原则作为指导方案的方向性内容还需在方案中体现。

那其他具有重要意义的部分难道就不体现了吗？

挑剔的客户有一个很让你矛盾的需求，他既希望一份方案报告有厚度，又希望很醒目。满足这个需求的最好办法就是：附录或分册，将对客户不太重要的内容用附录或分册体现。当客户需要时，可以直接读到；当客户不需要时，就按重量付钱好了。

笔者将上述次序称为"面向客户组合"，按照客户的心理来组织次序。

不过这个组合还会根据项目的对象和价值不同而有所不同。有一些规划项目，需求和问题都十分明确且直截了当。客户往往最关心解决方案和验证方案的有效性。此时，解决方案和验证就成了重要内容。那这个次序就要改一改，如图 3–3 所示。

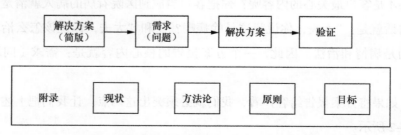

图 3-3　以验证为核心的组合

图 3-3 强调解决方案和验证。将解决方案放在首位，是直接告诉客户结论，开门见山。此类客户往往关心方案的有效性，他们常问的一个问题是："你这方案靠谱吗？"

因此，在报告中应将解决方案的来龙去脉说一遍，最后拿出证明材料——验证。这种顺序，常常面向那些在一线工作的客户，他们长期在现网中实践，因此也就会对验证更感兴趣。

笔者将这个次序称为"面向验证组合"。这个组合主要是来证明解决方案的。

上述这两套组合似乎都比"面向逻辑组合"更直接，更可靠，那么"面向逻辑组合"真就没地方用了吗？

"面向逻辑组合"最合适的场合就是专家评审的场合，对于外请的专家，他们对现状不了解，对需求不清晰。他们更注重整个方案的因果逻辑以及方案的全面性，因此用这个"因果逻辑"方案架构是最好不过的。

表 3-8 所示为这三种组合的比较。

表 3-8 三种组合的比较

名称	要点	对象
面向逻辑组合	按因果流程铺排，全面，符合逻辑	评审专家
面向客户组合	强调"需求/问题"和"方案"	客户中层、高层管理者
面向验证组合	强调方案的有效性、可靠性	实际网络工程师，具体操作人员

当然，还可能有其他不同的组合，以针对不同的对象和场合。如果我们总能站在读方案者的角度来思考，就能找到他们所希望看到的组合。

最后强调一点，解决方案最核心的原则："首因效应"和"近因效应"。

3.2 如何设计解决方案

我们做了一个很靠谱的方案报告，现状、需求、解决方案、验证都齐全，最后的组合也是严丝合缝、完美配置，但是客户还是不满意，提不少意见，这种现象并不少见。很多时候，即便我们换位思考，对方也可能不满意。即使是最核心的解决方案，也需要精心设计。

所谓解决方案设计，就是如何能将我们的解决方案内容更有效地展现给客户。

3.2.1 客户的想法 VS 我们的想法

既然我们和客户都是人，又都在通信行业里"混迹"，大家也就都懂些技术和规则。因此，千万不要以为客户没想法，全指望我们这些咨询师给他们想法。客户对现网的熟悉程度可能高于我们，他们对解决方案都有想法或需求。

有时在跟客户沟通解决方案或汇报时，常会碰到这样的尴尬局面。

客户稍微有点迷茫："我觉得你的这个方案还是有点缺陷。"

网络规划人员："那您说我们怎么办，您说怎么办就怎么办。"

客户大发牢骚："你在问我吗？我要是知道具体方案，还花钱请你们干吗？"

网络规划人员……

还有这样的尴尬局面。

网络规划人员自信满满："我觉得这个方案既满足您的需求，还能大幅度降低成本。"

客户斩钉截铁："你恐怕对我们的现状根本不了解。"

网络规划人员……

很多客户在讨论项目时比较矜持含蓄，这造成我们在跟这些客户沟通时很难了解他们的想法，因此，当我们在没有进行充分的需求沟通和准备时盲目地提交一份哪怕很全面的方案，客户都有可能不满。其中原因和需求沟通手段笔者将在第 4 章进行分析。但是，对于客户在解决方案上的想法，至少我们可以作一个区分，这样能帮助我们更好地进行双边了解。

现将客户对解决方案的想法分成三类。

（1）已有方寸

有一些客户对自己的需求（问题）十分清楚，甚至他们内心已经有了一些成熟的方案。但是，他们的成熟想法必须借我们（规划咨询师）之口说出。借我口中言，传其心中事。这样的方法能化解很多矛盾和风险，从而更有效地实现目标，满足需求。"借口"，有时并不是为了推卸责任，而是为了引起重视。

举个例子说，在一次总经理办公会上，规划部门的经理希望方案能增加室内覆盖的深度，这就需要增加投资；规划部门经理怎么向高层汇报呢？"张总，关于这个问题，根据您的要求，我们已经请 ×××咨询公司（或 ×××设计院、研究院）做了技术咨询，这是他们的咨询报告。根据他们的研究，认为增加深度的室内覆盖能够让网络更具有竞争力，更能保障网络的质量。"

多数这类客户实际比较容易沟通，因为他们会或明示或暗示自己的想法、立场和方案（也有少数客户喜欢考验我们的洞察力，这就得靠规划咨询师的沟通技巧了）。但是也有一个风险，那就是他心中的想法和方案是不是很科学、更适合现状、更便于解决问题。出于某些因素，客户本身的想法可能并不是为了满足网络质量，满足最终用户的需求，而是有某些其他企图。那么作为咨询师，该如何处理才能达成双方共识？

（2）只有大体方向

很多客户对现状和问题比较清楚，因此他知道在某一方面需要解决方案，但是出于专业、职责等原因，他并不清楚具体的解决方案。此时，规划咨询师的价值就会得以体现，将客户的大体方向细化到解决方案当中。

（3）没有什么解决方案

这类客户确实没想到真能解决问题的方案，因此非常诚恳而焦急地希望规划咨询师能提供解决方案。但是，出现这样的情况往往有更深层的原因：要么是客户心中认为其网络需求和问题凭借现有的技术根本无法解决；要么是客户迫于压力才请规划咨询师，他们认为本来没什么需求和问题。

说完客户的想法，其实咨询师心里也有小算盘。不同的咨询师的想法也不一样。

（1）听客户的

这类咨询师往往是客户说什么就是什么，通过频繁的沟通把客户的需求和方案尽可能全面地获取，然后就尽可能按客户的想法去做，自己没有也不需要有什么独特的想法。我在前面讲过了服务的意思，这类咨询师对服务就理解得很透：我不是来咨询的，我是来服务的。这类咨询师能让少量客户满意，但几乎所有客户都有一个感受："都听我的，要你干吗？"

（2）听自己的

这类咨询师往往是技术大拿，他们熟练掌握通信技术，并且实际工程经验丰富。因此他们往往对客户的想法不太接受。他们有自己的一套方案。有时，他们的想法比较绝对，往往认为解决方案只有两种情况：完美解和无解。这种非黑即白的思路会让客户觉得很难打交道。

兼听则明，偏信则暗。过于自以为是或过于迁就他人都无法达成双方的共识，也就无法满足需求，提出更可靠的解决方案。

咨询高手会在以下几个方面达到境界。

（1）达成共识，讲原则，讲方法论

前边已经提到了原则和方法论是方案架构的主要内容之一。提出原则和方法论的主要目的就是要跟客户达成共识。具体的解决方案可能会有出入，但是一讲原则和方法论，一般来说，都不会和客户有太大的偏差。原则往往是大家必须遵守的，比如做某个网络规划，原则是：以人为本、科学发展、绿色环保、扩大内需。这样的原则没人会反对，想不达成共识都不可能。方法论高于方案、决定方案，讲具体方案前，先共识一下怎么实现这个方案的，这种方法论的内容，几乎都有权威理论基础，如果把方法论给否定推翻很容易贻笑大方，大家都觉得没面子。

（2）强调法规、安全和权威的重要性

作为咨询师，不能只从技术角度考虑问题，我们做的很多解决方案都涉及国家法律、地方法规、技术规范等内容，同时也和网络安全、设备安全、机房安全等内容息息相关，客户往往更注重于技术现状，而对法规和安全不甚了解。因此，在确定解决方案前要强调法规、安全的重要性。至于权威，权威的理论、权威的话、权威的技术往往都很有影响力，了解权威、强调权威也是一种"借他口中言，传我心中事"的手段。当然，法规、安全和权威都可以上升到原则和方法论的高度。

（3）尊重客户的立场也要有自己的立场

客户可以没有想法，但他一定有自己的立场。什么叫立场？就是他背后的动机。不过，不同类型的客户有不同类型的立场。那就得找最关键的几个客户，这个问题在第4章会详细谈。尊重客户的立场，站在他的立场考虑问题是必需的。同客户的想法有出入并不意味着不尊重他的立场。另一个关键是咨询师一定要有自己的立场，建立自己的立场就建立了自尊，也就受到了别人的尊重。在具体方案上"和而不同"则是很高的境界。当然，前边也已经提过，当触及一些核心原则、道德底线时，是不能迁就客户的。

（4）能解决的解决，不能解决的解释

有时，在解决方案里也有无法解决的部分，如存在一些看似无理的需求。如果你是我前边提到的一类人，就会认为整个解决方案都是"无解"，然后一旦跟客户正面沟通，就很容易由于情绪而发生冲突，这其实是不负责任的表现。我的建议是：能解决的提供解决方案，不能解决的一定要有解释说明。毕竟你已经和客户在原则和方法论上达成了共识，通过详细地解释往往也能解决客户心里的疑问，何乐而不为。当然，如果你是项目的协调者，还得去协调这类工程师的情绪。

3.2.2　设计几个方案最靠谱

这是一道选择题。

1．一个方案行不行

还是先讲个小朋友的故事。

小宝生病了。一种类型的父母这么跟小宝说："小宝生病了，快吃药！"然后就在小宝的哭喊声中把药灌了下去，结果由于小宝的抵抗，药还洒了 1/3，以后小宝看到药就感到害怕。另一种类型的父母这么跟小宝说："小宝生病了，那你是想吃药呢还是打针呢？"小宝一般会不说话。之后父母再说："吃药呢，苦；打针呢，疼。"小宝虽然很不情愿，但是他还是会将就地选择吃药或者打针。

这就是选择的价值。选择是人生来就有的需求，也是人生来就有的权利。尽管现在人都在为选择而烦恼，但有的选总是好于没的选。

所以，在提供解决方案时，得给客户选择权，而不是让他没的选。因此，如果你只做了一个解决方案，无论是客户，还是专家，都不会有好脸色。但是，确实有很多网络规划人员就做了一个解决方案，"只此一招，别无他法"，令人遗憾。

除非问题十分明显，答案十分绝对，否则不要只做一个解决方案！

2．两个方案呢

于是，网络规划人员一般都会设计两个方案，戏称"真假方案"。一个方案的优势明显，另一个方案全是毛病。这确实让客户有了选择，但是这种方案策略的做作痕迹太过明显，客户会有一种心理："我还是没的选，这是在逼我就范。"这种选择权有时还不如没的选。

真假方案不可取。于是，就会考虑做两个可比较的方案，戏称"真真方案"。这是个有难度的工作，两个方案都可行，都有不同的好处，这总行了吧。

如果这么想，那就大错特错了。

有这么个寓言，有一天，一头极饿的驴找到了两堆谷草，大小差不多，驴站在中间，不知道去吃哪一堆，时间一小时一小时地过去，但它还是拿不定主意，最后它就饿死在这两堆谷草中间。

很讽刺吧。但是，实际情况就是如此。心理学家专门为此做过实验，结论是：比起诸多选择的烦恼而言，在吸引力大致相同的两种选择之间做取舍是最难的。所以，上边那个给小宝治病的招数还是有问题的。

所以，当你给客户提出一份"真真方案"时，恐怕你和客户都会饿死在草堆中间。

实际上，大量的经验表明，很多网络规划的解决方案分析到最后，都是在吸引力大致相同的两个方案中做出选择。

3. 那么究竟做几个方案最靠谱呢

这并不是一个通信规划的问题，这样的问题我们在生活中经常遇到。

还是回到给小朋友治病这个案例。小朋友就是客户，吃药、打针就是解决方案。抚养小孩的家长们在面对小宝一次次的抗拒之后，就会总结出一套办法。

父母："小宝，你病了，得治病。"

小宝（准备哭）："我不要打针和吃药！"

父母："这样，你可以选择，你是想打针呢还是想吃药呢，还是想吃药再吃一勺蜂蜜呢？"

小宝想了一想："吃药，再吃蜂蜜！"

……

当然，如果你想让小宝打针治病的话，你的第三个方案就是："打针，再去动物园。"

你可能会说，这是哄小孩子的招数，客户可都不是小孩子。

那就再举个成人世界的例子。

这是一个真实的 MBA 案例。（案例引自《怪诞行为学》）

MIT 斯隆学院给 100 个 MBA 学生做的一个实验如下。

让学生对一份著名杂志的订阅做出选择。

学生第一次看到的广告是这样的。

欢迎订阅下一年的期刊，我们提供三种方案：

（1）电子版，花费 59 美元可以选择电子版，能在网上尽情阅读；

（2）印刷版，花费 125 美元选择印刷版，月月闻油墨香味；

（3）电子印刷套餐，花费 125 美元享用电子版加印刷版套餐，想在哪看在哪看。

选择结果如下：16 人选择电子版、84 人选择电子印刷套餐、0 人选择印刷版。

之后将广告做一简单修改，即删掉了印刷版。学生看到的广告是这样的。

欢迎订阅下一年的期刊，我们提供两种方案：

（1）电子版，花费 59 美元可以选择电子版，能在网上尽情阅读；

（2）电子印刷套餐，花费 125 美元享用电子版加印刷版套餐，想在哪看在哪看。

结果如何呢？68 人选择电子版、32 人选择了电子印刷版套餐。

这就是三个方案的优势，即使是如 MIT 的 MBA 学生也会做出如此选择。这里最重要的就是印刷版和电子印刷版的方案组合，其中一个充当了诱饵。

中国哲学里说："道生一，一生二，二生三，三生万物，"三才能生万物。所以，对于大多数两难的"真真方案"，写三个方案才是突破口。

那就确定 A、B、C 三个方案吧。

稍等！

对于客户，那是 A、B、C 三个方案。但作为规划人员，你心里得重新定义名字，是 A、B、B' 三个方案。

举个 4G 网络覆盖规划的例子：在成本有限情况下，对 A 城市的覆盖方案有以下三个方案（以下方案只是一个简单方案，做案例使用，不见得正确，也不具有实际规划意义）。

A 方案：室外道路实现下行边缘速率为 2 Mbit/s 的连续覆盖，对室内只实现在商务区和酒店的 2 Mbit/s 热点覆盖，根据仿真，需要配置宏蜂窝小区 M_1 个，微蜂窝小区 N_1 个。

B 方案：对所有商务区、酒店、居民区等场景下室内区域全部实现室内边缘速率 2 Mbit/s 覆盖，对室外区域不要求实现连续覆盖，对于重点商务区实现边缘速率 2 Mbit/s 覆盖；需要配置宏蜂窝小区 M_2 个，微蜂窝小区 N_2 个。

B' 方案：对所有商务区、酒店、居民区等室内区域全部实现室内边缘速率 2 Mbit/s 覆盖，对室外区域不要求实现连续覆盖，室外除了商务区实现边缘速率 2 Mbit/s 覆盖，在居住区、校园建设少量基站，通过覆盖增强技术实现这些区域的 VoLTE 语音业务覆盖；需要配置宏蜂窝小区 M_3 个，微蜂窝小区 N_3 个。

可以看出，B 和 B' 方案都是强调室内覆盖为主，室外覆盖为辅，但是 B' 方案对室外覆盖又提出了一些增强技术。当这样的方案出台之后，多数人都会倾向于在 B 和 B' 方案中做选择，而 B' 获选的机会就会很大。

4．不能再多了吗

有时候你不得不承认，人类本身就是分裂体，人们心里的很多思考几乎是两个对立者在对话，用最新的流行词解释叫"纠结"。

最典型的分裂就是：又想要选择，又怕麻烦。

实际上，如果网络规划人员的规划工作做得全面，在对现状和需求透彻分析的前提下，有些规划是可以做多个方案的。但是，在这多个方案中，确实有不少有明显漏洞的方案，最后经过筛选，一般都会筛选成三个方案。

那其他方案怎么办？

留着，放到另一个版本里。

往往在研讨、汇报、评审里会出现如下情况。

规划人员："针对以上问题，确定了三个方案。方案 A，……，方案 B，……，方案 C（千万别说成 B'），……，经过比较和分析，方案 C 最合理……"

客户（或者专家）："你们有没有考虑这种情况：……；还有这种情况：……"

规划人员："您提的这个问题提到点上了。我们实际上做了 8 个方案（用PPT展示一下），其中方案 6 和方案 7 就是针对您说的这两种情况，不过经过分析我们发现这两个方案在 A 指标上比较低，所以经过整合，就确定了现在的三个方案。如果您需要的话，我们可以非正式地跟您具体讲讲之前的方案。"

……

这就是多方案的好处。

不过，乱花渐欲迷人眼。多个方案所带来的效果反而令客户不知所措，甚至把事情变复杂。因此，多方案一定要放在备用位置，有必要时用，没必要时存。切记切记！

3.2.3　幸福从比较中来——方案比较

1．方案的比较

有这样一句哲言："幸福从比较中来。"

比较让我们快乐，也让我们满足，当然有时也让我们沮丧和抱怨。

所以，任何一份方案报告，在把方案罗列出来之后的下一环节必然是方案比较。方案比较有诸多方法，本书做一次"元"比较，比较一下这些方案方法。一般来讲比较主要有以下三种方法。

（1）纵向比

所谓纵向比，就是将 A 方案的优缺点单独分析一下；再将 B 方案的优缺点单独分析一下；再将 C 方案的优缺点单独分析一下……这里用一个 4G 网络规划方案的例子来简单说一下。

A 方案的优点：室外的全面覆盖，在室外的网络质量较好，同时在网络运营初期，由于用户数的发展需要一个过程，通过全面覆盖可以满足初期用户业务需求；对于室内覆盖系统而言，有针对性地建设室内覆盖，可以满足高端用户的数据业务需求，A 方案成本满足预算；后续只需在室内建设分布系统就能够逐渐实现覆盖容量双丰收。

缺点：室外建一层网络，室内只在零星热点区域布设，难以实现深度覆盖，一旦用户业务量上升，容量紧缺难以避免，室内的大量数据业务不能用 4G 网络满足，室内用户体验差。

B 方案的优点：对高速数据业务的支持程度加强。对室内实现深度覆盖，能够直接满足用户的数据业务需求，用户体验好，成本满足预算。

缺点：室外无法实现全面覆盖，大量室外用户只能使用 3G（HSPA）业务，对多系统切换要求高，后续工程还需继续增加室外宏基站，建站难度增加。

C 方案优点同 B 方案一样，同时能够满足部分特殊室外场景的覆盖，让用户在室外的体验有所提高。

缺点是成本有所增加。

（2）横向比

所谓横向比，就是先明确所要比较的指标，然后根据指标将多个方案放在一起对比。下面把上面这个例子用横向比的方式来描述，如表 3-9 所示。

表 3-9　三种方案横向比较

	覆盖	容量	成本	可持续性	用户体验
方案 A	较好	一般	最节约	最适合	一般
方案 B	一般	较好	最节约	一般	较好
方案 C	较好	最优	有所提高	较适合	最优

我们通过建立一些指标来看看这两种方案比较方法。

指标：针对性、层次性、全面性、思维惯性。

两种方案的比较方法，如表3-10所示。

表3-10　两种方案比较方法

	针对性	层次性	全面性	思维惯性
横向比	因为首先确定了指标，因此这种比较更有针对性，针对不同指标进行比较	用不同指标来比较方案，形成矩阵型结构，更有层次性	如果指标更加全面，则比较会更加全面	比较指标的提出属于逆向思维，不符合人的思维惯性
纵向比	针对性不强，就方案比较方案	由于难以提炼出指标，因此层次性不强，方案之间的比较薄弱	根据方案阐述优劣，能阐述得更全面，更细节	一般人的思维都是在方案提出后就直接考虑其优缺点，符合人的思维惯性

如果谈感受的话，横向比较比纵向比较更清晰，也更科学。不过纵向比较有一个好处，那就是有一种代入感。但是，无论是横向比较还是纵向比较，都会有一个问题，不容易给出结论。所有方案在各个指标上都是互有优劣，这就让人很难决断了。

按照第3.2.2节的说法，我们还需要做一个方案三（对横向比较的改良），这样就能让人更加清晰。

（3）加权平均法比较

在横向比较的基础上，对每个指标设置权值，然后对方案进行打分，之后加权平均，比较最终分数。

还是用某市4G网络规划解决方案为例比较，如表3-11所示。

表3-11　某市4G网络规划解决方案

	覆盖（20%）	容量（20%）	成本（10%）	站址资源（10%）	用户体验（40%）	总分
方案A	较好 80	一般 60	最节约 90	最适合 90	一般 70	74
方案B	一般 60	较好 80	最节约 90	一般 70	较好 80	76

续表

	覆盖（20%）	容量（20%）	成本（10%）	站址资源（10%）	用户体验（40%）	总分
方案 C	较好 80	最优 90	有所提高 80	一般 70	最优 90	85

由表 3-11 可见，最终的方案选择就一目了然。

很多杂志里对手机、家电、软件的比较都是采用加权平均的方法。这种方法的优点是清晰、科学，还容易分出高下，给人一种周到的感觉。

2．方案的建议

方案比较之后，自然是建议采用何种解决方案了。

大多数情况，一个好的方案建议往往需要具体问题具体分析。

在一些解决方案组中，值得选择的方案建议优势十分明显，也十分科学，完全符合原则，那选项不言自明，在做了一系列设计方案、方案比较之后，矛头直指该方案。即使客户提出一些质疑，这些也是在规划人员考虑范围之内。

但我们必须明确，几乎所有的建议都是有侧重的。在侧重 A 时，选择方案 A 最合理；在侧重 B 时，选择方案 B 最合理……因此，任何最终的方案建议都是基于某些侧重的。这些侧重体现在指标的权重上。

在上例中（见表 3-11），指标的权重更注重用户体验，所以方案 C 胜出；然则我们要是把指标权重做一修改，比如更注重站址和成本（确实会有这样的可能，企业资金少，但又希望迅速抢占站址资源），那我们再做个加权平均（注意，打分不变），如表 3-12 所示。

表 3-12 修改指标权重后的方案比较

	覆盖（10%）	容量（10%）	成本（30%）	站址资源（30%）	用户体验（20%）	总分
方案 A	较好 80	一般 60	最节约 90	最适合 90	一般 70	82
方案 B	一般 60	较好 80	最节约 90	一般 70	较好 80	78
方案 C	较好 80	最优 90	有所提高 80	较适合 70	最优 90	80

方案 A 胜出了。因为选择方案 A 就是以获取更多站址资源为条件的。不同侧重产生不同的解决方案。往往在网络规划的征求意见会上，客户可能会要求我们以多个侧重提多套方案，这时，加权平均法的好处就充分体现出来了。

必须强调的是，尊重自我的立场和原则十分重要，在一些时刻，即便客户要求我们按照他的想法来实现，我们必须有所坚持。

3.2.4 模板和个性

在编制网络规划方案时，我们往往会借助模板。现在，没有人能不用模板一个字一个字地把一份厚厚的网络规划方案码出来。相信很多企业都有自己的模板。在 21 世纪的今天，交付的方案文档已经不能仅仅是 Word 了，还包括了 PPT，现在很多企业市场人员和咨询人员谈到 PPT，常说一句话："PPT 生活化，生活 PPT 化。"随着我国企业逐渐同世界接轨，针对模板的一种观点越来越占据主流，那就是："模板是企业的名片。"因此，企业也越来越注重模板的设计和统一。

1. Word 模板

Word 模板除了具备方案的整体架构之外，还包括了封面、排版、装订、印刷。

我们讲了很多次第一印象，而 Word 版方案报告给人最直接的第一印象就是封面。因此，设计一个不同凡响的封面不仅仅表明了本规划的不同凡响，甚至代表了本企业的不同凡响。

所谓不同凡响的意思，是简洁而非复杂，醒目而非纷乱。同时，除了视觉感不同凡响之外，还需注意另一种感觉——手感。选择何种纸张、多少克重，都会影响直观感受。因此，优秀的企业往往会专门请美工来设计封面，同时企业相关部门也会参与设计。

目录、标题、段落、字体的排版在任何一个企业都有相应的要求。优秀的企业都会定制化设计这些排版。一份风格协调的排版外加合适的字体及适当地突出能形成有吸引力的心理表象，以强化阅读者的体验。同时，统一化的模板代表了企业的形象，也能彰显企业的价值和地位。

2. PPT 模板

相比较 Word 模板，PPT 模板更体现了个性化的因素。对于积淀丰富的企业，都会建立统一的 PPT 模板格式及模板要素。关于 PPT 模板的设计，本书不详细分析，但是要强调以下几点。

（1）PPT 各页风格统一

所谓风格，指颜色搭配，标题搭配和表格搭配等。清晰明了、重点突出的统一的 PPT 风格是关键，比如：IBM 的 PPT 风格几乎都是深色背景，白色字体；微软的风格则无论背景、字体还是文本框、表格都有 Windows 的感觉。

（2）多图少字

很多人编制 PPT 的方法就是将 Word 摘抄出来，然后贴到 PPT 上。每一页都是臃肿的文字堆积，这绝对会造成视觉的反感。而采用形象的图形说明并佐以提示性的文字则在感觉上提升了许多。认知科学理论认为，人们在进行认知和信息加工时，首先使用的是形象思维而不是抽象思维，人们的思维发展是从具体到抽象的。因此，多图形、少文字构成了吸引人的 PPT。而成熟的 PPT 模板定制了各种不同的图形，如就一个论点描述三个论据的图形；描述阶段发展的图形；使用串行逻辑的图形；描述流程图的图形……

（3）留白

国画里的留白是一种艺术，给人更多的遐想。而在 PPT 中也需避免各种图形充斥各个片中，适当留白能让"观众"在某一些时间成为"听众"，聆听你的语言并产生联想。留白运用得好，更能吸引住对象。

3．模板和个性化的统一

如何建立个人魅力，给人深刻印象？从方案报告角度上来说，就是个人的独特风格。当采用了系统化的企业模板之后，个性化的内容可以从以下几个方面体现。

（1）语言风格

如果能在枯燥的方案比较和分析中增加一点旁征博引则好比平静湖面上的波澜不兴，恰到好处。如果能在大段的需求分析后用简洁的判断句独立一段介绍，文字则更有跳动感。高超的语言风格是个人魅力的体现。不过这样的语言风格需要一点点天赋，加上长期的练习。

（2）次序组合

第 3.1.2 节已经提到了不同组合的合理运用，如果能熟练运用，则如烹小鲜，味道各有不同。

（3）多多实践

实践越多，个性化就会越明显。可能在第一次编写时还只是借鉴模仿，但多次实践之后，有时旁人一看便知是你的风格。不过这种实践还需要两个字，就是"用心"。

3.3 方案演示之道

在之前已经多次提到，多数情况下，纸上方案的作用没有方案演示的作用大。这不仅适用于通信网络规划的方案，而且适用于几乎所有的方案。提案往往比文案重要。好的方案演示有时甚至能产生"化腐朽为神奇"的效果。

一般来说，网络规划方案的演示会在不同的场合面向不同的对象。

评审。网络规划最终面临的就是评审，包括客户的评审和专家的评审。评审的场合中，客户和专家是主要演示对象，另外不要忽略了一个重要对象，那就是你的领导，他们往往会参加重要的评审会。

汇报。在评审之前，往往需经历几次正式汇报，在汇报当中，演示对象一般为客户企业中不同部门的人员，以及客户领导。

研讨。大量的非正式但有组织的研讨会也是方案演示的重要场合。这些研讨会里，客户往往不是主要对象，会有很多合作部门、同行业者乃至媒体参加。

培训。当项目完成后，由于具体方案得到客户的认可，并且其中含有很多技术，因此会组织对其他客户、学校学生以及企业同行的培训。

在不同的场合下，总体的准备和现场演示的方法相差不多，但也会有所差异。本节将有针对性地介绍演示之道。

3.3.1 演示准备"5W1H"

之前在第 2.4 节就提到准备对调研的重要性，对于演示而言，其重要性则更甚。好的演示往往都是从准备开始的，那需要准备什么呢？

借助 5W1H 的分析方法来进行分解。

1. Why

确定演示目标。

演示目标与演示场合紧密相关。

如果是评审，目标则可定为：获得评审专家的认同，得到直接领导的赏识。

如果是汇报，目标则可定为：同客户及客户领导达成共识，为新的项目创造机会。

如果是研讨，目标则可定为：提升企业影响力，建立个人品牌。

如果是培训，目标则可定为：学员的理解，创造新的项目。

2. Who

Who 包括对所有人员的预判。

首先是演示对象，包括客户、客户领导、本企业领导、专家、同行，同时还可能包括潜在的竞争对手。其中，核心对象十分重要，核心对象决定了你演示的成败。这点在第 4 章还会强调。

最核心的是预判对象的立场和倾向。支持还是反对还是不关心？如果核心对象是站在反对阵营，抵触地在听演示，那就需要准备一些投其所好的讲法。

之后还需要了解自己的演示团队。有时候，演示并非单打独斗。演示也需要有两到三个人组成团队。因此要在前期准备好团队的分工，谁讲，谁切换 PPT，谁准备答疑……

3. Where

演示的地点和环境。

这点乃是细节，但并非小节。

多数地点是在会议室举行，但是对于研讨会形式的演示则往往在较大的会场。地点不同演示效果会略有不同。

另外还有一个关键设备是投影仪。有的投影仪的投影效果较差，一些颜色难以显示，因此在第 3.2.4 节提到颜色简洁则避免了不能显示的颜色。如果有些时候需要自带投影仪，则最好提前检查一下，避免临场发生灯头出现问题或需要维护等不必要的问题。

4. When

演示时间和次序。

这包含几个部分：何时演示、排在第几、约束时长。

如果在中午过后就开始演示，则听众午饭刚结束，有时需要使用有特色的开场白来扫一扫倦意了。培训和研讨会这种轻松的场合则可以考虑请大家做个小游戏引起兴趣，如果是连续的评审汇报，则可以准备一个和主题相近的笑话或小故事来活跃气氛，这同样需要有针对性，如果观众是年长者且很正式，讲个身边的小故事就可以，无须搞笑。至于做什么游戏、讲什么故事，那就是台上一分钟，台下十年功。以上这段主要还是说给高手来听，如果感觉自己并不善于讲故事，千万莫邯郸学步，还是以不出错、讲得透彻为根本原则。

在评审的场合中，往往并非评审一个项目，而是在几天内连续评审多个项目，因此，确定排序也比较关键。排在第一的优势是让人印象深刻，排在后边会有比较优势。

通常的演示会议都会是先汇报，后讨论，因此对时长的约束则直接影响演示内容。时间决定了演示要点的数目，一般来说，40分钟的时长，最多强调 3 ~ 5 个要点。一些场合下，客户的领导参与，往往只给 10 分钟，甚至 5 分钟的时间，那就删掉一切次重点，强调最重要的点。

5．What

演示什么？当然是以 PPT 为媒介的规划方案了。

前边提到的演示目标、对象、环境、进度都对演示内容提出了条件。因此，原先做好的 PPT 可能会有所删减，当约束时长变短后需要"瘦身"，在合适的地方编制一段动画，将数据、现状、参考材料纳入附件都是对 PPT 的完善。同时，还需要准备的一个重头戏是"对方可能的提问"，见第 3.3.3 节。

6．How

怎么准备？

对于演示高手来说，其丰富的经验可以大大缩短准备时间。但是如果你是个"菜鸟"，同时你又很想通过演示得到客户的认可和领导的赏识，那就得花点功夫了。

前边提到了，PPT 要求多图少字，但是新手往往特别依赖文字而难以自由发挥，那就需要专门准备相应的文字稿。

对于讨论和答辩的问题，如果我们是一个团队，那最好的办法是开一次头脑风暴会议，把可能提到的问题集思广益，并做好应对模拟。

成功的演示靠之前的大量练习，有几种练习手段：默念；对镜子演练；找几个同事，先做个排演热身。这几个手段都很好用，关键是次数，对于新手而言，7 次是练习的底线。

3.3.2 脱颖而出的机会——现场演示

Ready？

Go！

要作为主讲人进行演示了，心理是否很紧张？

本节谈得更多的是如何去演讲，以前我在线看过斯坦福大学教授的一门教演讲的课，看完之后受益匪浅。我找几点重要的谈谈，其余的就看相关的书吧。

1. 开头

笔者已经在多个部分里强调开头的重要性了。在现场演示当中，如何在开头就吸引住听众，但又避免过于牵强呢？

比较吸引人的开头一般都是从故事和名言中来，编故事无须牵强，如果能借助现场的状况讲故事则最为合适（比如刚刚的演讲人提到了什么，就此引出你要说的内容），至于引用名言，最好是引用与会专家或领导刚刚说过的话，引用古人的名言则有卖弄之嫌，引用会场在坐的客户领导或专家的话则既能吸引听众，又给对方增添光彩；当然，如果本网络规划所涉及的问题比较深刻，在开始设疑也是吊胃口的好方法。

如果这些都还没熟练，那就按部就班吧。不过切忌画蛇添足，开头过度"恭维"客户和领导。"恭维"讲究度，手段用不好反而会令人反感。

下面举个例子。

在一次规划方案的汇报中，开始，客户领导曾经提到了校园场景容量需求很强烈的事实，在咨询方的汇报中，一个专家就在开场中这么提到："刚刚刘总提到了校园需求很大的问题，绝对是一下切中要害（引用客户的问题，引起客户的兴趣，还捎带"恭维"了客户）。这个问题在我们做 × 省规划时同样遇到过（表明我们的经验）。当发现我市也是高校众多，我们料到可能会在组网及关键技术中要考虑校园场景的用户分布与容量特点，因此在方案中对校园的网络规划特别占用了一部分内容，在后边我将详细地描述，不知道能不能解决刘总提出的问题？（表明我们有所应对，也是请客户放心，无须担忧）

2. 声音、语速和眼神

声音洪亮是必需的。声音洪亮表明几个内容：（1）对方案有自信；（2）本人有生命力；（3）照顾听众。

语速过慢和过快都不合适，快慢相宜最合适，在需要强调的地方减慢，在需要逻辑论证时逐渐加快，在需要一带而过时快速带过，一张一弛，文武之道。

有自信的演示者喜欢凝视听众的眼睛，一般在开始时友好地扫视一下，之后在讲的时候用眼神和不同区域的听众进行沟通。实际上，演示者真正看的并不是听众的眼睛，而是听众的脸。

3. 强调要点

之前已经提到了，40分钟限时的演示，最多能讲5个要点。这是由听众的心理认知决定的，讲多了没人能记住。因此，大量的演示实际上就是对这几个要点的强调。强调要点分为以下几种类型。

重复。大多时间，重复是最好的强调。不信请看看脑白金广告和恒源祥广告，不断重复把产品烙在顾客心里，这是人类大脑所起的作用。因此，在不同地方用不同语气重复很有效。

换种表达方式。上一句，我们说："根据a，得出A方案是最优方案。"再后边我们就换种说法："网络指标侧重a时，没有方案比A方案更合适。"还可以有其他方式，比如，"A方案的必要条件是a""从另一个角度也证明了A方案的效果"……

渐次深入。这种强调往往更有效，但要精心设计。比如，先设疑，之后放出一个烟幕弹命题，再分析该命题的问题，再引出要强调的要点。这很像刘备先找到徐庶，之后徐庶拼命贬低自己，再引出如皎皎明月般的诸葛亮一样。这种手法很有戏剧感。

举一个渐次深入的例子可能更直观些：在一次规划研讨会上，一位规划专家介绍网络利用率计算方法，他这么说："对于一种评价网络的计算方法，大家的目的无非是合理和简单（这就是一种设疑，用最通俗的语言把大家的问题亮出来）。过去的方法A，很简单，但是随着业务量的提升和双频网的出现，不够合理（烟幕弹命题1出现）；于是，我们就想出了方法B来计算……这个方法不错，把该考虑的因素都考虑进去了，但是很麻烦，估计我刚才讲了这个算法，大家光听就听晕了（抛出烟幕弹命题2）；所以我们开发了一个小工具，你只需要把甲乙丙丁输进去，就自动算出利用率结果（这才引出真正的意图）。这个方法到底靠不靠谱？我们找了C省合作做了一下验证，感觉至少比A方法要更合理，并且节约了信道资源（这是补充证明，将质疑按在萌芽之中）。我们下一步计划是扩大验证范围，不知道还有哪些省公司能够合作（末了，还为下一步工作做了铺垫，实现了可持续发展）。不过，我想说的是，这段套话谁都可以用，但是背后的功夫要花，你得想出方法B来，还得开发出工具来，同时你还得做过验证，这些才是在台上交流出色的基石。

3.3.3 玩转答辩和技术交流

几乎所有的演示都不是拿 PPT 一通讲，讲完了就结束了。后边的巨大压力会接踵而至，那就是互动、答辩或者是交流。演示的互动说明了演示的效果，通过互动反馈，我们可以了解听众对我们所提方案的立场、倾向、技术问题以及新的需求，反馈的出现往往表示听众已经被我们提出的需求和方案所影响。没有互动的演示其实是失败的演示，因此，不要害怕互动和答辩。那种一问一答的方式十分考验我们的前期准备情况、随机应变的能力以及沉着冷静的心态。很像《聪明的一休》里边的"提问""回答"游戏。

还是那句话：这不仅是工作，还是一个游戏。

如果仅仅是研讨性质的演示，最后讨论的灵活性很大，可以在更大的原则下想谈什么谈什么，但是如果是汇报、评审类的演示，那就需要战术了，优秀的企业会形成整套的战术运作。当然作为规划人员，这样场合下的不同应对也许是能让领导赏识的机会。

我来谈谈这些战术。

1. 不同问题的区分

对于听众所提的问题，需要有所区分，你的应对方式与问题的类型十分相关。

我们将问题分为以下几类。

（1）给分问题（或者叫支持问题）

一般在汇报和评审中，一些关系好的客户和专家会提支持我们方案的问题。这些问题一般规划人员都有充分的准备，因此回答起来也驾轻就熟，胜券在握。确保出现这类问题的前提不是规划人员的努力，而是客户经理的前期努力，他们之前已经跟相关客户做了工作。

应对：既然是给分问题，必然是准备好的，那就胆子大点回答清楚好了。

（2）探讨性问题

这样的问题往往是听众、专家有所疑惑的问题，听众并不知道答案如何。这就需要规划人员能从更高的角度给以解答，如果能够直接解开疑惑，则最为圆满，但是即便一时解不开，也需要掌握一些说辞。

应对：既然是探讨性问题，那么就可以探讨，如果我们知道答案，自然可以响当当地阐述；如果我们不清楚答案，则可用共同探讨的口吻进行简单的分析，比如说："关于高速铁路掉话的问题我感觉有两个原因：多普勒效应，……，切换，……，这倒是一个新的课题，我们可以再立一个项目深入研究一下，也请您能多多指教。"既然是探讨，同时也给出了后续工作，对方就会不再深究。

（3）挑衅

你的听众中往往会有竞争对手，或者潜在的竞争对手，而他们提的一些问题看似是探讨，但其实是挑衅。这类问题往往他们心中有标准答案，就等你答不上或者答错了好显示他们的能力，贬低你的水平。对付这类问题更见功力和艺术。

应对：对于一些我们有所准备的问题，应给予圆满回答，甚至可以反诘来还击；但是往往对方也是有备而来，这类问题往往会形成辩论，唇枪舌剑。如果对这些问题了如指掌，能从更根本的角度一招制敌不但可以打击对方的嚣张气焰，还能彰显自己深厚的技术功底，当然这需要深厚的知识储备、冷静的思维和灵活的技巧，如果不能，那就只好采用"软着陆"的方法了；对付这类问题，需要将自己锻炼成"吵架高手"。

对付挑衅，这里有《红楼梦》的例子最为贴切，贾宝玉的丫鬟中，最冷静，最犀利的"吵架高手"并非晴雯和袭人，而是麝月。

晴雯撵坠儿，坠儿的母亲来和晴雯吵架，责说晴雯背地里叫唤"宝玉"这个名字，晴雯急红了脸，直接吵将起来，为吵架而吵架，以吵架对吵架，永远解决不了问题。麝月先用话压住，讲的不是理，是身份："这个地方岂有你叫喊讲礼的？你见谁和我们讲过礼？别说嫂子你，就是赖奶奶林大娘，也得担待我们三分。" 再划出道道来，说是道道，还是自家的身份："便是叫名字，从小儿直到如今，都是老太太吩咐过的……连昨儿林大娘叫了一声'爷'，老太太还说他呢，此是一件。二则，我们这些人常回老太太的话去，可不叫着名字回话，难道也称'爷'？哪一日不把宝玉两个字念二百遍"。最后还不忘羞辱一番："嫂子原也不得在老太太、太太跟前当些体统差事，成年家只在三门外头混，怪不得不知我们里头的规矩。这里不是嫂子久站的，再一会，不用我们说话，就有人来问你了。"更叫小丫头子来："拿了擦地的布来擦地！"弄得坠儿娘无言可对，只得带来坠儿去。（以上段落选自《色影红楼——红楼梦性格解读》）

《红楼梦》里有各种吵架，读来很有味道，如能学学麝月，掌握点嘴上手段，应对挑衅至少不致慌乱。

（4）显露自我

在一些培训或汇报中，常常有这样的听众群：客户的技术人员与领导一起参加。这时，往往会有一些中低层技术人员提一些技术问题。这些问题往往与项目关系不大，或者十分细节，以至于你难以回答。注意，这并非挑衅，而是客户技术人员对自己实力的显露，以通过这样的场合得到领导的注意和赏识。

应对：既然别人想显露一下自己的本事，那就不妨做个人情吧，把问题问回去就好，类似："那您在工作中一般是怎么考虑的？"

（5）要求面子

在一些评审及汇报中，并不是所有问题都必须回答得精彩。总有一些客户或专业人士认为你的回答是不给面子，被难住才是给面子。因此一些听众会追着某一些较难回答的问题不放，这并非挑衅的表现，往往是要求你给个面子，在这个问题上认输。

应对：认输，认输，认输。"您说得很对，在这方面我们需要改进。"

2. 引导，而非对着干

大禹治水的方法在几千年前就用过了，不过我们就是忘性大，干什么都想着先对着干，结果越做越失败。很多问题需要引导，而不是直接挑起敌对，这就是"软着陆"的手段。我们可以多看看影视明星对隐私问题的回答和外交部对国际记者的回答，有的回答就颇具艺术，似乎问题回答了，但又没挑起情绪。如果对方是心存挑衅，就会感觉拳头打在了棉花上。

常用的方法是"打太极"：接，将问题接住，即重复一遍对方的问题。高超的人士往往会用另一种语言来重复；引，将该问题向大的原则或方法论上引，即，"我理解您提的问题属于×××方面"，如果能引到我们擅长的领域，那最好；转，高屋建瓴，就原则和方法论来谈问题，回避了问题的针对性；推，把问题推回去，"一般都是按照这样的原则和方法解决的，您说呢？"

另外，善用修辞手法，如比喻、类比、象征，将问题进行转化，从而形成可以解决的局面。如果能适当使用一下幽默，或者像之前讲的麝月那样揶揄对方一下，那会起到化攻击于无形的效果。

3. 团队胜过单枪匹马

你不是一个人在战斗。

演示是团队作品，互动、答辩也是团队作品。因此，答辩、讨论最好是团队多个人进行互动，每个人所熟悉的领域不尽相同，因此如果各个有所擅长的人能够回答不同的问题，则体现了团队的力量。

当然，作为项目负责人，如何培养团队则很重要，不只要求团队"特别能吃苦"，还要实现"特别能战斗"。

3.3.4　守正出奇

在介绍了很多方案设计和方案演示的技巧和招数之后，或许我们会感觉在方案中和方案演示中使用一些技巧能够大大提升方案和我们本身的价值，于是一些人就会大量使用这样的手段。事物发展的规律告诉我们，一切归于平衡。出于取巧的目的采用取巧的手段，最终会被其反噬。偶尔使用可以怡情，但是一旦依赖这些手段，而不从最终用户的需求和网络的根本问题着眼，则显虚浮，不落实处，最直接的影响就是难以获得长期的信任，很容易被人贴上"装"的标签。

在大年夜吃饺子时，经常会特地包一个"硬币"饺子，把硬币包到饺子里，吃到的人可以得个惊喜，讨个彩头。但是，如果各个饺子都包上硬币，所得便不再是惊喜，而是咯牙了。

因此，方案的编写和演示的根本方法是四个字：守正出奇。

孙子兵法中说过："战者，以正合，以奇胜。"

正，乃是在方案编写中按技术原理、网络根源、最终用户需求来分析，在方案演示中细心准备，无论是宏观要点，还是细节问题都面面俱到，将基础打得坚实。

奇，乃是法无定法，采用诱饵、策略及随机应变、避实击虚等手段达到目的。

正是奇的基础，如在方案讨论答辩中，对于不少技术细节问题，堂堂正正地回答解释加上不带敌意的坚持，总好过避机锋、软着陆的手段。而这堂堂正正的回答则出于我们对技术的把握，对问题核心的把握和深厚的技术内力。面对踢馆，只要内力强于对方就没必要用其他招数。

奇是正的突破，是个性的表现，如在方案编制中展示个性的风格，在演示答辩中使用一些手段，则能让整个方案编制、演示、汇报工作更有趣味，让人意兴盎然，也引得客户、专家和自己上司的青睐。

最后，还需强调的是在整个方案过程中的立场。立场是最根本的定位。

我认为，应以求知、真诚及非敌意的坚持为基本立场。求知乃探索世界的根本动机，拥有求知心则可对网络技术、业务需求更深入挖掘而不流于肤浅；真诚乃待人接物的根本出发点，真诚可以感染身边所有的人；非敌意的坚持乃个性表现，坚持自己认为正确的观点，但也能容纳对方的观点，可获得更高的尊重。

Chapter 4
第 4 章
人是万物的尺度：
　　规划设计的人

4.1 你是谁——"网络规划魔法师"

有时，网络规划人员总是有一种很分裂的感觉，感觉自己的角色很混乱。客户常常有技术问题问你，要你提交技术方案，要你完成仿真，又要你协调工程，你常常还得帮忙谈合同。你的角色经常在市场、技术、售后、研发等领域中切换。这种分裂的感觉沿袭整个项目，甚至整个职业发展。这里，笔者想强调的是，如果你不能把自己定位清晰的话，那就会很迷茫，不知道自己到底是谁，也因此会妄自菲薄，感觉自己什么都做不好。到时候客户埋怨，上司贬低，你的存在感和认同感就会减少和缺乏。

好了，本章让笔者帮你梳理一下，从事无线网络规划的你到底是谁。

1. 技术咨询

无线网络规划要了解通信技术、网络规划理论、仿真、测试等，而这个技术工作的要求也跟研究开发不一样：这个工作要求的是"万金油"型的工作，即对整个网络技术都有所涉猎和了解，对多个专业都能说出 ABC 来。因为，通信网络的特点是全程全网，特别是无线通信网络，连"最后一公里"的通信都要考虑，全程全网的网络规划设计就需要你懂全程全网的技术。网络规划的特点是以咨询为主，上到业务应用，下到物理传输都得知晓，这很类似于医院里的内科。

但是，随着通信行业的高速发展，通信技术的极大丰富，对网络均有涉猎的"多面手"已经风光不再。当然，当前社会要求"复合型"技术人才，在任何领域都是技术达人，经验丰富，很多人梦想成为这种人才，但多年过去，大家发现，这确实是梦想。

作为网络规划人员必须要有所为，有所不为，在无线网络规划领域里，找到自己的擅长领域。射频、仿真、测试、流量、信令、业务……你要在更擅长的方面更深入地研究下去。

业务需求分析：无线网络规划中对业务的研究实际上是对用户需求的研究，随着移动通信业务的增多，这类研究也在逐渐深入，统计到用户的需求，建立业务模型，实施业务分析，明确业务指标。你要在大量的报表中发现业务的规律，这需要有很高明的方法。同时，业务和流量紧密相关。

容量分析：将业务需求转化为网络容量。笔者在第 1 章介绍容量规划时说过，需求和供给要匹配，流量研究就是在匹配这二者。说的理论一点，容量研究是一个复杂的运筹学课题。如果你能设计出更好的方法或参数降低容量配置，节约成本，客户和上司都会记住你。

射频分析：射频研究是对无线电波的研究。电磁场理论、天线理论是射频研究的学科，而这种难以控制的电磁波研究必须借助于仿真。

仿真分析：网络复杂度的提高已经让那些理论计算变得苍白无力。对网络的规划必须采用仿真工具才能得窥一斑。仿真是通过计算机构造一个虚拟现实的环境，同时将需要实现的技术、算法和规划方案投入到该环境中进行计算，该计算结果用来验证和评价相关技术、算法、方案的有效性和可靠性。仿真的原理以及仿真的输入输出和数值分析则是一个仿真人员的必修课。

测试分析：网络优化的主要工作就是测试，但或许从事网络规划也必须娴熟使用测试。测试用例、测试流程、测试方法、测试的输入输出以及测试的数据分析，网络走向成熟的最大功臣就是测试。

信令分析：信令其实融合在测试和仿真中。信令更像是语言学，它是网络的语言。这个世界上，好的翻译总是能吃得开，谁让人类要建造巴别塔呢？

好了，如果你要在技术岗上发展下去，给自己一个定位，选择一下，在上述哪方面比较擅长呢？

当然，"一招鲜吃遍天，择其一而专之"依旧难以体现技术实力，但是把自己经营成"复合型"技术人才又太过困难，选择一个折中的办法就是技能组合。网络规划的技能组合如图 4-1 所示。

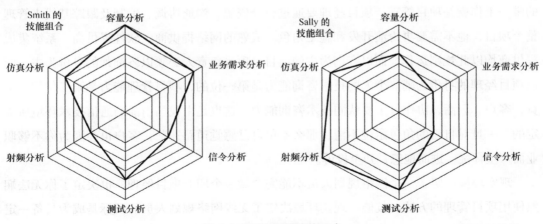

图 4-1　网络规划技能组合

其实，个人能力的培养与玩策略类游戏很类似，那得找某一项很高，比如智力或统御或武力，同时其他项又不过低的将领，统御高的可以打仗，政治高的可以建设，智力高的可以用计谋。突出重点技能，才能令自己在工作中有价值。

"但是，我仍旧觉得我不行。我没有设备工程师懂设备，没有网优工程师懂网络，没有架构师懂开发。我所做的东西，别人似乎也是学学就能做。"这是很多入门者的自言自语，因为我也这样暗示过自己。

我不知道最好的办法是什么，因为担忧是自己的事。我自己的解决之道是：观察自己的担忧和焦虑，我发现担忧背后的潜意识是"比较"。有了分别之心，担忧自然加剧。同时有了分别之心，对自己的定位就模糊。当我长出"第三只眼"观察担忧时，突然就能感觉如释重负，然后就会去做自己该做的工作，"去做"就可以了。

2. 项目管理

移动网络工程是项目，因此网络规划的工作也需按项目管理的游戏规则实施。当你成功地完成了几次网络规划工作后，成为项目负责人，实施项目管理就是必需的选择。至于如何就通信网络规划进行项目管理，在第 2 章已经将一些要点做了阐述。如需真正成为职业的项目经理，从理论上还需对整体的项目管理的知识领域进行深入学习，而实践中则需灵活应对。

必须指出的是，网络规划是以咨询为主的项目，这不同于网络建设、软件开发等以实施为主的项目。从项目管理的角度看，二者最大的不同是：以实施为主的项目，项目经理的唯一工作就是项目管理，项目经理要通过整合资源、沟通协调、编制及跟踪基线来管理整个项目，他不需要再扮演开发和施工角色。成熟的网络提供商、软件提供商、系统集成提供商均以此规则运作。而以咨询为主的项目，项目负责人必须以咨询师的身份为主，而以项目经理的身份为辅。个人的技术咨询能力是第一位的，项目管理能力是第二位的。毕竟，客户、厂商、协作方主要认同技术咨询能力。这也是由我国当前的通信技术环境所决定的。一旦对自己的角色定位不清，那么不单自己感觉道路迷茫，客户也会因为你不够职业而产生怀疑，进而抱怨，乃至投诉。

现实环境决定了一个网络规划人员不能完全做一个职业项目经理，也决定了你无法娴熟使用项目管理的方法、技能。现实环境决定了无线网络规划人员的目标是成为具备一定项目管理能力的"规划魔法师"。

不过，随着无线网络规划技术应用、现代管理学在我国的发展，无线网络规划人员目标也在逐步发生变化。关于这方面笔者将会在第 12 章有所提及。

4.2 还有哪些"干系人"

4.2.1 "干系人"分类

干系人，英文"Stakeholder"，在项目管理中翻译过来又叫项目利害关系者。项目管理对干系人的定义是：积极参与项目，或其利益因项目的实施或完成而受到积极或消极影响的个人和组织，他们还会对项目的目标和结果施加影响。

很绕口也很难理解吧，我来换一种直接的说法。西方国家使用 Stakeholder 作为干系人的名称，是将 Stake 和 Holder 结合在一起。Stake 是股份，Holder 是持有者。项目干系人就是项目的股份持有者，他们持有这个项目的股份，说再直接点，就是股东。

这么解释恐怕更困惑了，网络规划项目又不是上市公司，也不卖股票啊，哪里来的股东呢？另外，股东不是 Shareholder 吗？名字不太一样啊。

从公司角度看，Shareholder 和 Stakeholder 是一样的，都是持有股份的人。但是由于项目没有股份，因此我理解，项目的 Stakeholder，是那些能或明或暗给项目投票的人。如果是投票，能投支持票，这没问题。

别忘了还有反对票和弃权票，这便是笔者要强调的。我们往往最关心那些可能投支持票的人，比如客户，比如设备商、施工队……这些人有权利让项目成功。可是另一些投反对票和弃权票的人往往有权利让项目失败。

哪些人会投支持票？作为项目负责人、网络规划者，除了你自己投支持票，所有其他人都是未知数。你的团队成员、客户、设备商、施工队、运营商、最终用户……全部是未知数，他们不一定投支持票。

哪些人会投反对票？除了竞争对手，其他人都是未知数。

因此，在这些干系人当中，有巨大的摇摆不定的群体，让他们投支持票的同时，让竞争对手投弃权票是最佳选择。

1．客户

客户是支付给你钱的人。客户对移动网络规划项目无法选择，因为上层要求他必须做。项目是他立的，做好了他拿大部分功劳。但是把项目交给谁，他是可以选择的。因此，如果客户对你的满意度很高，那他就会投支持票；如果对你的满意度低，那就不好说了。网络规划者只能部分决定了客户的满意度，尽人事，知天命。实际上前面的章节处处都在讲如何给客户更满意的感受，在后边还将专门谈谈满意这个词。同时，客户是一个宏观的称呼，在客户中，干系人还需做更深的分解和分析，在第 4.2.2 节中将进行深度分析。

2．项目团队

你可能总以为项目团队会支持项目，实际上则不然。因为项目团队也是由有需求的个体人组成。当项目内部出现冲突时，如果不能合理地处理冲突，投反对票的大有人在。注意，这不光是团队成员的责任，而是所有人的责任。作为项目负责人，你的责任最大。

3．本企业高层管理者

作为项目负责人，一个很关键的工作是提升本项目在高层管理者眼里的重要度和优先级（这句话说得很绕，但意思就是这样，因为很多时候你认为重要的他认为不重要，你认为不重要的他反而认为重要），这样就能获得更多的资源和收益。

4．设备商、施工队等第三方组织

天下熙熙，皆为利来；天下攘攘，皆为利往。作为第三方组织，他们支持项目，是因为项目能产生收入，带来利益。因此，你的项目带给他们利益，他们就会投支持票。但是，我们并非一定要争取这些干系人投支持票，因为他们的利益有可能会与根本利益及法律发生冲突。

5．最终用户

按常理说，客户的需求同客户的客户的需求一致，客户的客户的需求同客户的客户的客户的需求一致，以此类推，一切的需求都是最终用户的需求，一切满意的根源都是最终用户的满意。因此，一般来说，网络规划如能实现最终用户的满意，也就能实现客户的满意。但是，不能静态地看待事物，客户是个公司，目的是要赚钱，最终用户又不愿意掏钱，那让谁满意呢？

6．竞争对手

你的竞争对手在何方？很多人都很明白，那些跟你干同样工作的企业就是竞争对手，有时，这些竞争对手有一个很和谐的名字——兄弟单位。竞争企业、同行是最容易看得见的竞争对手。在同一个企业内也有竞争对手，比如兄弟部门，甚至跟你一样的"兄弟"咨询人员。现在的市场经济讲合作、讲双赢、讲共同做大蛋糕，这些理论很美丽也很正确，但当前社会上恶性竞争，你死我活的竞争屡屡发生也是无法忽视的。当然，针对兄弟单位的工作往往是在项目获得以前由市场经理及客户经理完成。作为实际项目的规划人员，似乎就不介入了。不过兄弟部门和兄弟咨询师呢？另外，在一些公开场合和特殊场合，对于兄弟企业的影响还是需要有所准备。这里，我还要再添点笔墨，须知，很多我们的同学、朋友都是在兄弟企业、兄弟部门任职，结果到具体工作中却变成了竞争对手，搞得大家很纠结。职业经理人的做法是将工作看作契约。工作上的竞争是契约的约定，因此工作之后同样可以建立私交。如果大家都是按契约而生活，就不会那么纠结。

4.2.2　干系人分析：他们关心什么

前边罗列了重要的干系人，总要对干系人做一个分析整理工作。很多企业运用了一套复杂的表格来让各个项目组做分析，还要让这种分析可管理化甚至透明化。可是笔者个人认为，这样做的结果就是，所有项目的干系人分析最终趋于一样，只是徒增大家复制、粘贴的工作和工时。因为，真实项目中的干系人分析是不能写出来的，心里清楚就行了。作为技术咨询师，做内耗过多的分析没有太多意义，抓准几类群体和几个特点就行。

我把干系人分成三个群体：客户组、本企业组、其他组。

1. 客户组

客户的干系人有很多，在第 2 章的调研准备时其实已经做了工作。对于客户，应更关心他们对网络规划的支持程度和关注角度。

客户的支持主要取决于网络规划本身的价值和完成网络规划的实力。一个网络规划项目对客户组不同成员的价值并不相同，一个规划往往会给一部分客户带来价值，比如降低网络成本、提升网络质量，进而保障网络运营；而给另一部分客户可能带来麻烦，比如增加工作复杂度、无法申请到更多投资。因此，关键是要看核心客户，即客户的高层是否认可网络规划的价值和规划团队的价值。

客户的关注角度，指的是在网络规划过程中，客户到底更关注什么？一般来说客户的关注按优先级为：进度；其次是方案；之后是技术细节。所以，一些更注重技术细节的工程师，往往在进度上感受到压力。

当然，对于项目负责人而言，建立一个客户清单，对每一个客户的支持度和关注度做一个排序，会更清晰，表 4-1 为一客户清单示例（不代表普遍意义）。

表 4-1　客户清单

客户	支持程度	关注角度
工程部门	高	进度、方案、技术细节
网优部门	高	技术细节、进度、方案
分管建设副总	中	进度、方案、技术细节
分管技术副总（总工）	中	方案、技术细节、进度

2. 本企业组

本企业的干系人主要为团队成员、直属领导、高管、兄弟团队等。实际上对他们的分析一样是用支持程度和关注角度来展开的。

对于一个规模较大的网络规划团队，其成员角色会比较单一，都为技术咨询师、技术工程师的角色。但同样的角色，对待项目的行为可不一样，主要分为技术导向型和市场导向型。

技术导向型的成员关注技术细节和方案的质量，对某些关键技术的使用和效果十分严谨，采用仿真、实测等方式进行细致的检测和谨慎的决策。但是这些专业的技术工程师又可能对进度不以为然，甚至不重视同客户的正面沟通。而市场导向型的成员则很会同客户进行沟通，对客户最关心的进度同样十分关注，但往往会简化技术方法的推导、仿真、测试工作，方案的可靠性也可能有所折扣。如果在一个项目中同时出现这两类人，那么冲突就可能发生，如果你是项目负责人，管理冲突则必不可少。而如果你是其中一类人，如何面对冲突、达成共识也需要点方法和气量。

直属领导往往会是项目组合或项目集的负责人，或者是项目总监。他们管理分配的资源，因此他们对自己手中的项目组合或项目集有优先排序。最支持的就会排在最优，设备、资金、人员都向其倾斜。因此，如果想获得更多资源，就要想办法让自己的项目排在最优。但是，问题来了，当你带着诚意，睁着无辜的大眼睛看着上司，问"哪个项目最优先"这类问题时，他并不告诉你谁最优先，往往貌似深沉地告诉你："都很重要"之类的面子话。听上去是为了保全你的自尊，但实际却让你无辜的眼睛多了一些迷茫。前边提到，人们宁可听到坏消息也不愿听到不确定消息。因此，你只好用自己的方式来衡量上司的优先级判断。最直接的方式就是资源冲突，当资源冲突时，谁的项目优先谁就最被关注。于是，坏消息来了，你的项目排在后边。这让我想到了一句俗语："会哭的孩子有奶吃"。学会怎么哭之前首先得去实践哭。不过，辩证地看，有时优先并非好事，《道德经》里说过："勇而敢则亡，勇而不敢则生。"

至于高管，在他的眼里，你的网络规划项目往往存在于某个项目集中。他关注的是该项目集的价值。当项目的收益巨大，或者体现的影响力巨大时，高管才会更关注该项目，而影响力除了钱之外，还有如知识产权、新技术的提出、新产品的开发以及多个首例、首次的事件。

兄弟团队往往既是合作者，也是竞争者。合作共同的技术、方案，然则却会竞争资源。对于兄弟团队，分析他们的需求和优势，用互补或互惠的方式来获得合作，想想让他们参与到你的项目中来，你能给他们什么好处。

3. 其他组

其他干系人包括了前边提到的第三方人员，也包括了竞争对手。

对于第三方人员，如设备商、施工商、集成商等，分析的着眼点在于他们的利益诉求点在何处。从根源上看，他们更关心自己参与项目所得到的利益，比如采购、技术趋势、网络趋势、情报等内容。对于第三方人员，你的目标是有原则的合作。而原则就是国家法律法规和企业的规章制度。

竞争对手的影响，更多的是在项目前期出现，一旦项目确定，竞争对手的影响就会变小。但是竞争对手仍然会在一些方面有所影响，一是项目的成果，有价值的成果有可能成为竞争对手的资料和情报；二是项目评审，竞争对手又称兄弟单位，项目评审中会邀请兄弟单位参加评审，如果形成了竞争关系，则会引起挑衅。第 3 章已经分析了他们所发起的问题和应对之道。而在干系人分析时所要做的工作则是对这样的干系人心中有数，随着经验的积累，甚至能够对竞争对手的技术专长、企业文化和工作风格了然于心，在应对过程中也就逐步由生到熟了。

4.3 满意——满足需求

4.3.1 需求、问题和满意

需求、问题和满意，这三个词在前面的章节中屡有出现。我们知道，作为规划咨询者，作为项目负责人，进行网络规划的目标就是满足需求、解决问题、令客户满意，而我们是否认真思考过何为需求、何为问题、何为满意呢？让我们从需求来切入。

需求是心理学和营销学的概念，心理学认为：需求就是人体内的不平衡的状态对生命维持和发展的反应，如吃饭需求就是身体出现了不平衡即饥饿，从而产生的反应；在营销学里认为需求 = 购买欲望 + 购买力，购买欲望实际就是心理需求，购买力是指通过方法满足需求的能力。

笔者个人认为：需求 = 期望状态 — 现状。

还是从吃饭需求说起，一般的吃饭需求是期望（饱）减去现状（饿），当二者之差为零时，需求就消失了。因此，笔者在第 3 章强调现状和目标的重要性，因为需求就在于此。

问题是什么呢？问题实际上是需求的另一种表述。当感觉冷时，我们的问题是："如何才能暖和一点？"问题就是期待（感觉暖和）和现状（感觉冷）的差距，通过解决方案（调高空调温度，或者穿件毛衣）来缩短差距。问题和需求一致，所以，需求获取就是问题获取。

那么满意是什么呢？满意就是满足需求，解决问题。我还是用公式化的语言来度量满意：

满意度 = 体验状态 — 期望状态

通过你的解决方案、项目执行、网络建设达到的某一状态同用户最初的期望状态进行比较，如果体验状态高于期望状态，则满意度高，反之则满意度低。

在网络规划咨询过程中，客户的满意度可以做更深层次的分解，一些企业建立了客户满意度表，对其做了种种分解。但相信多数客户是不会根据这样的表格来真实地填写的，他们心中有自己的分类。笔者个人理解可分为：咨询质量、响应时间、技术水平、成果、团队、品牌。

1. 咨询质量

质量就是满足需求的程度，因此咨询质量最直接表征满意度。要能够挖掘出客户需求背后的需求，优秀的解决方案能满足最核心需求，同时围绕解决方案的一些附加产品往往能解决客户对网络技术的一些认识问题。举个例子，在网络规划中，当网络规划人员建议了新的时隙资源配置方案之后，经过计算该方案能够比过去节约近 1/3 的网络负荷资源，而这种方案能节约一个地市公司近千万的成本。在一个成本跟自己收入挂钩的企业里，节约成本就意味着年终奖金多发了，你说客户多少得高兴些吧。

2. 响应时间

客户对我们提出问题，往往不要求马上能够解决，他只是希望我们能及时响应，及时响应表明了我们时时刻刻把客户的事情放在了重要的位置上。当然，不排除一些安全感比较低的客户要求马上响应，迅速解决。因此，响应时间往往是客户满意度的重要表现。很多技术出身的人员并不看重这个问题，他们认为只要按时解决问题就可以了。但实际上，由于社会信用的不健全，客户安全感偏低，届时客户已经不耐烦，即便你解决得再好，他也不认同了。

3. 技术水平

网络规划的客户多数都是技术人员。而技术人员往往对你的技术水平十分看重。如果你在某一方面技术水平较高（在第 4.1 节已经提到的几个方面），能够解答大量的问题，即便这些问题跟网络、规划无关，也能令客户对你产生一定的钦佩感，他会觉得正好说到了要点上，他对你的好感就会提升。

4. 成果

你的规划成果就是一份或多份报告，如可行性研究报告、规划报告、技术咨询报告。随着知识产权的深入人心，这些成果再丰富隽永，客户也认为那是规划方的成果，而非委托方的成果。当能让规划成果成为双方的成果，那就是双方的业绩，给客户方带来的利益则十分明显。

5. 团队

客户关心网络规划的团队，往往在项目初期就会要求市场人员提供经验丰富的团队。但是，团队成员如果全部经验丰富，团队所创造出来的方案和成果反而不见得满足需求。一支能让客户满意的团队往往不全是经验丰富的成员，一般会是多样化组合，有沟通高手，有技术专家，也有演示专家，而更多的则是刚刚出道的"菜鸟"。

6. 品牌

品牌本身不会提升满意度，但品牌背后的价值能提升客户满意度。这是个营销学的理论。举个例子，LV（路易·威登）是国际著名品牌，无数女人关注 LV 的新品（人称"驴包"），并以拥有其中一款包为极有面子的事。图 4-2 所示为 LV 在 2007 年出过的一款包，号称"Never full"，永远装不满，但却由于很难用，被戏称为"编织袋"，几乎是大城市打工者编织袋的复制。这样的产品，价格过万，拥趸者众多。这就是品牌的力量，无论它的产品、成果是什么，只要是 LV 的，人们就会趋之若鹜。所以，作为规划企业、规划部门甚至咨询师本人，如果能建立自己的品牌，就建立了自己的价值，也就建立了客户满意度。

如果从满意度的公式来分析，满意是体验状态减期望状态。那么实现客户满意则有两种方法：提升体验和降低期望。作为服务人员，往往所想到的方法主要是提升客户的体验，给客户更好的服务、更快的响应、更强的团队，以实现"精品"的网络规划方案。

但是，必须强调，人的欲望是无限的。企业不是做一锤子买卖，而是要持续为客户提供网络规划服务。因此，完成一次性的"精品"服务固然不错，但是企业如果希望可持续发展，就必须考虑当客户的胃口被吊起来之后，后边的项目

图 4-2 LV 著名的"Never full"，编织袋

该如何完成。做完一次精品网络规划之后如何再去做"精精品"网络规划呢？这在经济学被称为"边际效用递减理论"，精品未必效用高。

于是，在管理学中就有人提出要"控制期望"，即在一定程度上管理客户的期望，降低客户的期望。但是，我们都清楚我们获取项目的流程，首先是市场人员争取，而这种争取几乎带有过度承诺的色彩，这非但没有降低期望，反而提升了胃口；之后到实际实施中，企业又不可能分配优质资源和力量，过度承诺的服务没法兑现，技术咨询师就会面临尴尬的局面。因此，控制期望是在开始就要做的工作，但是你在控制期望，竞争对手可以放任期望，这样算下去估计连项目都拿不下来。此外，需求是期望状态减现状，如果把客户的期望降到很低，客户就没有立项的欲望，那又何来项目呢？

作为技术咨询师乃至项目负责人，在接手项目时，必须要将自己同市场人员区分开来。在客户面前把市场人员的承诺做多次澄清，明确哪些是真实承诺，哪些是过度承诺，通过同客户的需求沟通，将客户最关心的几个需求挖掘出来，而转换过度承诺所引发的非迫切需求。通过这些方法，将客户期望控制在合理的范围内。当然，这需要企业战略层面的支持，作为企业，也需明确市场人员和技术咨询人员角色的分工，市场人员的过度承诺并不表明技术咨询人员的过度兑现。用《论语》中的一句话来表述："信近于义，言可复也。"只有符合客观规律的承诺才应该兑现。

因此，在合理控制了期望之后，合理地提升客户体验，就控制了满意度。这样才能保证网络规划咨询的可持续发展，才能给客户一个"我们永远在进步"的企业形象，才能建立起基业长青的品牌。

4.3.2　需求背后的本质——需求获取

　　满足需求的前提是获取需求。在进行信息系统项目管理中也需要获取需求，同时还要建立需求基线，即信息系统需实现的功能，一般用需求说明书作为依据。一切后续对需求的变更，全部要落实在需求基线上。因此获取需求就变成了建立和完善需求基线。这种做法的优势显而易见，全部落在纸上，大家认可，有据可查，想不认也不行。

　　但是，通信网络规划是咨询项目，往往不会转化为系统产品，因此需求没有基线这样的概念。需求往往会包含在合同、委托书甚至一个电话中，十分含糊。因此获取需求就成了咨询师一直要做的工作，这点在第 3.2 节分析了很多。

　　对于这样的需求获取，笔者想再多费点口水。

1. 需求获取的规律

　　客户的需求没有边界，搞的规划人员很无奈。实际上，站在客户的立场上想，大家都无奈。网络规划人员只是提供了规划的服务，而客户却要绑在自己的网络上很长时间。想到这些，就要明确，需求获取绝不仅仅是提供无边际的服务那么没有原则，而是有章可循。

　　前边已经提到了需求是期望减现状。因此把需求获取分解后就是现状获取和期望获取。现状获取的内容在第 2.4 节前期调研中已经谈了很多，包括了环境现状、网络现状、技术现状、本企业现状、客户现状、设备现状等一系列内容需要收集，在此不再赘述。

　　因此需求获取更关键的是期望获取，通过我们的规划服务，客户想要达到什么目的。对客户的期望可以按两个维度进行分解，一个维度是期望对象，另一个维度是期望描述。

　　（1）期望对象

　　既然是网络规划，那么期望对象当然是网络了。

　　客户对网络的期望很容易分解，无非就是容量、覆盖、质量、多网整合等分类。

　　而除了网络期望，客户还有其他的期望，这些期望却不好分解。不过将心比心地想，这些期望不好分解，却好理解。那就是从这个课题或项目中能带给他什么好处，减少他什么麻烦。这是大实话，但当我们实际做事情时，要么不去想，要么想得太功利。不去想的人，认为好的网络规划完成了，就大功告成，客户满意；想得功利的人，认为客户所要的好处无非就是利益，于是总是搞点和政策法规打擦边球的手段。客户是人，他期望分享、期望倾诉、期望真诚、期望理解、期望欣赏……恰是这些，我们所意识到的却不多，提供的也不够。

（2）期望描述

人的期望从可描述角度分为两类：显性期望和隐性期望。显性期望是那些可以用功能、性能等科学文字描述的期望，而隐性期望则是不那么容易描述的期望。

显性期望往往也是客户对网络的期望，可以通过建立网络实现的目标（如达到覆盖率、容量满足多少用户、网络 QoS、平滑演进……），同时也包括对成果的期望，即客户会期望我们的规划方案要放进哪些内容。还有一种显性期望，可称为不言而喻的期望，比如说去买一个手机，你会期望它照相带滤镜、内存大、全面屏……但是有一个期望无须说，就是能打电话，这就是不言而喻的期望。于是一个现象就显露出来，随着时间的流逝，那些不言而喻的期望在逐渐增多。10 年前的手机拍照还是不能普及的，拍照手机还是一个需要描述的期望，但是现在没一个人会问："这款手机能拍照吗？"同理，当随着时代的发展，无线网络规划逐渐从成熟变为特别成熟，几年前还需要费神描述出来的期望（比如，要做仿真）现在没有人提了，这可不是说没期望，而是转换为不言而喻了。

至于隐性期望，则往往属于无力表述的期望。在 20 年前，人们对洗发水的期望就是洗干净头发，这是很显性的期望。去头屑，就是隐性期望。大量的创新全部源自挖掘隐性期望。同样，随着时间的流逝，隐性期望又逐渐成为可描述的显性期望，最终化为不言而喻的期望。世界就是如此这般地发展。

2. 赠品，让客户满意的"法宝"

从以上两个维度获取需求之后，就会发现，除了网络需求之外，客户的其他需求一旦被满足，则能获得意想不到的效果。现在社会都在宣传"赠品"服务，有的企业建立了从"赠品"服务中赚钱的商业模式。当你获取了客户的非工作期望时，如果能提供一些"赠品"服务，那显然很有成效。

赠品并非是给客户送礼，而是在实施网络规划咨询的过程中，为客户提供一些附加的内容，如附加成果和附加服务。

附加成果。一个网络规划项目的成果除了一份很厚很重（很厚很重，但不见得厚重）

的报告之外，如果你有想法、有眼光，则还能形成其他附加成果。比如一些新技术的运用可以形成论文，如果写得好还可以进入核心期刊；如果能产生新的想法，则可以形成知识产权，如专利，这些都是整个工作过程中的附加成果。你的规划报告、方案不可能成为客户的成果，但这些附加成果可能就是跟客户共同实现的，大家一起完成，大家一起共享，除了客户的虚荣心得到大大的满足之外，他还会产生一种错觉，认为自己不是甲方，而是规划咨询团队的一员。

附加服务。客户除了工作期望，还有其他的心理期望，他期望沟通、倾诉、欣赏、理解。而要满足这些期望的最好方法就是：花时间跟他们在一起。日久生情，这不仅适用于男女恋人、子女，也适用于于任何关系。因此，想办法和客户在一起，和他们一起割接、一起巡检、一起验收，参与他们的各种工作，好像你的团队就是他们中的一员。同时，要有一个关键的导向，那就是要让客户意识到你所有提供的是附加服务，否则，就会让客户产生另一种错觉，认为这些服务都是你应该做的而非附加的。所以，在前期进行期望控制很重要。

3. 挖掘需求就是创新

客户新增的需求带来大量的工作，而有的工作甚至是白干。因此，很多规划咨询师对更深的需求挖掘并不感兴趣，他们倾向于获取客户的需求之后按部就班地工作。有头脑的咨询师会看到新的需求，并能创造出新的想法，甚至是商机，即使不能形成产品，也会提升自我的影响力。

有这样一个故事：在工程查勘中，施工人员发现馈线接头的胶带总有开裂的现象。一些小区的网络质量下降，主要原因就是胶带开裂，并渗水。对于一般施工人员和运营商，他们的做法就是更换胶泥、胶带，缠绕好了，再次进行路测，网络质量提升到符合要求就结束。而有一些有想法的技术人员在长期工作中发现这样的问题之后，就会产生新的想法，可否不用胶泥、胶带，而用一种匹配得好的保护装置将馈线接头保护好，这样就能让该问题一劳永逸地解决？而该技术人员刚好也在做传输网的施工维护，他发现了光缆接头保护盒，这个装置点拨了他，于是在经过更多调研之后，他们引进了国外的馈线接头保护盒装置，并自己进行了配方和外观的改动，申请了专利，从而形成了新的商机。

因此，站到更高的角度看，需求获取不是简单地获取客户的需求，而是获取各个干系人的需求，其目的不仅仅是让客户满意，而且是创新并形成商机。

4.3.3 需求沟通

需求沟通存在于整个规划项目过程中。从调研阶段到规划完成进行评审演示阶段都存在需求沟通。因此，在沟通中选取什么途径，扮演什么角色，采用什么策略都值得分析。

1. 沟通途径

信息技术的发展、通信技术的发展使得我们拥有了更多的沟通途径。关于"通信时代是否增加了人们的亲密关系"这一命题的大辩论持续多年，以至于有人发出了选择多了反而让人烦恼的呼声。还是之前说过的那句话："有的选总好过没的选。"沟通途径的增多能带给企业和客户很多方便，因此需合理利用多个途径。

面谈：这里的面谈是非正式的面谈。面谈是建立个人关系最好的方法，通过面谈能直接看到客户的情绪和举动，能够深度挖掘需求，同时也是避免误解的好方法。另外，面谈有一定的私密性，我们的表达也可更自由地发挥。当然，面谈的最大问题就是"空口无凭"。

会议：会议是十分重要的沟通手段，在需求沟通中，会议可以将需求全部明确并形成承诺。对于会议，将在第4.5节详细介绍。

邮件：邮件的沟通相对正式。在大型企业往往会形成一种邮件文化。通过邮件进行需求沟通，可以使需求得到确认，并且能够让更多的人看到并有据可查。在邮件中除了写什么很关键之外，还需要注意的是发给谁，抄送给谁。估计我们的上司最头痛的就是邮件了，因为太多的邮件要抄送给他。我们抄送给他，因为我们想通过他的权力让我们的下属老老实实干活；我们抄送给他，因为我们要让他知道，你看我们的项目多么重要；我们抄送给他，因为我们要问他，客户这样的无理要求我该怎么办……这就是抄送的价值。不过，邮件文化有其致命的弊端，这个弊端就是可能不真诚而造作。

电话：电话所起到的作用往往是预约和确认，即约定面谈时间，确认邮件或文件是否收到。当然，在特殊的场合，电话扮演邮件和面谈的中间角色。

微信或短信：微信或短信的主要作用是通知或通报。通知消息或通报成绩。有时一个突发的需求往往会通过微信传递。

沟通的专业App：现在很多企业都会自行开发或使用某些专业的项目沟通App，其中会把邮件、即时通信、电话、项目材料等全部整合到一起。一般来说，咨询设计人员需要跟客户明确，我们会用什么样的 App 进行沟通，这样在同一个沟通界面，能达到信息的全面同步。

2. 沟通角色

在需求沟通中，你是谁一样很重要，你的角色决定了你应如何沟通。多数情况下，你是专业技术咨询人员，因此你的沟通往往由具体技术入手，同项目的任务工作紧密相关；有时你还要扮演解决方案经理，那么这类沟通就更像是看病似的沟通；作为项目负责人，你还可能扮演执行经理（或项目经理），那这类沟通则是以目标为导向的项目沟通，着眼于进度、成本、质量等内容，项目经理的需求沟通往往成了变更和资源申请的沟通；还有一种情况，你是客户经理，那沟通就是对客户的公关服务了。当然，没几个是全能选手，也没必要做全能选手，那样会很分裂，也会造成客户的形象混乱，反而会怀疑我们的专业化，把某一两个角色扮演得好就行了。

3. 沟通艺术

沟通本身就是艺术。需求沟通双方往往工作不同、专业不同、企业不同，通过沟通达到需求的一致认同确实需要一些艺术性的能力。这些能力是无法归纳的，只能是在实践中学习。不过可以举两个例子说明。

引起注意和兴趣。需求沟通所面临的一个问题是沟通双方不见得在一个频道上，对方不见得注意我们的问题，这时需要通过点小手段来引起注意和兴趣。举个例子，在一次同地市公司的调研中，我们体会到对方有些敷衍，于是引出了新的问题："听说你们城市要修高速铁路了，刚刚看见你们公司这儿还有一站？"这个问题很突兀，但又跟对方生活的城市相关。于是对方稍微有点惊奇："是啊，这样我们到省会城市就减少了 1 个小时。"

"不过据我所知，高速铁路上的网络质量不那么好啊，你们考虑过用什么方案吗？"

"是啊，我们本来打算找厂家商量一下呢，看看到底有什么影响。"

"你们的做法好超前啊，总部已经提到这件事了，估计很快就会要求你们做高铁覆盖方案了。不过正好我们以前做过一份专题研究，专门针对高速铁路的规划方法。"

对方的兴趣一下就上来了，因为我们不但看到了对方在某方面的问题，还通过已有技术成果促成了对方对能力的信任。之后的需求沟通就是"宾主双方在友好的气氛下进行广泛深入的探讨"了。

4.4　冲突：回避还是面对

4.4.1　冲突的必然

我们总有一个天真的想法，在团队内，以及同客户打交道时尽量避免冲突，以和为贵。但是，人与人打交道，当熟悉到一定程度时，冲突的发生不可避免。你的价值观、性格、需求、目标同任何人都有出入和矛盾，有人群就会有异议，而异议必然导致冲突。

拒绝冲突的人分两类，一类人尽可能避免冲突，制造一团和气，在各处取得平衡；还有一类人用强权压制冲突，面对下属时，无视一切反对意见，强调自己的权威地位。人人都有拒绝冲突的念头，因为人们都有自卑心，不敢面对存在的矛盾，要么不看矛盾，要么压制矛盾。但是矛盾不会因此而消除，反而会越积越多，冲突难以避免地发生。

因此，项目管理理论对冲突的选择是接纳冲突。观察一下冲突的来源，之后进行应对。冲突是一种发泄，无论这样的发泄是否具有破坏力，总比积在心里好。冲突中大量的负面情绪奔涌而出：愤怒、抱怨、恐惧、悲伤。接纳冲突，就是接纳这些负面情绪。同时，有冲突，矛盾才能体现，才能看到每个人背后真实的评价、想法和感受，也因此才能找到解决问题的钥匙。

真正优秀的项目负责人不但接纳冲突，而且推动冲突。因为冲突暴露需求、暴露问题、暴露解决方案。因此，他将少数的巨大的冲突通过推动而转化成多次的小冲突，小冲突的破坏力没那么大，而随着次数的增多，大家都有了应对冲突的经验，反而破坏力变成了建设力。

4.4.2　冲突的来源

冲突的来源很多，而在规划咨询项目中冲突的来源主要有如下几类。

1. 需求不匹配

我们所提供的服务和干系人的需求不匹配，自然引发矛盾。当不匹配到一定程度时，想不冲突都难。不过这种冲突的背后往往有更多的原因。

2. 沟通不良

所谓沟通不良，是指不想沟通和不会沟通。不想沟通的人因为更深层次的原因同团队、客户产生隔阂，失去了信任，从而关闭了沟通之门。而不会沟通的问题从某种程度上讲也是不想沟通，因此还得再挖掘更深层次的原因。

3. 技术认识

不同的人对技术的认识不同，对技术的评价也不同，由此产生冲突十分正常。但是还是要看原因。技术本身无好坏，关键是带给人什么好处。所以一旦评价了技术，很多是带着价值观的评价，甚至会上纲到意识形态。对于纯客观的技术所产生的冲突是十分良性的，这能让我们对技术更深入了解。

4. 资源分配

项目团队的冲突往往来源于资源分配。人手一旦短缺，压力就接踵而至。但是有的项目人员众多，一样会发生冲突。因此，关键是建立最合适的资源评估体系。不幸的是，很少有企业建立起更靠谱的资源评估体系。

5. 绩效

绩效，看似很专业的名词。实际就是马季相声里说的："没功劳还有苦劳，没苦劳还有疲劳，没疲劳……还有牢骚呢。" 不患寡而患不均，不患贫而患不公。因为绩效而诱发冲突简直就是常态。而且，关键是这种技术咨询不同于装配线，很难评估绩效。有的人辛苦了很长时间，但是由于方法不对路不但没业绩，还可能拉后腿；而有的人直接抓住本质，工作压力不大，但是效果显著。绩效的冲突在于总是缺乏最合理、最公平的评价手段。

6. 性格

人和人的性格是个太大的话题，多数冲突的根源在于此。

7. 价值观

价值观是每个人生存的原则和底线，是每个人身上的一个雷区。如果团队中，或者是客户中有价值观差异很大的人，那这个雷一定会爆炸。

4.4.3　冲突的解决

出现冲突，除了接纳它之外，还要想办法解决。

项目管理理论中提到了 5 种解决方法，这是针对项目负责人的。

1. 强制

强制就是听我的，你保留意见。显然强制就是压制冲突，谁都知道效果不好。但是，有一些特例，比如事情紧急，容不得争论，此时采用强制很可能直接解决问题，只不过项目负责人在之后需要安抚一下团队中受伤成员的心灵。

2. 退让

退让就是你对了，我听你的。退让看上去很没面子，丧失尊严，效果也不好。但是，有些情况，你不得不退让，即便团队成员的做法很不合理。其原因是对方拥有高于你的权力，同时你又实在找不到更好的办法。

3. 妥协

妥协跟退让看上去很相似，实际妥协应该换成另一个词——交易。就是当冲突发生时，大家坐下来做交易，我做出让步的同时，对方也要做出让步，这是种交换。比如，和团队在进度方面的冲突，往往就会用交易来解决问题；在绩效方面的冲突也会采用交易。当然，交易的前提是双方都比较明事理。

4. 回避

回避本身就不是在解决问题。这个词也得换另一个词——搁置。冲突回避不掉，但是当冲突还不是项目的主要矛盾时，先搁置一下。尤其是对于团队成员之间的小冲突，搁置一下也许就能内部解决了。搁置往往只是个中间阶段。

5. 面对协同

面对协同其实就是通过有效的手段让冲突出现，然后分析冲突背后的原因，找到其中的共同点，求同存异，共同解决问题，这似乎是很好的解决方法。但这需要建立在良好的冲突管理机制的前提之下，也需要建立在团队磨合成熟之时。

上述这些解决冲突的方法都有用，但是要想真正实现长期有效的冲突管理，还需要做很多的工作。

4.4.4 冲突管理

认识冲突是冲突管理的前提。有时冲突就这样出人意料地发生，就这样出人意料地让人争吵，就这样出人意料地令人不快。因为我们之前没有意识到会发生冲突。而出现冲突时，我们又参与其中，我们只是在扮演一个被情绪控制的人。

在冲突未到来之时意识到发生冲突的可能，预判冲突的根源，当冲突到来时多一点冷静。此时，无论采用上节所述的哪种解决方法，都是经过思考的方法，而非情绪所支配。

冲突发生后的所有沟通都有一定暴力性。暴力沟通的破坏性会造成局面的愈演愈烈而不可收拾。因此，在冲突中多尝试使用非暴力沟通。非暴力沟通的一个典型方法是 ABCD 法则。

A，阐述事实。"在这个问题上我们有不同意见，我们几个认为 A，你们认为 B，还有人认为 C，现在要面临选择。"……

B，谈谈感受。"我很担心和焦虑。""我觉得很愤怒。""我感到很压抑。""我感到很内疚。"……

C，提出感受的原因，即需求。"我很焦虑，因为我不想让利益分配影响我们的工作。""我很愤怒，因为我需要得到理解。""我感到压抑，我想让大家多开口谈一下这个问题。"……

D，提出请求。"可否告诉我你是如何看待这个问题的。""我们可不可以回到问题的根源，看看能否找到一些共同的观点。"……

很多时候，不知为何，作为技术人员的我们从来不谈感受一类的语言。因此，在很多时刻能真实地说出自己的感受，会给人带来错位感，反而能很快缓和关系，从而拉向解决冲突、合作面对的方向。

冲突沟通的根本前提是真诚和信任。如果失去信任很长时间了，那么问题几乎无法解决，陷入绝境，作为项目负责人，只能回到原点重建信任。

当然，在缺乏真诚和信任的团队里，任何一个成员都会很难受，选择撤退也许是一个办法。

4.5　开会：沟通的重要手段

4.5.1　会议——备受争议的话题

在进行网络规划咨询的整个项目阶段，项目负责人会组织、参与大量的会议。会议是同干系人进行沟通的主要手段。会议一般是相对正式的面谈，所确定的决策都需要参会各方认同。因此，安排好会议，处理好会议能迅速获取各干系人的需求，能够促进项目尽快达成目标。不过，开会一贯是针对备受争议的话题、一些很值得分析的观点。

1. 工作会议越频繁越好

这是很多负责人的观点，项目内部的工作会议几乎是每周几次，每次都要占用半天甚至一天时间。多数频繁的工作会议的目标并不明确，但是作为负责人，召开此类会议除了让大家讨论工作之外，总会掺杂些私人动机，而这些私人动机又不方便说出口（最典型的动机就是找面子，树权威），所以会议就变成了元宵节的灯谜会。很多长长的工作会议搞得整个团队筋疲力尽，损失了大量的实际研究、咨询的时间自不必说，关键是团队的信任和感情非但没被会议拉近，反而疏远。

2. 参会人数越多，会议越重要

会议的目标决定了参会的人员和数量。一般来说，参会人员多的会议可能会有走形式的成分。大会的决策在之前的小会就已经确定了，原因很简单：人多嘴杂；那么多人开会决策一个问题，各人有各人的看法，那会议就很难进行下去。因此，真正有决策的会议往往参会人数很少，但这些参会的人都是能拍板的。有的核心会议可能只有两三个人参加，但正是这两三个人，才能将问题说得透，才能说一些大会上不能说的话，决策也应运而生。

3. 任何重要问题的解决都要开会

我说的并非"任何问题"，而是"任何重要问题"。但是，即使是重要问题，也不见得必须开会。因为一旦开会，就表明了责任和权力的分摊。而有的重要问题，责任只能负责人自己承担，权力也只能自己享有，因此，只能自己决定。与同项目组成员、客户分享问题以求解决，不如找跟工作无关的人咨询。

4. 会议时间一定要精简

这似乎听起来很合理，拖沓的会议没有效率，也被很多技术工程师所厌烦，因此很多企业会强调压缩会议时间，让大家都投入工作中去，但这还是取决于会议的目的。有的会议是必须有决策结果的，因此和时间无关。开十几个小时不休息，只要没有达成一致的结果，也得开下去，比如商务谈判、技术谈判、设备谈判，这样的谈判最终必须有技术备忘录、配置清单、技术和方案澄清，双方还要针对某些配置争来争去，还会涉及更多的利益团体，这样的会议往往是连轴转，大家全部筋疲力尽，但只要最终形成结果，双方认可，那就是成功。还有一类会议，与其说是会议，不如说是"Co-work"（集中办公），大家聚集在会议室里，针对某个项目，连续办公几天，不受外界干扰。这样的会议大家在一起，沟通迅速，执行力强，效率很高。

5. 会议必须有会议纪要

大多数会议都必须有会议纪要。会议纪要自古有之，中学语文里的《廉颇蔺相如列传》里，"在渑池大会上，秦王为赵王击缶"，这就是会议纪要。会议纪要表明了大家对会议结论和成果的认可。有时组织一个会议的目的并不是要讨论什么，目的就是要有一个文字版的会议纪要，更深层次的动机是责任和压力的分担，表明所有的决策都是经过大家讨论达成的共识，同时在以后审查起来也可作为证据。但是一些涉及市场、商务的会议可能不会形成纪要，否则会徒增麻烦。同时一些非正式的会议，如冲突解决的会议，不做纪要可能会更好。

6. 任何会议都要有目标

任何会议之前都需要建立目标，这样才能把会开清楚。与会人心里知道为什么参会，他们才能为会议目标做贡献。但是，有的目标是不能让与会人知道的。比如，有的会议的目标就是把相关人员、单位、干系人凑到一起谈一些事，目标可以是探探各方的口风，也可以是走走会议的形式，但这个目标只可意会，不可言传。

4.5.2 会议分类和要点

如果你是项目负责人，你应该知道在整个网络规划过程中的会议分类和要点，这样能保证组织会议的有效性，避免会议浪费时间。在网络规划咨询的过程中，会议可分为"走形式"的会议和有实质内容的会议。

一般来说，人数众多的会议是"走形式"的会议，比如启动大会、项目会审、成果发布会。技术工程师总是觉得"走形式"的会议没什么意义。

这绝对是误解。

如果我把"走形式"换成"仪式"就更能说明会议的意义了。

形式是个仪式，通过仪式来表明事件步入了一个新的阶段，以此引起各方关注和重视。无论是国家、社会，还是家庭、个人，一生中都会参加各种仪式。比如奥运会开幕式、闭幕式，比如周岁、婚礼、毕业典礼，这些可以说都是"走形式"，但是这些形式都必须得走，还得特别正式地走，因为这代表了尊严、尊重、关注、责任等内容。而且，参加的人越多，也就越会成为个人的秀场。如果你在启动会上表现出众，在评审会中精彩演示、对答如流，那就会在高层眼中、心里留下深刻印象，这自然是好事了。

对于仪式类会议，要点是包装。包装就一定要重视细节：参会人员列表、接机、礼品，或者专家费、会议日程的发布、会议室的安排和布置、预算、投影仪的安排……全部是细节。这类会议，自己办不了但预算足够就可以请办会公司来办。

"走形式"的会议说完，看看那些有实质内容的会议。有实质内容的会议都是具备直接面向项目的问题和需求的，项目本身需要这样的会议，这是必须要开的会议的，否则就没法将项目做得满意。

项目状态会议，也叫例会。项目进行到了一定程度，就必须开会。这种会议的要点就是尽量少走形式，直接进入正题：目标、工作分工、工作进展、工作问题。另外一个要点就是有问题先别推卸责任，先把问题解决，这就依赖于项目负责人的心态和能力，以带动整个团队推进项目。项目例会视状态和问题决定时间长短，当然是尽可能短，有时为了缩短时间，这类例会没有会议室，大家站着开会，即使是同客户的例会，也只是找一个谈话角就直接展开。

专项问题解决会。项目过程中出现问题，比如工程协调问题、关键技术问题、项目冲突等，要求直接解决。一般来说，咨询方内部发现问题，就会内部直接组织会议解决；在遇见冲突管理问题时，甚至都不召开会议，而是直接私下解决，不会通知客户。而属于协调性问题，或者重大技术问题，可能会由客户组织，将涉及的多方干系人全部叫来，这类会议的要点是以目标为导向，就是解决关键问题。其中，越是私人的问题，就越要私下解决；越是公共的问题，就越要公开解决。而专业技术问题，则是必须在会议中提出解决方案，落实到个人实施。因此，此类会议不一定正式，但是一定要落实。会议时间可长可短，以达成解决方案的共识为目标。

集中办公。当项目要求进度紧急，或者项目的特点要求所有团队成员紧密协调完成时，集中办公是比较好的选择。集中办公实际也可算作会议，是将办公室直接挪到会议室，大家面对面完成工作，其中很多方案讨论、技术讨论都可以直接完成，很多需要交接的工作都可以迅速交接。集中办公的要点是尽可能封闭化，要求上司不能在这一时间再委派其他工作，要求大家把时间全部集中到本项目中，有时甚至要求所有人一起吃住。

4.5.3　有效的会议

前面已经谈了很多有关会议的观点、会议的分类和要点，实际上会议没有对错，只要会议达到效果，开有效的会议就是好的会议。什么是有效的会议呢？

1. 有目标

前边已经谈了，会议必有目标。多数会议的目标是要在会前给所有参会的人宣读的。而还有一些会议的目标是两个，一个是要让参会人知道的目标，还一个是办会人心里的目标。即使是茶话会也要有目标，目标可能就是沟通感情、建立关系。

2. 有议程

在参加 ITU、3GPP 等会议时，第一次全会都有一个议程的讨论，就是将整个会议议程公示，让所有参会人说话并认可。因此无论大会小会，会议议程是控制会议不偏离主题的关键手段。一些简单会议，议程可以很简单，不落实到纸面，但是办会人心中要清晰。

3. 有记录

当然不是所有的会议都得有记录，但那些需要解决问题的会，那些要有仪式的会，还是要记录一下的。会前记录是记录细节，别出现遗漏；会中记录是记录观点，别出不了纪要；如果你是个爱学习的人，还可以记录有意思的观点和话语，把别人的观点变成自己的。

4. 有纪要

纪要的最大作用就是证明，证明给那些参会的、没参会的人看的："因为某原因，在某时某地召开某会议，某某参与，大家就某一问题进行了深入讨论，最终达成如下意见：一二三四五……后续工作建议如下：甲乙丙丁戊。最后，本次会议很成功，与会者都很满意。"

证明什么呢？其一，决策是大家开会讨论时确定的，不是某一个人的主观判断；其二，大家都是认可的，反对意见要么被保留，要么变成建议了；其三，后续的工作也已经建议了，还得请领导添资源，请客户多担待；其四，项目完成以后，无论是优秀项目评奖，还是出了问题分清责任，都得拿这份纪要作证明。

Chapter 5

第5章

网络规划方法原理：
矛盾的平衡

5.1 建模：不是建造航模

5.1.1 模型与建模

无线网络规划理论中会用到不少模型：传播模型、业务模型、话务模型、天线模型、参数模型、信道模型……这些是任何一个规划咨询师必须了解的内容。同时，在进行网络规划及相关技术咨询时，规划咨询师还要完成一个很"高雅"的工作——建模（建立模型）。

建模是一个职业的技术工程师、咨询师必须要熟悉的技术。在一份报告或方案中涉及建模的环节和工作，立马给人一种神秘感，建立神秘感对咨询工作很有帮助。建模是描述世界的最好方法，也是解决问题的必备方法。

生活中最常见的模型就是语言。

语言就是模型，是对我们感知世界的抽象和归纳。世界一旦通过语言来表达即失去了本真，那是因为语言是对世界的抽象。

当然，文字、符号都是模型，因为都是对形象世界的抽象表征。

这么一形容的话，说话、写字就是一种建模。因此，别把建模看得太神秘，也别觉得它故弄玄虚，它就在我们的生活中，而且它十分普遍地应用在生活中，以至于没人离得开它。

由此归纳，模型的概念就是对形象事物、系统和概念的抽象表达。

此模型非航模、车模等模型，而是真实物体的仿制品。当然，如果牵强地说，仿制品也可以算是"抽象"的表达。

另外，我们还需要了解数学模型和数学建模的概念。因为，通信中的模型多数都是数学模型，而网络规划的很多工作又大多是数学建模。

数学模型就是对事物、系统和概念用数学语言进行表达。数学建模，就是数学模型的建立和处理。

似乎不好理解，还是用一些事例来说明数学模型和建模的概念，尽量先采用一些初等数学的案例来说明，这样容易理解（抱歉，这里需要出现一些公式，在不影响理解的情况下，希望不至于打扰各位的雅兴）。

举例：七桥问题

话说哥尼斯堡的河中有两个小岛，连接这两个小岛和两对岸有 7 座桥。一些人饭后遛弯的时候就会有一些奇怪想法：能否把所有桥只走一遍回到原点。结果他们就试啊试，但没试出来。于是，他们将数学界的"大师"欧拉请了出来，欧拉大胆地建了个模型，就是画了个图，如图 5-1 所示。

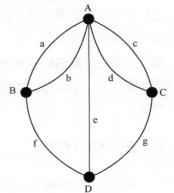

这个模型最绝妙的地方是将 4 块陆地用 4 个点 A、B、C、D 表示，而桥则用连线来表示。建模之后，这个问题就变成了另一个问题，能否有一种方法，从某点把所有连线遍历回到原点？

上边是科学家和老百姓的区别，科学家会建模，老百姓去实践。

图 5-1　七桥建模

如果是一个程序员，他就会想出建立一种数据结构，把所有可能走的路都穷举一遍，条件是只要不重复，就找一条新的路，直到找不到为止，记为一个序列。然后看是否有 7 条路都遍历的序列，并且这个序列的第一个字母和最后一个字母都是一个节点的字母（比如 a 和 f 都是 B 节点的）。如果用计算机计算，总能把所有序列都遍历，然后发现没有这样的序列，由此无解。

数学家想出更巧妙的解法。欧拉定义了奇数点和偶数点，任何非起点和终点的点如果想一笔把路径画完，就必须保证有多少线画入，就得有多少线画出，因此这些点都必须是偶数点。而起点和终点分两种情况考虑：如果起点和终点是两个点，那么对于起点，除了画入画出的线对应之外，总有一条线画出，因此为奇数点。对于终点，总有一条线画入，为奇数点；如果起点和终点是一个点，画出来又画进去，必然为偶数点。于是整个问题又作了转换。

奇数点只能是 0 或 2，如果是 2 则代表能一笔画但不能回归原点。如果是 0，则代表能一笔画并回归原点。

于是程序就会很简单，数一下每个点的相邻边，如果全是偶数，则可以一次走遍；如果有两个奇数，则只能从这两个点一出一入；其余全是无解。

A、B、C、D 这 4 个点都是奇数点，无法一笔画，因此该题的答案是没办法做到一次全部走完。

这种数学建模的方法就是把实际问题的特性抽象成一个图，然后分析这个图，将问题转换为数学问题，之后再进行解答。这样比实践更有利于解题。

通过上面这个例子就能看出，数学建模的好处就是把一些生活化的问题数学描述化，之后就可以提供解决的手段。而随着 MATLAB 等软件的普及，只要能用数学描述的问题，都可以用程序来求解。这就为数学建模广泛应用提供一个好的平台。因此，通过大量的建模，在现代计算机的运算能力下解决了很多无线网络规划问题，也为网络规划新问题的解决方案找了一条幽径。当我们再看到这些模型，就能知道到底是什么指导了那些工程师和学者。

5.1.2 怎么建模

建模方法是指建模并解决问题的流程。建模方法同我们所做的几乎一切科学研究类似，是普适的。这里我强调一些在通信网络规划优化中建模的特点，由此可以看出，哪些工作是最核心的工作。

就建模方法而言，最常用的是两种：一种为逻辑分析；另一种是统计分析。

（1）逻辑分析

逻辑分析也可看作确定性分析，是由现象到本质，指的是根据问题和现状，分析解决问题的因果关系，直接抓住内部机理的规律。比如上面举的七桥问题例子，就是直接抓住了内部机理，用缜密的逻辑分析解决实际问题，这种方法是一种完全归纳。用逻辑分析建立的数学模型并由此得出的结论可以适用于符合条件的一切问题。这种方法适合于解决一些相对简单、直接、非混沌的问题。比如，一天 24 小时的业务量忙时一般分早忙时 10:00 ~ 11:00 和晚忙时 17:00 ~ 18:00，这是可以根据用户行为推理出来的。又如，如图 5-2 所示业务量发展呈现 S 形曲线，即 5 个阶段：起步、推广、高速发展、平稳、衰退，这是基于增量扩散理论而推理出来。不过，谁都知道，未来的用户量、业务量、业务分布受到大量随机因素的影响，其间出现蝴蝶效应这种事件也很有可能。正如英国大哲学家休谟所说："我们之所以相信因果关系并非因为因果关系是自然的本质，而是因为我们所养成的心理习惯和人性所造成的。"因此，逻辑分析是建模的根本方法，但是实际过程中还得结合好多其他方法。

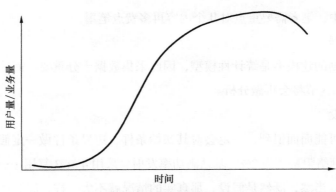

图 5-2　业务量发展的 S 形曲线

（2）统计分析

所谓统计分析，指的是问题难以进行因果推导，难以简单地抓住内部机理，那么就只好通过对现象数据和历史数据的采集，利用统计的方法来找出其中的数学规律，从而建立模型并求解。这种方法是一种不完全归纳，其推导出来的公式一般是经验公式。可以这么说，多数复杂系统的数学建模几乎都采用统计分析方法，一个很普遍的例子就是证券分析。证券业也是最爱用建模的一个行业，里面的模型数不胜数，这些模型一般是建立在对历史数据的统计分析基础上的，而很难分析原因。一般的炒股书里是这么说的，某某指标是某国一什么"牛人"通过对大量股市数据的统计分析而发现的，一旦这条线向上，就是涨，向下，就是跌。但是，谁都知道在证券市场赚钱只是一个概率事件，按照任何一种模型来炒股都不能保证肯定赚钱。这种由现象到现象的数学建模有其存在的巨大意义，因为在大量数据统计的前提下，不完全归纳趋近于完全归纳。对于同样复杂的无线通信网络，大量的模型是采用统计分析方法建模。而这种方法对数据采集的要求十分高，因此，数据采集方法本身既是一个课题，又是一种建模。

通信网络规划的数学建模流程如图 5-3所示。

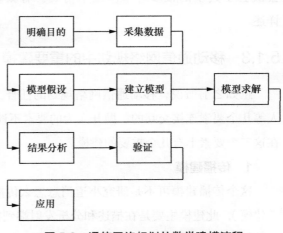

图 5-3　通信网络规划的数学建模流程

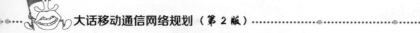

在这个流程中，笔者需要重点对几个内容再多费点笔墨。

（1）采集数据

通信网络规划的建模多是统计性模型，因此采集数据十分重要。而采集数据的方法则各有千秋，在第 5.3 节将会再做分析。

（2）模型假设

一个模型不可能面面俱到，一定会对其初始条件、边界条件做一定假设，比如：假设服从正态分布、网络阻塞率为 2%、基站满功率发射、采用 4 × 3 复用……模型假设是方便建模的重要手段。当然，既然是假设，那真实的情况就不大一样，届时还需使用校准因子来修正。

（3）验证

最占时间的工作不是建立模型，不是求解模型，是采集数据和验证。验证的主要方法是仿真和测试。仿真是模拟一个假设的环境进行测试，而测试是到真实环境去采集。因此，验证实际也是一种采集数据，先采集数据建立个模型，求解之后再采集数据看看是否可靠，这样会形成一个闭环。

至于验证方法，大家肯定都比较认可试验的方法，即直接将求解放到现网去检验。但是，很多情况不允许试验，比如技术的风险很大，试验的投资很大……因此，模拟仿真就闪亮登场了。仿真实际一样需要建模，因此在整个网络规划中的建模流程一样会嵌套其中的很多环节。至于仿真，有太多的话要说，在第 9 章将会把它拆解开来详述。

5.1.3　移动通信网络规划中的重要建模

正如之前所说，移动通信网络规划的任督二脉是由容量、覆盖、质量、成本、演进和人等几个要素连接交互的。抛开人为的要素不谈，技术的核心要素就是容量、覆盖和质量。在这三个要素上有几个重要的建模。

1. 传播建模

这个传播建模可不是研究小道消息怎么传播的（不过传播学里的消息传播建模也是数学建模），此建模主要是在描述和分析发射端到接收端的电磁波变化。在这变化过程中，电磁波可能发生了极为复杂的故事。这个故事可以从自由空间的环境开始描述，之后加入了一个事件——反射，之后又加入了一个事件——散射，当电磁波在地形复杂、环境复杂的城市里传播时，故事就随之变得复杂了。当直射、反射和散射纠缠在一起时，很像那种人物关系错综复杂的电视剧，想提出一条主线很难。从 1946 年贝尔实验室科学家弗里斯提出自由空间传播模型开始，科学家和工程师前仆后继，对传播进行了大量的数据采集和建模，提出了数十个有型有款的传播模型，其中大量模型为统计分析模型。而无线网络规划所要用到的并需要继续研究的，就是传播模型。

同时，传播建模的一个重要源头是天线。天线是电磁波发射和接收之源。天线辐射电磁波的方向性、增益、波瓣特性、干扰特性较大程度影响了传播。而随着智能天线、MIMO 天线成为主角，天线建模的内容将极大丰富。在第 1 章笔者曾经讲过，当 MIMO 天线进入通信系统中，天线实际上已经变成了“网元”，必须要考虑进去。

传播建模的理论是由电磁场理论、随机过程理论及信号系统理论结合而成的，其中大量的推导和公式令人抓狂。作为工程师和咨询师，可能大家更想知道的不是怎么推导，而是怎么应用它们。

传播建模主要用于涉及网络覆盖的规划、计算和评价。即便是仿真验证和现网测试，也需要使用传播模型校核。同时，传播建模也为干扰模型、频谱模型等工作提供了经验公式。

2. 业务建模

移动网络发展至今，到了第五代了。

以前大家都只是知道移动通信是用来打电话的。于是真正占资源的业务就一种，话音通话。而今业务多种多样。不同业务对质量的要求完全不一样，同时用户的行为也完全不一样。比如对于微信类业务，用户发送的基本都是小包业务，包发送的时间间隔不固定；对于话音类业务（高保真 VoLTE 语音），用户发送的包大小以及包间隔具有一定周期性；对于游戏类业务，用户最看重相应的实时性；而下载类业务，其对速率的需求最高。由此，业务建模的指标、参数再也不那么简单，解决上面的问题就必须对业务量做更深层次的建模。

业务建模的目的是对人们使用业务进行统计性描述，进而落实到容量资源的配置，实现需求和供给的统一。因此，业务建模是典型的统计分析建模。

当然，统计出模型后，最核心的问题是怎么跟配置对应上，这才是真正的建模方法。当用户量上来以后，怎么安排信道才能保证质量。解决该问题的一个方法就是排队论。

排队论实际就是在寻找业务量—业务质量—业务配置三者之间的关系，通过算法、公式将这三者的关系数学化描述，从而在知道任意二者时，推断另一个数值。

3. 资源建模

无线通信网络的资源是什么？链路、码、簇、频谱、时间、参数。

在对每一个资源进行配置、规划和优化时，建模必不可少。

链路建模是将信号从编码、调制、多址到传播、解复用、解调、解码整个过程建模，是将通信链路的端到端过程建模，链路建模实际是将所有部分建模分解的整合。通过链路建模及仿真，来观察各个部分及算法的性能。

在之前，笔者认为GSM的频率、CDMA系统里面的码以及时隙、OFDM系统里面的PCI、时频资源等在小区中的分配，都可以用簇的概念来诠释。因此，簇本身就代表资源。而簇建模则是网络规划的另一重点。簇是指不同频率、时隙、码字所组成的小区群，簇内的资源是互不干扰，而簇与簇是完全复用的。于是，在无线网络规划就会提出一些建模游戏的目标：如何在簇间干扰低于某一程度的前提下，建立最小的簇；采用何种算法能自动将新的小区纳入到簇中；如何利用测试和仿真划分簇……簇建模的算法五花八门，从简单到复杂，从整数规划到遗传算法，莫衷一是。在后面会特别讲到这类问题，不得不承认，工程性较强的算法比学术性强的算法更有效。

频谱建模则是基于无线通信的频谱分配。频谱是无线通信最核心的资源，频谱资源所面临的最大问题和有色金属、石油等一样，就是频谱是有限的，而不同频谱的使用量却在逐渐增大，因此，对于频谱建模所要解决的问题就是：如何建模以确定一个网络的频谱需求；频谱之间的干扰如何分析和决策；有什么方法提升频谱的利用率……其中的一些建模方法太过庞大，以至于由此产生认知无线电专业。

无线资源管理建模是对所涉及的无线资源管理策略的建模，以分析这些策略的性能，进行参数的配置，同时提出新的算法。随着无线资源的多样化、网络技术的复杂化，4G及之后网络的无线资源管理已经成为令人眼花缭乱的问题：接入控制、功率控制、负载均衡、动态信道分配……任何一个问题在实际的研究中都会采用数学建模求解和仿真验证的方法。

5.2　概率：自欺欺人的学科

5.2.1　随机事件

概率论是一个在通信中老生常谈的话题。作为无线网络规划，其中所涉及的大量内容仍逃不出概率论。看这本书的读者几乎都学习过概率论的知识，但是，在烦琐的公式中穿梭时就很难用另一种眼光看待事件和问题。这让我们无法感受概率的真实含义。因此，本书从原理的角度来通俗地讲讲概率及其相关问题。

笔者常常自以为是地认为，无线通信，甚至通信的基本数学理论就是概率论。因为，在通信中，不确定的事情太多了。或者这么说，人类发展至今，不能确定的知识远远多于确定的知识。但是，正如爱因斯坦所说："上帝不掷骰子。"至少，"上帝"在大多数时间不掷骰子（除了要测量量子的位置和动量时），因此，一些人认为绝大多数事件都是确定事件而非随机事件，只不过是人类本身的智慧所限。

比如：即使很简单的"掷硬币"，如果按照确定性的方法，我们确定了初始条件：硬币起掷的正反面，起掷的力量，周边的环境；之后又确定了边界条件，过程中的空气波动及阻力变化，最终完全可以建立起一组数学模型，而后求解从而能计算出最终是正面向上还是反面向上。可是，人类发展了上百万年，现在依旧没解决这个看似很简单的"确定"事件。

于是，人们想到了一个可以自欺欺人的办法——概率论。人们先把这样的事件定义为随机事件。之后，在无法确定每次试验的初始条件、边界条件，无法建立确定性的数学模型时，伟大的科学家考虑是否可以通过多次实验的方法来发现规律。结果经过几千次的实验，规律出来了，正面和反面出现的频率很相近，比例约为 1 ：1，用数学语言来解释就是事件 A 发生的频率接近整个次数的一半。

相信学习过概率论的人都知道，概率论可以上溯到古埃及时代的掷骰子。概率有很多种解释，事件发生的可能性如果用数学的语言来解释的话，概率实际上是相对频率，即当某一随机事件可以被反复观察并确认是否发生，则该事件发生的相对频率即概率。一个可以大量产生随机事件的环境，而当这样的随机事件长期进行下去，将会出现一些确定性的相对频率。

我们可以看看到底什么样的环境能够大量产生随机事件。

彩票。毋庸置疑，抽奖是随机事件的频繁发生的环境。中大奖这些都是随机的。因此，彩票发行者都绝对需要概率研究的高手。

气象预报。天有不测风云，所谓不测，就是随机事件。气象预报就是通过计算"不测风云"的频率来进行预报，提供服务，获得收益的。

保险。人有旦夕祸福，人遇到的不测，自然也可算作随机事件。保险就是通过计算"不测风云"的频率来设计产品，获得收益的。因此，概率是保险业生存的理论基础。

医疗。医生诊断竟然也是随机事件。必须承认，很多疾病的发病、传播、治愈的过程都是无法用确定的理论来推演的，人体内部有着神奇的能力，而这些能力人类自己尚不清楚，既然不清楚，那就只好也当作随机事件了。当然，在医疗的诸多随机事件中似乎有一个事件是确定的，那就是再怎么治疗，人早晚都会死。

通信。越说越不靠谱了，如果与别人通话都是随机事件的话，那还是当面说话最可靠。但是，确实如此，首先，我们给别人打电话本身，就是一个随机事件。如果从运营者的角度来看，他并不知道谁会在什么时间、什么地点给谁打电话，因此这是一个随机事件。而是否能打通电话在于信道的干扰及对信道干扰的纠错能力，通信研究的重点就是信道受到干扰后如何保证通话。在干扰随机的前提下，通话的可靠性自然也是随机的了。不过，通信规划、建设、优化的意义就是降低这种随机性，提供可靠的通信。

还有更多存在大量随机事件的领域：竞选、营销、地震预测、星相……随机事件随时随地发生。但是人类总是希望搞定内心对不确定的恐慌，要么找到随机的规律，要么降低随机性。因此，数学中概率论得以产生、演进。

5.2.2 无线网络中的概率

无线通信网络中的随机事件比比皆是。

通信网络中最核心的随机事件是用户的随机，用户发起通话的随机、用户发起业务的随机；而当无线通信参与其中时，用户的位置也要作为一个随机因素考虑进去。同时无线通信的电磁波在楼宇、山林中传输，仍旧是无法掌控的随机。毕竟，我们不是《黑客帝国》里的尼奥，永远无法"看到"电波在复杂环境中传播的线路，也无法"看到"成千上万用户的运动和业务使用。

1. 电波传播

首先，地球本身并不是圆的。

其次，地球的表面并不是平的。

再次，地球的表面上还存在植物、河流而形成自然地貌。

最为重要的是，由于人类的出现，地球上还存在不同高度、鳞次栉比的房屋。

由此，无线通信的电波传播变得复杂起来。作为接收方，除了可能收到直射波之外，还会收到反射波、散射波和绕射波。这些波混合在一起被接收，则产生了多径效应，很难精确地计算合成路径的强度、相位和延迟，并形成接收电平的快衰落和慢衰落。因此，在我们还不能快速地计算每一时刻接收信号的衰落、相位之时，只能将每一时刻的接收电平视为随机事件，也就只能通过观察其概率分布来找出规律。

2. 通信业务

即使是最核心的打电话的业务，也是随机事件。因为谁也不知道每个人什么时间在什么地点给哪个人打了一个电话，其时长也没法确定，因此业务本身就是个随机事件。而数据业务自然也是随机事件。

用户业务使用的复杂性驱使规划者通过对随机事件的概率分析来预测网络的需求，规划网络的配置。

当然，用户分布、用户的移动性等种种行为都是随机事件，网络规划优化的研究人员已经能够通过对以上一部分随机事件进行概率分析而得到规律，但仍旧有很大一部分工作只是停留在建模阶段。当市场中的用户达到一定规模时，一些问题的复杂度就会迅速上升，可能其中的一些问题还是 NP 完全问题（NP 完全问题是世界七大数学难题之一）。

5.2.3 概率分布

在无线网络规划中我们会遇到大量含有"分布"的名词：泊松分布、爱尔兰分布、瑞利分布、莱斯分布、对数正态分布、二项式分布、正态分布……

概率分布是描述随机事件规律最有用的数学方法，通过对概率分布的分析，我们可以找到观察随机事件的"第三只眼"。

概率分布的官方解释是表述随机变量的概率规律。笔者很难理解这种官方解释，之后学了统计的一些方法，再回头看概率分布，豁然开朗。概率和统计的关系十分紧密，后续还将说明。在此举一个统计的例子来说明概率分布的意义。

一个年级共 120 个学生，物理期末考试的成绩可以按 5 分一档进行统计（最后一档为3 分），结果如表 5-1 所示。

表 5-1　成绩统计

分数	人数
48 ～ 52	2
53 ～ 57	2
58 ～ 62	3
63 ～ 67	6
68 ～ 72	12
73 ～ 77	23
78 ～ 82	29
83 ～ 87	22
88 ～ 92	14
93 ～ 97	5
98 ～ 100	2

上面的统计结果实际上就是一个次数统计，可以由此画出一个柱状图，如图 5-4 所示。

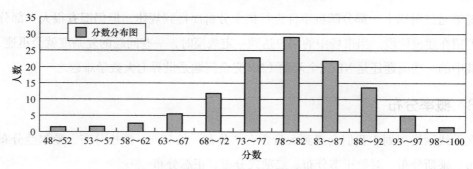

图 5-4　一个分数分布实例

图 5-4 实际是一个分布图。下面我们再将次数统计做一个归一化，即将次数转换为比例。那么图 5-4 就变成一个概率分布图，如图 5-5 所示。

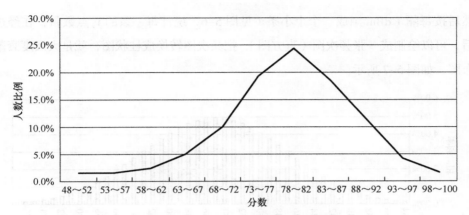

图 5-5　图 5-4 的变种，变成了概率分布图

图 5-4 和图 5-5 实际上是直方图，如果我们把人数看作获得该分数的频次，把人数比例看作相对频次即概率，那么这个比例分布图则是频率分布图。下一步，我们将人数统计扩大成全国数千万学子，进而可以视作无穷大；然后再将分数段无穷缩小，由此产生的频率分布就可以看作概率分布了。同时可以注意到，这是一个正态分布的概率分布图。

因此，统计是有穷的概率，而概率是统计向无穷的延伸。

由此，可以把例子转回到无线通信上，在无线电波传播中，大家都认为无线电波存在小尺度衰落和大尺度衰落。而大尺度衰落通过统计，认为服从对数正态分布。这如何解释？我们将距离基站位置 x 的电平的大尺度平均样值 y_i 的点画在坐标轴上（尽管是大尺度平均样值，y_i 的点经过大量的统计也会很多），如图 5-6 所示。

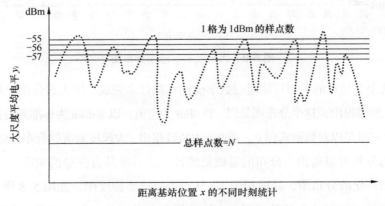

图 5-6　大尺度衰落的采样

然后按每隔 1 dBm 画成一个个小条（见图 5-6，统计每一条的 y_i 点数目，在经过归一化之后，可以绘制成一张频次图（直方图），把频次图转换成柱状图，就是大尺度衰落的频率分布图，如图 5-7 所示。

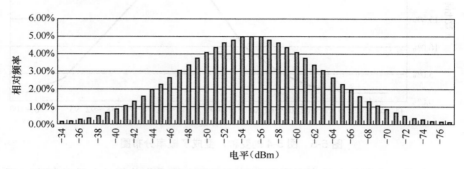

图 5-7　大尺度衰落频率分布图

之后做一次更细致的工作，让取样点 $N \rightarrow \infty$，水平轴继续细分至无穷小（图 5-7 原先按每隔 1 dBm 分割，然后再进行细分 0.1 dBm、0.01 dBm……直至无穷小），就可以得到一个平滑曲线。图 5-8 所示这条平滑曲线就是大尺度衰落概率分布。

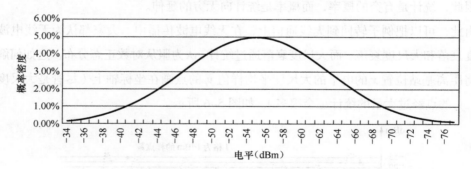

图 5-8　大尺度衰落概率分布图

当然，这个更细致的工作只能通过数学变换和拟合来完成，用正态分布的图形对此分布图进行拟合，就能得出，这个分布图是以 –55 dBm 为均值，以 8 dBm 为标准差的正态分布。由于该分布的自变量是以对数形式建立，因此，由统计得出，大尺度衰落的分布是对数正态分布。

由上面的分析可以得出，分布的基础是统计，之后将某自变量的频次归一化建立直方图（经过了归一化的分布图，其面积为 1）从而得到概率密度图，如图 5-8 所示。

在通信规划中概率分布最常应用于电波传播和业务流量规划，经常会出现以下的这些分布。本书并不想做学术的推导，这会减弱阅读的兴趣。当然，推导在教科书里都能找到，我只是唠叨一下这些分布的特点。

（1）正态分布（高斯分布）

$$f(x) = \frac{1}{\sigma\sqrt{2\pi}} e^{-\frac{(x-\mu)^2}{2\sigma^2}}$$

（5-1）

图 5-9 所示的正态分布是最为对称的分布。中心极限定理告诉我们，如果这个世界的所有现象都由众多稳定的随机因素促成，那么所有随机事件的分布都是正态分布。最典型的如人类的身高体重、稳定生产线的产品质量、通信电波的慢衰落、稳定通信网络的质量、话务量等。正态分布的重要还在于，其他多数的分布都是以正态分布为标准比较出来的。比如偏态分布是对正态分布的对称性而言，重尾分布和轻尾分布也是以正态分布的"尾巴"为标准而来的。最后，知道了世界上很多事件都服从正态分布，我们的学业、工作业绩都服从正态分布，当你发现大多数人都跟我们一样在正态分布的中间，那就更好地原谅一下自己的平庸和懒惰，偷得浮生半日闲吧。

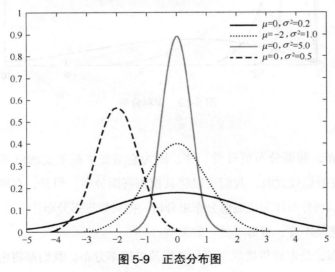

图 5-9 正态分布图

（2）瑞利分布

$$f(x) = \frac{xg\exp\left(\dfrac{-x^2}{2\sigma^2}\right)}{\sigma^2}$$

（5-2）

移动通信的无线电波很可恶，不仅有慢衰落的对数正态分布，还有如图 5-10 所示的快衰落瑞利分布。由于瑞利分布的存在，在传播上增加了更大的不确定性，从而带来了更多的损耗和受限。瑞利衰落的成因来自我们生活的光怪陆离的城市，当无线电波在城市中穿梭时，它会反射、散射从而在接收方形成多径，其中每一径的幅度由于服从中心极限定理，因此呈现正态分布，但是多径混合起来之后，其包络就成为瑞利分布。通信网络中应对瑞利分布的衰落的方法是采用分集技术。

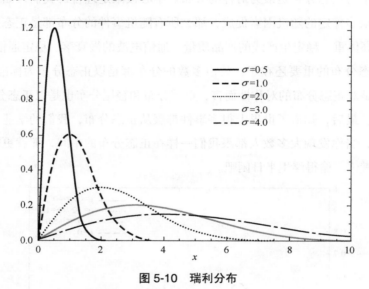

图 5-10　瑞利分布

（3）莱斯分布

相比瑞利分布，莱斯分布更可爱一些，因为它增加了最主要的电波路径、直射路径（LOS）。当直射波振幅较大时，我们可以将其视作高斯分布。但是，在网络规划中，我们都会很保守地将瑞利分布作为快衰落分布来分析，把对数正态分布作为慢衰落分布来分析。莱斯分布属于"姥姥不疼、舅舅不爱"的类型。

上述三种分布，是电波传播规划中最常提及的概率分布，我们都将电波传播的电平分布看作连续分布，不过实际测试时还是按照抽样点离散而得。

（4）二项分布

$$P(x=k)=C_n^k p^k q^{n-k}$$

（5-3）

有这样一个故事，北宋军队攻打昆仑关之前，瘟疫流行，士气低落。名将狄青把众军集合到校场上说："我已经求神了，现在我把这一大把铜钱全部扔出，如果全部正面朝上，神会保佑我们必胜，但凡一个反面朝上，立马撤军。"结果，所有铜钱都正面朝上。士气大振，终于城破凯旋。

笔者看到这个故事刚巧是在高中学完概率，于是心想，这得要多低的概率啊。如果 100个铜钱抛出，最终 N 个铜钱正面朝上，$100{-}N$ 个铜钱反面朝上，这样的概率分布就是二项分布。

二项分布的基础是伯努利事件，伯努利事件指的是一个随机事件只有两种结果（如成功还是失败、正面还是反面、生还是死、打电话还是不打、去银行还是不去、to be or not to be），事件 A 的概率是 p，非 A 的概率就是（$1{-}p$）。当发生了 N 次伯努利事件时，这 N 次伯努利事件成功的次数服从二项分布。

二项分布和正态分布也很有渊源。当 N 趋向于无穷大时，成功的次数就服从了正态分布。

（5）泊松分布

$$P(x=k)=\frac{\lambda^k}{k!}\mathrm{e}^{-\lambda} \qquad (5\text{--}4)$$

其实，泊松分布是二项分布的特例。如果将泊松分布看作一个随机过程则更好阐述。当我们选一个特定的时间段 T 来观察某一伯努利事件，在这个固定的时间段中，当伯努利事件发生的次数很大时，事件 A 发生的概率 p 很小时，就可以用泊松分布来近似（实际上二项分布和泊松分布的公式都适用，二者的数值十分接近）。一般，当总体规模很大时，队列到达的分布都服从泊松分布，如进入某个国家、城市、酒店，购买某个畅销产品，通话的发起，网站的进入，网络游戏的登录，机场飞机的降落，汽车到达停车场……

泊松分布最大的特点是无后效性，即两个不同的时间区间内的到达顾客相互独立。说得形象点就是，顾客的到达必须从统计上是随机的，而不是计划好的，比如，大家到银行取钱一般来说就是统计随机的，因此是泊松分布；但是一旦出现谣言形成恐慌而构成某一时刻的拥挤，那就是预谋好的，因此就不是泊松分布。

（6）指数分布

$$f(x)=\begin{cases}\lambda\mathrm{e}^{-\lambda x}, & x>0 \\ 0, & x\leqslant 0\end{cases} \qquad (5\text{--}5)$$

指数分布也称为负指数分布。指数分布同样是很有特点的概率分布：队列到达次数的分布是泊松分布，而队列中的个体相隔时间的分布是指数分布。如果去深究的话，指数分布适用于一切满足总长一定条件下的随机分布。

如果一根长度一定的绳子，然后将其完全随机地剪成不同小段（注意，一定是完全随机，比如蒙上眼睛瞎剪），那么每段绳子的长度分布就是指数分布，那些特别长的绳段极其稀少；再比如，当市场利润蛋糕一定时，如果让企业自由竞争，企业利润的分布也为指数分布，只有一两家寡头占有巨大利润，而大量小企业微利生存濒于破产；从社会角度上看，当社会财富一定时，如果没有合理的公平机制管控，个人的财富分布也是指数分布，大量财富聚集到很少的个人手里，而其他绝大多数人则十分贫困（这种情况会发生在经济封闭的国家）……

在通信领域中，在总的到达时间段一定的情况下，每个到达用户的相隔时间服从指数分布。指数分布的最大特点是偏态轻尾，即 x 越大（相隔时间越长），其概率急剧下降，大多数的概率分布在位置 x 接近于零（相隔时间很短）的范围之内。同样地，当队列服务的总时间一定时，为每个人服务的时间分布也为指数分布。

5.2.4　随机过程

每一个通信专业的毕业生都一定学过随机过程，毫不夸张地说，通信原理全部是随机过程推导而来。那时学这个头疼的科目只顾考试了，等真正理解起来才发现是夹生饭。因此，此处再用一些通俗的讲法来谈谈随机过程，看看是否有助于理解。

如果说掷一次硬币是一次随机事件的话，那么通过设置一个"掷币器"连续地掷硬币就可看作一个随机过程。为什么说这是一个随机过程呢？假设设置 n 台性能完全一样的"掷币器"，在同样的条件下看其输出，这 n 个"掷币器"的输出应该都是一个以时间 t 为自变量的 01（设 0 代表背面、1 代表正面）离散函数序列。如下示意：

$k_1(t) = \{1111000010100010010010 0\cdots\}$；

$k_2(t) = \{0010010011110101000011100\cdots\}$；

…

$k_n(t) = \{1010011100010011101011 11\cdots\}$；

可以确定的是，永远也找不到两个完全相同的序列。因此，每一个序列都是一个随机样本函数，而这些序列的组合就是随机过程。同时，我们还可以看到在某个时刻 t_1 时，各个"掷币器"所输出的值，也是一个随机变量。

因此，随机过程实际上是随机变量在时间轴上的体现，随机变量增加了时间的维度就变成了随机过程。

任何通信的过程都是随机过程，甚至可以毫不夸张地说，随机过程就是我们的生活，大到气候、金融、医疗、经济，小到每个人的出行、购物和情绪、心情，这些几乎都可以看作是随机过程。如果再疯狂一点地想，每个人的一生也是一个随机过程，我们的出生本身就是个随机事件，之后就是一连串无数的随机事件被时间串在了一起而形成了一个随机样本函数。

描述随机过程与描述准确过程完全不同，描述一个准确过程可以通过确切函数和建模来描述，而描述随机过程则只需要描述其概率统计特征。

随机变量的特征描述主要通过概率分布来描述，当明确了一个随机变量的分布函数，其数学期望、标准偏差等指标则一目了然。随机过程的特征描述同样要从概率分布函数来描述。

设 $\xi(t)$ 表示一个随机过程，它在任意时刻 t_1 的值 $\xi(t_1)$ 是一个随机变量，其统计特性可以用分布函数或概率密度函数来描述。

$$F(x_1, t_1) = P[\xi(t_1 \leqslant x_1)] \tag{5-6}$$

$$f(x_1, t_1) = \frac{\partial F(x_1, t_1)}{\partial x_1} \tag{5-7}$$

式（5-6）和式（5-7）分别表示某随机过程的一维分布函数和概率密度函数。而随机过程会存在无穷多个时间点 t_1，t_2，t_3，$\cdots$，t_n，$\xi(t)$ 随机过程也就会有 $\xi(t_1)$，$\xi(t_2)$，$\cdots$，$\xi(t_n)$ 个多元随机变量。因此，如果想充分地描述某随机过程的话，就需要用 n 维随机变量的分布函数和概率密度函数来描述，n 越大，描述得越准确。

但是，看看 n 维的函数有多复杂。

$$F_n(x_1, x_2, x_3, \cdots, x_n; t_1, t_2, t_3, \cdots, t_n) = P[\xi(t_1 \leqslant x_1), \xi(t_2 \leqslant x_2), \\ \xi(t_3 \leqslant x_3), \cdots, \xi(t_n \leqslant x_n)] \tag{5-8}$$

$$f_n(x_1, x_2, x_3, \cdots, x_n; t_1, t_2, t_3, \cdots, t_n) = \frac{\partial F_n(x_1, x_2, x_3, \cdots, x_n; t_1, t_2, t_3, \cdots, t_n)}{\partial x_1 \partial x_2 \partial x_3 \cdots \partial x_n} \tag{5-9}$$

解这个方程太过复杂。同时，人们会考虑是否还有更简便一点的方法来描述随机过程。众所周知，对于概率的分布函数，人们更关心这些函数的特征数值，如数学期望（均值）、方差、相关函数。

（1）数学期望（均值）

随机过程 $\xi(t)$ 在某一时间 t_1 的取值是一个随机变量 $\xi(t_1)$，其数学期望可以表示为

$$E[\xi(t_1)] = \int_{\infty}^{+\infty} x_1 f_1(x_1, t_1)\,\mathrm{d}x_1 = a(t) \qquad (5\text{--}10)$$

由于 t_1 是任意取值，因此，随机过程的数学期望可以转换为关于 t 的函数 $E[\xi(t)] = \int_{-\infty}^{+\infty}$

$xf_1(x, t)\mathrm{d}x$（这是连续型随机过程的公式，离散型则更简单为 $E[\xi(t)] = \sum_{i=1}^{n} x_i p_i(t)$。数学期

望表示这个随机过程的集中趋势，即这个随机过程样本函数的摆动中心。

（2）方差

方差表征随机过程在时刻 t 与均值的偏离程度。

$$D[\xi(t)] = E\{[\xi(t) - a(t)]^2\} \qquad (5\text{--}11)$$

根据式（5–11），方差实际是随机值同均值差异平方的均值，采用方差说明的是随机过程样本函数的波动性。

（3）协方差与自相关函数

数学期望和方差只是反映了某一时刻 t 的数学特征。而随机过程是时间过程，所以还得需要不同时刻之间内在联系的数学特征。于是，协方差和自相关函数出现了。

自相关函数：

$$R(t_1, t_2) = E[\xi(t_1)\xi(t_2)] = \int_{-\infty}^{+\infty} \int_{-\infty}^{+\infty} x_1 x_2 f_2(x_1, x_2; t_1, t_2)\,\mathrm{d}x_1 x_2 \qquad (5\text{--}12)$$

协方差：

$$C[(t_1, t_2) = E\{[\xi(t_1) - a(t_1)][\xi(t_2) - a(t_2)]\} \qquad (5\text{--}13)$$

自相关函数和协方差表征的是两个随机事件之间的关系，而这两个随机事件又恰好存在于一个随机过程中。当然对于掷硬币这种随机过程，每次随机事件都是独立的，因此，其协方差和自相关函数都是常数 0。

好了，关于随机过程的数学特征主要就是这几种。作为无线通信网络的规划师，需要知道一类典型的随机过程，即平稳随机过程。因为，通信中大多数随机过程都可以当作平稳随机过程。

平稳随机过程在数学上是这样描述的：数学期望和方差都是常数；

自相关函数 $R(t_1, t_2)$ 只跟 t_1 和 t_2 的时间差 Δt 有关。

如果用文字描述，平稳过程是过程的统计特性不随时间的变化而变化。举个例子，高斯白噪声就是均值为零的平稳过程，即尽管它对有用信号有影响，但从统计意义上看它并没有影响，而且我们可以不用关心这个白噪声的起源以推断现在，只是任意找个时间来进行观察和描述。再比如某一段时间的泊松流，如用户在 9 点到 10 点的打电话次数，其随机过程服从泊松分布，也可以看成平稳过程。再比如"江山易改、本性难移"，成年人的性格也可近似成平稳过程来看，尤其是小龙女，天天喝蜂蜜、睡绳子，她的性格绝对是最典型的平稳过程。

但是，实际上，真正的绝对平稳过程是不存在的。而当我们把平稳过程的时间拉长为 $-\infty \sim +\infty$，白噪声也不是平稳过程（白噪声一般由宇宙背景噪声构成，而背景噪声是由于宇宙大爆炸所产生的"第一缕光"演变而成）。

因此，在通信中，我们只分析一段时间内的随机过程，这段时间是多长呢？长到能符合平稳过程特点就行了。

 ## 5.3　统计：描述规律的"谎言"

5.3.1　描述网络的方法：统计

统计，这个词已经在前文屡屡出现过。统计分析是数学建模广泛使用的手段，而随机事件、随机过程的概率分布是通过大量试验统计而得出的，似乎统计就是为了获得概率分布、随机过程特征而产生的学问。如果这么看统计的话，就过于狭隘了，统计诞生伊始，其最根本的目的是对客观世界的数字描述。

作为网络规划人员，通常会检测、观察、运用大量的数字，无线通信网的技术特点、网络特性、网络质量、网络目标几乎都需要用数字来描述。因此，本节所讲的统计，更重要的视角是如何对网络的特点、指标和规划进行描述。

有这样一句名言，"世界上有三种谎言：谎言、弥天大谎和统计。"

说统计是谎言，实际上是把这个美丽的学科冤枉了。80%的人死在床上，那床就是最危险的地方吗？数据本身反映的是真实状况，对数据如何描述，及某些描述数据的那些人的意图才是谎言的摇篮。因此，即便统计方法总会遭人诟病，但是人们在今后的生活中仍将更加广泛地依赖统计语言，原因何在呢？

第一，这个社会的数据量太大了，不用简单的统计方式进行描述就找不着规律，也就无法给出预测和决策，即使统计的结果可能掩盖了一些真相，但是统计更加方便，更给人以安全感。

第二，如果把统计看作谎言，那么统计是更真实的谎言。因为如果撒谎需要借助数据，借助采集，那么撒谎的成本就会升高；如果还需要借助更复杂的统计术语、方法和指标，那么撒谎的成本就会更高。这意思说白了就是：撒个谎容易，但要圆这个谎可能还得花时间、金钱、脑力再撒10个谎，然后还得编100个谎去圆那10个谎……当撒谎的成本高出了撒谎的价值时，人们就会考虑真实的描述更划算一些。

第三，统计能掩盖一些真相，但是也能暴露一些真相。比如第5.2.3节用统计的手法发现的指数分布，它告诉我们如果不施行合适的法律和游戏规则以确保基本的公平，社会最终会步入垄断和剥削。统计所暴露和掩藏的部分是如此的微妙和充满变化。

5.3.2　移动通信网络规划的统计

说了这么多统计的意义和作用，对于通信网络规划来说，不用统计就发现不了第5.2节那些花花绿绿的概率分布、随机过程，至于网络组网、电波传播、业务流量、数学建模、网络质量、网络指标、网络优化，都无从下手了。

无线网络规划过程离不开统计，我们需要描述网络的现状、问题，需要描述规划方案的效果，而这些都需要在网络中找到那些海量的数据，那么从哪里去寻找呢？

1. 业务数据

业务数据是网络优化人员的核心资源。规划优化的核心对象是用户，需要了解的用户的通话及业务行为很多，对用户行为最直接的了解就是"去问用户"，直接调查用户的通信和网络行为。但是谁都知道这是一个不可能完成的任务。同时，对海量数据的调研只能是粗略抽样，抽样的问题是总会漏掉一些关键的信息。即便一切都有可能，也不会得到最真实的结果。同时，直接调研的调研者本身也是干扰因素之一，今天高兴，就调研得仔细点，明天不高兴，就胡乱填点，最后再怎么控制也很难保证客观真实。

因此，问用户最直接，但是需要支付大量的成本，无法得到最全面信息，无法获取最真实信息。这个招数不适用于业务，适用于观察用户的动机，而不适用于观察用户的行为。那么对于用户的行为统计，其实可以用工具来实现，这个工具就是 OMC（操作维护中心）。OMC 当然不是专管统计的，它只是捎带把采集的数据都给归置了一下，即在各个网元中增加了一堆计数器，根据某些逻辑进行计数，由此统计数据出来了。

通过业务报表，我们可以分析到小区级别、小时级别的用户行为，可以统计到在一个狭小的小区里的话务量、数据吞吐量、切换、位置更新、掉话、接通、信道溢出等状况。统计报表在某些人眼里只是单调的数据，在某些人眼里就是对网络的体检结果和诊断依据，在另一些人眼里可能还会发现在小区内演绎出的一段段故事。

基于小区的业务统计能帮助我们分析网络级、交换局级、地区级、小区级的用户通话、业务行为，从 OMC 获得的统计数据最为全面、宏观，也最省事。

2. 测试统计

业务统计只能统计性描述在小区里的业务行为，但是它难以描述网络质量。业务统计不知道网络的无线环境，也不知道在出现掉话、拥塞、切换失败、位置更新时的消息。业务统计只能描述网络的能力，但是难以描述网络具备该能力的原因。因此，用测试来查找原因是自然不过的想法了。所谓网络的测试，实际上是在网络上放几个探测头，让这些探测头采集网络的电磁信号、消息信号（信令）、流量信号等，从而分析网络的质量。这样的测试是长期的，覆盖整个城市的边边角角，覆盖整个网络传输的各个层次的数据。这样的探测头分为通用的和专用的，网络中的网元实际充当了通用探测头，比如，能在网络侧产生测量报告（MR）。话务统计实际也是通过网元探头测试而得到的。

另外，在网络中还放了不少专用的探测头，如测试手机和专用测试仪表，由于它们装了特殊的模块，因此能把网络传递的信息做更深度解调，从而获得更加深层次的数据，如采用测试手机进行路侧统计得到的网络质量指标，采用网络分析仪统计不同业务的数据流量。

基于测试的网络质量统计能从更细的角度描述网络，即能站在每个用户、每寸土地的角度来描述网络，由此所产生的统计数据能够抽丝剥茧般地切入网络的细节。当然，这样的统计方法也很耗费成本，花钱又费人力。

3. 仿真数据统计

业务统计和测试统计对网络的不同深度状况进行充分描述。这二者相互结合已经可以全面地对网络进行描述，通过对网络的描述，进行规划和优化。但是，之前已经说过多次，网络规划是一种预测，业务统计和测试统计只能对现状进行深度描述，但是在网络尚未建设或扩容时，如何对规划后的网络进行描述，以评估规划的方案优劣呢。因此，借鉴一些巨型工程的经验，对网络规划采用仿真的方式。而仿真的结果，依然是对应不同指标的数据。凡是需要用数据描述的地方，均需要统计。由此，对海量的仿真数据统计就成了一门功课。用仿真数据的统计来对比现网话务统计和测试统计，能够看到统计数据的变化，由此评估和调整规划方案。

5.3.3　如何用统计讲故事——统计要素

无论什么样的统计，最终所描述的内容不外乎几类要素：总体、集中趋势、离中趋势、统计分布、相关。第 5.2.4 节讲随机过程时就提到用特征数值来描述随机过程的方法，其中包含了均值、方差、相关函数，可见随机过程的描述仍旧脱离不开统计描述的这几类要素。

1. 总体

在网络规划中的总体描述实际上是对规模的描述。现网有多少基站、多少载波、多少信道、多少小区，总体的忙时话务量有多少，网络掉话次数有多少，数据流量有多少……实际上是将每一类数据进行累加。

总体描述是最直观的统计，也是统计的根本。在网络规划中，我们使用总体描述来描述网络的规模、成本以及容量。这似乎是很简单的描述，即使如此，仍能发现一些内容值得玩味。

当我们在描述一个总体规模时，需要精确到什么程度最合适？比如，对于一个城市的网络扩容工程，如果根据某种方法的预测（如比较流行的线性内插法，或者曲线拟合法等），得出需要新增 6 459.34 GB 的数据流量。而实际上我们要确定到底按 6 459.34 GB 来描述和配置资源还是要按其他方法来描述，6 459.34 GB 这个数值的意义并不是说真的需要增加如此数目的话务量，因为这个数值本身就不真实。如果有两个预测话务量数值，第一个人通过估算得出需要大约 6 500 GB，第二个人得出需要 6 459.3 4GB，哪个人的估算更准确呢？大家似乎更加相信第二个人的估算，不过如果大家都做过类似的估算，心里就能明白，第二个人的结论是"被准确"的。有时，客户们并不喜欢看似简单粗略的数据，他们喜欢带有小数的"被准确"的数据。

那么，这个精确数值的目的主要是：（1）确定扩容规模的数量级；（2）证明规划所做的预测是科学的、严谨的、客观的。对于第一个目的，实际通过相对粗略的估算就能得到。因此，让数据"被准确"的更直接目的就是第二个了。

很多时候我们通过累加的方式来统计总体数据。但是，当我们累加了数据，也累加了偏差，最终的总体数据看上去有零有整，但实际上没有什么意义。如果经过累加统计后，某省的载波总数为 42 319 个，其实不如说大约 4.3 万到 4.4 万个更靠谱些，但如果你真这么说了，领导和客户又得批评你不够精确了。（我们可以举某个更直观的例子来说，比如某国有厕所 347 865 个，这个数肯定不准确，倒不如说有 34 万个左右更显诚实。当然，最巧妙的方法是："厕所有两个，一个男厕所，一个女厕所。"）

因此，在现实的规划中，特别是对现状的描述和对未来的预测中，无奈的你还是要据"实"描述，"精确"描述。

2. 集中趋势的描述

对于集中趋势的描述，最常采用的方法是均值，即算术平均数。平均数是对单个个体的数值描述。在无法对每个个体都进行描述时，只好采用统计总体之后求平均的方法来描述单个个体的数值。在网络规划中，我们会频繁地使用均值，如平均每信道忙时话务量、平均通话时间、电波的平均电平、平均功率密度……

关于均值的陷阱，用这样一首打油诗可以充分地描述："张家兄弟九个半，老大赚了1000 万，剩下九个穷光蛋，如果一算平均数，各个都是'张百万'"。之所以均值得到如此的误用（或者是刻意的误用），取决于整个数值的分布。当均值同中位数接近时，均值可以描述整体数据的集中趋势，比如总体的分布是趋于正态的分布，则使用均值来描述集中的趋势最为合理。而如果总体的分布不是趋于正态的分布，是很偏的偏态分布（如指数分布、幂率分布等），则使用均值就可能是一个假象，因此才有老百姓收入"被提高"的现象（收入分布从来都不是正态的，要么是指数的，要么是幂率的）。

根据长期的采集统计和理论分析，人们普遍认为电波衰落遵从对数正态分布，因此，由此而推断的网络覆盖及相关的多个指标分布都可以用正态分布来描述，此时用均值描述网络质量最为合适（按电波统计理论分析，电平的分布是用中位数来进行推断的，但是正态分布的中位数同均值一致）。

不过，均值包括数学平均、几何平均、加权平均等概念。多数情况下使用数学平均，但在描述如增长率、发展率等与趋势发展有关的数值时，采用几何平均更为合理；而对于多因素分值统计，如对多场景网络质量的总体评价，则可以按不同场景设定权重，并进行加权平均。

另外，不要忽略了其他描述集中趋势的变量，如中位数，中位数能避免"被平均"现象的出现。

说完了集中趋势的描述，并不表明统计描述的完备，因为我们还想知道整个数值到底有多集中，因此还会采用离中趋势的描述。

3. 离中趋势的描述

方差、标准差是离中趋势描述的主要参数。

方差：

$$\sigma^2 = \frac{\sum (X_i - \mu)^2}{N} \qquad (5-14)$$

标准差：

$$\sigma = \sqrt{\frac{\sum (X_i - \mu)^2}{N}} \qquad (5-15)$$

对于离中趋势的描述还有其他的参数，比如全距、平均差。但是，人们普遍喜欢用方差、标准差来描述。

由方差、标准差的公式可以看出，方差实际上可以看作是均值分布的均值。采用平方处理的作用是代数运算方便。同时，方差、标准差的好处还可以用三句话来说明：容易计算；具有可加性，能把总体的波动分解为不同要素的波动；受异常数据的变动影响最小。

在网络规划中，均值加标准差的描述最为常见，如在链路预算中的参数估计，在模型修正中的数值分析，在话务分布中的统计描述以及在网络仿真结果的统计分析。

4. 统计分布的描述

对统计分布的描述实际上同第 5.2.3 节如出一辙。概率分布的依据就是大量工程师多年的统计，由统计而发现规律。一般来说，可以根据数据的内在规律来推测其分布。比如，大多数成熟网络指标统计的分布都可以近似于正态分布，因为大多数问题都是稳定在一个值周围，同时受到多个稳定的随机因素影响而波动；而对于总和一定的分布，统计分布呈负指数分布；对于离散形式的分布，最为普遍的是二项分布，因为大量的离散事件都可以视为伯努利事件，当然，也可以从二项分布中，根据事件发生的概率，从而推导出泊松分布……

5．相关的描述

统计中的相关说的是两个或多个统计事件的关系，即通过对事件 A 的大量统计数值和事件 B 的大量统计数值的分析来观察这两个现象的相互关系。举个很直接的例子，小朋友 1 岁的时候，在后院里种了一棵小树，以后每隔一个季度就记录一下小朋友的身高和小树的高度，多年过去，两个事件收集了一定的数据，通过对这些数据进行相关分析，可以发现二者呈明显的正相关（相关系数接近 1），由此，我们可以推断：随着小朋友身高增长，小树也在变高。关系是很让人类重视的概念，自然科学的研究主题之一就是一个现象同另一个现象的关系，哲学的大量思辨也是针对关系的，我们对人际关系也最为重视。

通信网络中使用了大量的相关分析，这在网络规划中也经常提及，有时，我们采用种种手段让两个网元、系统、信道、码字等完全不相关，有时我们又通过分析两个指标的相关来进行规划和预测。在 CDMA 系统、WCDMA 系统中最常使用扩频码，一般认为，扩频码的自相关性和互相关性越接近于零，网络的性能就会越好；还有天线的分集，只有分集的相关性接近于零，才能实现分集增益；另外，话务量的预测分析中，也经常运用相关来分析话务量同用户收入、用户年龄、用户分布及资费的关系；在网络布局规划中，经常会用相关分析来观察不同指标的相关度，由此研究网络的性能。

相关分析能得到很多有意思的结果，比如：在一些特定场景（校园）业务量和用户收入并不相关，而跟用户年龄有一定的相关度；根据小区间的切换次数和同频干扰的相关度进行频率规划……对于相关的挖掘是在网络规划中创新的源泉。

因此，运用统计要素来讲故事则趋向于如下的套路：某一事件的总体规模如何？遵从什么分布？均值和方差一般是多少？这个事件同其他事件的相关系数如何？

5.3.4　如何把故事讲生动——统计的展示

统计的故事可以按第 5.3.3 节的套路来讲，但是如何讲生动依旧值得打磨。在第 4 章已经明确地指出，网络规划的关键是人。将数据用统计方法来描述的直接目的也是满足人的需求。因此，把统计故事讲生动仍旧是围绕着人的因素，既然是讲故事，那就得想清楚给谁讲，因此核心还是要把注意力放在受众上。怎么才能让受众最大程度地理解数据背后所道出的信息？怎么才能让单调的统计数据变成受众能接受的形式？这便是统计的展示，是规划咨询人员需要发掘的内容。

首先，如果让我们来扮演受众，听听给我们自己讲的统计故事，就会很容易知道什么是枯燥什么是生动。想一想，大家生活在一个类似的文化环境，有着类似的知识基础，具备类似的感觉和情绪。因此，把自己当成受众大多能得到最接近的体会。

那么什么是受众最可感受最能接受的形式呢？是文字、数据，还是表格、图形？这要看哪些形式是受众最常接触的。数据和文字并非枯燥无味，当那些我们能最常接触的数据和文字形式出现在统计故事中，有时取得的效果也很明显。比如下面的例子。

"在近20年5月气温均高于20℃的A城，今年的气温却出奇地低，只有10℃。用统计方法来检验，在5%的置信区间内差异显著。而一些专家认为这仍旧属于正常现象，不知道是历史数据出现了问题，还是这些专家所用的方法出现了问题，还是经常待在空调房的专家们对温度的感觉发生了变化？"

这段话对气温的统计只是用了数据和文字来描述，但是却能给受众一个深刻的感受。因为对于气温而言，我们的头脑中总是有一些常识的数字。直接引用数字也就能直接和我们大脑的常识发生关系。

因此，换句话说，当数据是人们头脑的常识时，直接用统计数据来进行表述是很有效的方法。人们头脑中的常识数据一般来自于生活之中，比如距离、气温、重量、时间……另外，作为通信圈子中的人士，我们的头脑里也会产生一些常识性的数据，比如话务量、掉话率、电平、增益……这些内容，可以直接用统计数据来描述，比如我们可以直接用统计数据来描述某地的每用户平均忙时话务量是多少，同其他地方的相关度是多大等，而不需要做太多的转换。

即便如此，对统计数据的转换仍旧是必要的。无论怎样，多一种更亲切的描述形式，带给受众的感受就更多一些。

统计数据的转换一般为三个方面：相对化、表格化和图形化。

相对化，实际上是归一化的体现。一般来说，是将绝对的数值转换成相对的百分比，或者变成某一基本单位的数据体现（其实，均值的一部分作用就是干这个的）。这同样是让数据接近受众的常识的一种体现。比如，A城市密集城区的忙时数据流量是1 000 GB。这个统计结果不会给受众带来任何感觉。但是如果换成"A城市密集城区的忙时每用户数据量DOU是7 GB"就显得有感觉得多，因为熟悉网络的受众对DOU、ARPU、MOU都有常识性的认识。如果再做相对化处理，如"A 城市密集城区忙时数据流量为 3 000 GB，占整个城市的 45%；其平均每用户 DOU 达到 10 GB，ARPU 值达到 288 元，PRB 利用率高达 80%。"这里边就透露了大量信息（A 城市话务主要集中在密集城区，密集城区占地 5 km²，密集城区高价值用户很多，容量需求很大，资源利用率很高，要马上扩容），更切合了受众的常识和经验。同时，这种逐步递进的描述方式也更有层次感和深度感。

　　表格化，即将数据列于表格当中。这是统计数据最为直接的归属。表格最大的好处是便于处理，Excel、数据库等的出现使得表格的效力产生突飞猛进的增长。至于把统计结果的数据（均值、方差、相关）置于表格上，是为了给数据一个准确的定位，毕竟这些表格的表头要有指标和归类的。

　　图形化，是让数据用某种图形呈现。图形具备无可比拟的直观效应。这个结论在认知心理学已经得到了实验证明，即用图形和数据表征同一个结论的反应时间不同，往往用图形表征时，人的反应更快。图形化的最大好处就是能将想要突出的重点最大程度突显出来。

　　比如，图 5-11 所示是两小区下行数据流量分布的比较，很明显小区 1 在 17 点的下行数据流量突然提高，而小区 2 完全相反。这张图想要传递给受众的信息就十分明确：不同小区的容量分布十分不均衡，可以利用这种不均衡来进行规划和调整。如果我们不用图形来描述，而只是用数据来描述，则难以彰显得如此鲜明和直观。图形总会给人强烈的震撼。

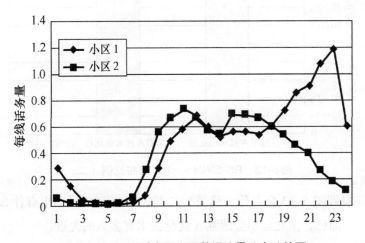

图 5-11　24 小时内两小区数据流量分布比较图

当然，图形所造成的效果不仅仅是直观，有时能带来幻觉，如图 5-12 所示。

图 5-12 是采用 A 技术优化前后，某 4G 网络 RS-SINR>-3 dB 分布比例的变化。当把这幅图呈现给受众时，我们的第一反应是，RS-SINR 的变化很大啊，由此推断，A 优化技术确实是个居家旅行、人见人爱的好手段。

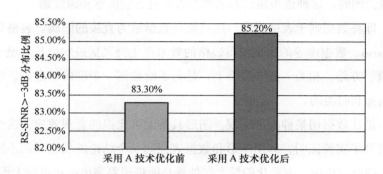

图 5-12 RS-SINR>-3 dB 分布比例（一）

但是如果把图 5-12 换个画法，如图 5-13 所示。

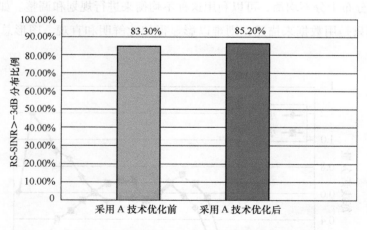

图 5-13 RS-SINR > -3dB 分布比例（二）

作为受众，看到图 5-13 会有什么感受？二者的 RS-SINR 看不出有什么差别，后者只是似乎略微好一点而已，由此也不会感觉 A 优化技术有多么的先进。

这两幅图所采用的数据没有任何差异，所做的唯一改动就是纵坐标轴。如果你仔细看一下就能发现这个很有趣的现象。由此，当我们看到第一幅图时，实际产生了一种"幻觉"，由此做出幻觉式的判断。这就是图形的作用，它让我们完全进入到了它所要强调和表达的状况中。

有人曾经说过，图形的好处是能表述很多数据所不能表述的信息，其实，图形的更大的作用是隐藏了很多数据所不能隐藏的信息。还是拿上例来讲，如果不用图形，只是用数据来描述：采用 A 技术进行优化，网络 RS–SINR>–3 dB 的区域由原来的 83.3% 提升到 85.2%，大幅度提升了 1.9%。再怎么用文字手段来夸张，用数据加文字显然没有道出讲故事者所希望讲出的故事。

作为使用者，善用图形化的统计方法可以起到突出重点的作用，有时也可以催眠一下我们的受众；而作为受众，我们也可以做出选择，是识破真相还是难得糊涂。

作为网络规划者，最常用的图形表述有 4 类：柱状图、折线图、饼图、散点图。这里就不一一解释，但是笔者想强调每类图所适用的场合。

柱状图：适用于多个同类数据的比较。既可以比较差异显著，也可以比较差异不显著，关键看我们背后希望讲什么样的故事。

折线图：适合用于趋势和分布的呈现。通过折线图可以大致告诉受众呈现何种分布，如果 x 轴是时间，则折线图是观察趋势的最好呈现。

饼图：适合用在比例分解和主次分析。用饼图主要是说明主次要素。比如可以将对网络投诉内容进行分类画成饼图，然后强调话务需求投诉所占的比例最大，由此引出网络急需扩容的结论。

散点图：当使用采样方式进行统计，或数值巨大，难以用折线图发现规律时，就会采用散点图。比如在需要采集大量数据进行路测数据分析时，用散点图及相应的趋势回归、ANOVA 或聚类等数据挖掘方法，可以从数千个点中找出波动的规律。散点图也代表对实际网络测试的证明。

本书所使用的统计图几乎不离开这 4 类图。

好了，我们采用了图形、表格和那些更有感觉的数据来讲一个网络的统计故事，似乎能将这个故事讲出味道。不过，这背后还有一味更重要的方子，只有用了这个方子，才能让故事更鲜明、更有效也更生动，这个方子在上边的讲述中屡有用到，如果你能仔细阅读，就能知道，这个方子叫比较。

网络规划亦逃不出这个圈圈，我们采集数据、统计之后寻找规律，归根结底是为了比较，要么是横向比较，比较同类的不同数据的差异，进而比较各种技术乃至各种制式的差异；要么是纵向比较，用时间作标志，比较不同时间、同一属性数据的差异，由此比较这数据差异背后物理性质的差异，再由这林林总总的差异，推断出林林总总的技术手段和方案。因此，讲一个统计的故事无非就是从一堆数中用各种手段找出可以用于比较的规律，要么为同，要么为异，之后有效地展示给受众。

 ## 5.4 测试：挑错和证明

5.4.1 网络测试的目的

测试我们在前面提过多次，网络测试是网络规划必不可少的环节，不单单规划，在网络的运营、优化整个的工作过程中，测试都在扮演着不可或缺的角色。在工作生活中，我们会遇到很多测试，比如测试我们学习能力的高考，测试出国语言能力的托福，通过这些测试，来评价我们是否有资格进入国内外的大学，也是对我们这些年学习成果的证明。

网络测试的直接目的是采集数据，通过专用的仪表在网络的各个接口把抽样的数据提取出来。采集了数据自然需要做进一步的处理。由此，网络测试主要有两个目的：网络评价和网络优化。

网络评价是通过测试提取网络数据，并依据网络质量的指标来评价网络的质量。这跟考试很类似，考试成绩就是测试结果，由此来评价一个人是否有资格上学或工作。网络评价实际上也是一种证明，通过网络评价来证明网络质量从而证明网络规划的意义和质量。

网络优化是通过测试提取网络数据，从中寻找网络的问题，进而追根溯源，解决问题，优化网络。考试同样也有此作用，通过一次次考试，看看自己在哪些方面有问题和缺陷，之后优化自己的能力。

因此，网络测试是一个质量保证和质量控制的工作，通过测试来证明网络是否有缺陷，通过测试来给网络挑毛病。如果站在网络规划的角度来看，规划实际上也是在"看病"，前面提到的现状分析、需求分析就是在找问题。问题怎么找？测试是个好方法。我们去医院看病，医生怎么看？验血、验尿、B 超、心电图、核磁、活体检查……这也是用测试来找问题。

网络测试除了用于保证质量、控制质量之外，还有一个更加特别的目的，就是研究网络的特点以找到规律，从而为规划和优化提供方法论。比如通过大量的测试和统计，找到电波传播模型；通过大量的测试和统计，找到话务流量模型；通过大量的测试和统计，找到干扰模型……

5.4.2　测试的分类

网络测试根据不同环境、不同目标，其分类维度有很多。

按测试指标分，网络测试可以分为功能测试和性能测试。

功能测试测的主要是网络是否具备各种功能，比如切换。这种测试主要用于系统入网，一般在试验环境下实施（如实验室或者试验网）。功能测试通常只测有无，不测试程度。

性能测试则更加细致，是测试程度。以规划为目的的测试主要是性能测试。如覆盖性能测试，则是将网络模拟加载，通过路测，提取接收功率、发射功率、信干比、误帧率等指标的数值，由此评估小区覆盖的程度。性能测试的结果通常需要统计，并多次比较，包括同规划结果比较，同网络目标比较，通过比较找到网络的问题，进行质量控制。网络优化中经常做的路测、拨打测试等都可视作性能测试。性能测试贯穿于整个网络的建设、运营、维护、升级过程当中。

网络的性能测试同功能测试往往难以分开，因为一个网络如果仅仅做功能测试，我们只能知道这个网络是个能打电话，传递信息的网络，至于能否让用户感到满意则无从可知，那网络建设的性价比就太低了。试想一下，如果对汽车只是测试它有油门能加速、有刹车能减速、有方向盘能拐弯，之后就出厂，这一定是很不靠谱的测试。因此，在试验网中通常是就某一功能，同时进行功能测试和性能测试。由此来判断这个功能是否具备，能够达到什么程度，是否能满足指标的要求，会产生什么风险。

按测试的环境分，网络测试可分为实验室测试、试验网测试和现网测试。

实验室测试。实验室测试可以针对具体的网元、设备、器件以及网络的简单结构和接口进行测试。实验室所做的网络测试多为功能性测试，如切换，只能搭建少量基站而进行切换功能测试。但是，对于不同的设备，实验室测试则可以确保设备的性能、质量、可靠性（这里有必要区分设备性能和网络性能，二者的着眼点不同，设备性能着眼于设备本身的质量，网络性能着眼于网络搭建后的质量，设备性能是网络性能的必要条件）。尽管网络规划人员并不过于关注实验室测试，但是不少网络中所出现的质量问题，追根溯源是设备本身质量不过关，未能对设备进行充分有效测试造成的。

试验网测试。当重要的网络技术正式商用之前，如 TD-LTE 规模试验网、TD-LTE 扩大规模试验网、5G 规模试验网等，都需要预先建设试验网。试验网是非商用小规模网络，非商用是指网络尚未面向公众，网络的用户均为试验用户；小规模是指网络一般布局在某一个城市或城市的局部。但既然已经成为网络，那就是麻雀虽小，五脏俱全。各种网元全部搭建完毕，同时网络的规模能够实现规模用户的业务应用，网络覆盖能够实现多场景多地形的综合覆盖。试验网的测试，是典型的网络功能加性能测试。长期的试验网测试可获取大量用于网络规划的数据，同时，通过对网络参数的调整测试，能将网络商用后的一部分问题预先暴露，并预先解决。最大程度利用试验网测试可以发现很多网络规划优化中的问题。不过，在客户赶进度、压成本、要成绩的需求下，受到时间、资源、成本的限制，一些试验网测试更多的目的是为了证明网络、网元设备没有问题，是可以商用的，这种以结果为导向的测试给网络的迅速商用铺平了道路，但也会隐藏不少问题，这就为网络优化人员提供了工作机会。如果人不生病就不需要医生这个职业，如果网络没什么问题，那网优这个职业也就消亡了。

现网测试。受网络本身的复杂性和不可预测性影响，网络商用后，各种问题会不断出现。因此，在现网中就会有更大量的测试。现网测试是典型的性能测试，就是要测量网络的覆盖性能、容量压力以及关键技术的性能。另外，网络的问题总是比较隐蔽，现象背后有原因，原因背后还有原因，找到问题的根源必须通过测试。至于我们所做的网络规划，如果不通过测试找到现网的问题，在规划过程中就没法有所侧重，这样做出的规划甚至会放大原来的问题。因此，在规划前期的调研时，如能直接找到网优测试的报告和结果，将十分有助于我们对问题区域、问题话务的判断。另外，作为网络规划人员，进行必备的现网测试也是必需的工作，如果仅仅是纸上谈兵，规划成果的价值几许暂且不说，规划工作也会让客户怀疑。

另外，还有必要提及的是关于实验和试验的异同。我们在测试中常常会提到实验和试验两个词。从某种程度上说，测试同实验或试验是可以划等号的。

实验，即可控制的观察。通过实验来对理论、假设、假说进行贴合实际的检验，通过对实验因素的控制来对理论和假设进行验证、推测和反驳。因此，实验需要精心设计，并可以逐步地调整、控制实验因素，比如，在测试中对基站负载的调整，以观察网络覆盖的效果变化。

试验，是了解未知事物的功能、性能及影响的试探性操作。试验之前往往没有假设或假说，测试人员只是了解网络的部分性能。因此，试验是实验的前奏。有时，也可将试验作为实验的一部分看待。

由此，试验网与其名为试验网，更应该名为实验网。因为在试验网中的测试，都可以对其因素进行多次调整控制，以更好地验证、推测网络的性能。而现网的测试更像试验，因为很难对现网的要素进行控制，不能为了一次测试改变网络的结构，甚至不能改变功率、倾角的细微的要素。

尽管试验网测试的结果更为全面，提供的数据更为丰富，但试验网有其本身的缺陷。将试验网结论同现网试验结合进行规划才是根本。

5.4.3 测试计划

同任何工作一样，网络测试的流程也是计划、执行、处理、总结等几个阶段。测试的最大特点是执行阶段，一旦计划详尽，则执行阶段只需要按照计划的步骤一步步操作即可。

测试计划是一套文档。如果是试验网的测试，则测试计划要求十分详尽而完备。对于网络规划中的测试，至少需要如下的内容。

1. 标准和规范

多数测试方法都是有标准规定的，对于具体的设备和器件的测试方法，则会在相关的国标、行标中体现。在测试计划，甚至整个测试过程中，将相关的标准规范准备好。

2. 测试工具及说明

网络测试的测试工具包括仪表和软件，如基站综测仪、路测仪、频谱分析仪、信号发生器等仪表繁多而操作复杂，即使最基本的测试终端都有上百个功能和指令。测试软件则更为烦琐，需要专门的培训和多次使用才能形成经验。由此，手边有一份设备操作手册很是有用。好在现在的仪表和软件开发得越来越人性化，大量的检测数据都不需要进行后期的处理，而是能直接输出到计算机可读的文件中，甚至可以进行初步简单统计和分析。

3. 测试用例

测试用例是测试计划的核心内容，对于规划前后的测试，测试项目可能会涉及覆盖、容量、切换、重选、无线资源管理等部分，测试的项目、指标会很多。因此，在测试前期制定测试用例，能对测试的整个过程先打一个腹稿，一份完整的测试用例是就某一功能或性能的测试项目，具体包括如下内容。

（1）测试条件

对某一用例测试的初始条件和初始状态的说明。如在测试导频信道覆盖时，测试条件包括：确定导频尺度，即 E_c/I_o 为多少时为覆盖边界；定义小区的负载；定义测试车的速度范围；典型场景和路线的确定。

（2）测试方法、步骤

测试方法可以参考相关的标准规范，如果尚未具备规范，则需要自行定义测试步骤。一般的测试步骤都是单纯串行步骤。完成一步之后做下一步，中间会增加条件步骤以决定是重复，还是继续下一步。如果将测试用例文档化，则最好采用流程图的方式将测试步骤逐一细化。

（3）测试数据及其他输出

测试数据是测试的最初步输出，一套成熟的测试工具能够自动将测试数据输出成计算机可读的数据表，甚至用图形的方式加以体现。同时，能够完成最初步的统计和分布图。在测试计划中要确定输出哪些数据和图表，毕竟能够输出的数据和图表太多，选择为我所用最为关键。

（4）测试评估

在测试计划中，我们要确定测试结果的评估方法，一般测试结果需要和规划结果、仿真结果进行比较，或者对不同条件的测试结果进行比较，通过比较，评估测试结果的可靠性和有效性。

4．测试资源

测试资源包括参与测试的所有能换算成成本的事物，包括测试工具、测试环境和测试者。在测试计划中要为测试的所有资源做出计划：需要几套测试工具，测试环境如何选择，选择几个场景，多少人参与。测试资源的计划是规划人员要人，要经费的证明，也是核算工作量的证明。

5．测试进度表

一切计划的本源都是进度计划，即一切内容同时间的联系。因此，测试进度表是计划最直接的产物。时间就是金钱，因为每一个工时的工作都会核算成本。也正是由于测试的成本往往很高，才令规划人员多以网络模拟工作取代测试。

一份完整的测试计划必须以文档的形式准备，事实上包括测试过程的数据及测试报告必须全部使用文档记录的方式。而且这份记录通常需要签字或／和盖章。因为，测试的一个重要目标就是评估和证明，因此测试的最根本原则是客观真实，保证客观真实的方法就是责任和承诺，而将承诺形成责任的最好方法就是记录并签上名字，作为证据。

5.4.4　测试效果：信度和效度

评价一个测试效果是否满意只需要回答如下两个问题。

（1）测试结果是否准确，学术一点说就是测试结果是否反映测试预期？

（2）测试结果是否有效，学术一点说就是测试结果是否反映了真实环境？

这两个问题可以用两个词来概括，即信度和效度，或称可信性和有效性。

我们往往希望测试既可信又有效，但实际并不尽然。试验网的测试都经过精心设计，多次重复而结论一致，说明其确实可信。但是如果我们拿试验网的覆盖、容量结论不加修正地规划所有的网络，不难想象其后果如何。现网测试确实能够反映真实的网络、真实的用户分布、真实的业务，但是现网测试的结论受到干扰因素实在太多（环境、天气、设备、测试人员、测试仪表、电波传播的概率……），以至于我们很难确定某个结果（如网络覆盖变小）是由哪个原因（如异系统间的杂散干扰）引起的。

要想达到令人满意的网络效果，必须将效度高的数据和信度高的数据结合分析，如网管统计结合现网测试。还有一个办法，就是多花时间，增加测试场景，延长测试时间，对同一个测试用例多次测试，扩大测试规模。

通过这些方法，能够令测试数据更加稳定，网络所呈现的规律也更加明显，由此而进行的网络评估、网络优化更起作用。当然，所付出的成本也很明显，多一种方法、多一个场景就意味着多花钱和时间。规划师的价值就在于怎么才能在客户要求和成本之间找到更合适的测试方法。

Chapter 6
第 6 章
容量：供需配置

6.1 业务模型：标准人的业务量

6.1.1 业务模型

第5章描述了模型的概念，也描述了业务建模。网络规划采用一个能抽象描述业务的模型来描述用户对业务的使用，其目的并不是为了做市场，而是为了供给配置。因此，这样的业务模型实际是统计业务量的业务模型，它关心的是用户在这些时间内打了几通电话，用了多长时间，上了几次网，传了多少字节。

模型既然是抽象的，那么业务模型就得将千千万万个性格不同、肤色不同、行为不同、取向不同的个体抽象成一个"标准人"，说得直接一点就是统计之后求平均。最后的模型指标必须由"每用户……"作抬头，如每用户忙时话务量、每用户忙时呼叫次数、每用户忙时吞吐量、每用户数据流量、平均每户每月通话时间（MoU，Minutes of Usage），平均每户每月上网流量（DoU，Data of Usage），每用户平均收入（ARPU，Average Monthly Revenue Per Unit）。这个"每用户"可不是真实的一个个用户，而是"被平均"之后的。

业务模型由一堆业务和这些业务的属性构成。追溯回2000年，当网络业务只有话音业务时，业务模型叫作话务模型。而今业务变多，各种流量的数据业务纷纷涌现，由此，要对业务进行分类。至于业务属性，其实就是用什么方式来衡量业务量，用什么指标来描述业务量更能体现业务占用资源的特点，有的业务（短消息）属于给点阳光就灿烂，而有的业务（在线视频）稍微一上量，网络就喘不过气了。

6.1.2 业务分类

一想到业务的分类，就会把业务分成视频、音乐、游戏、彩信、电子商务……或者分成个人业务、家庭业务、集团业务，这叫作按业务应用的特点而分类。业务模型对业务的分类是根据业务量的特点来分，即根据业务对资源占用的特点来分。

所谓业务对资源占用的特点，实际是说业务对资源的要求是什么？于是产生这个逻辑：用户给业务提出要求，之后把这个要求转化为业务量的指标。至于业务的要求，在4G网络中，所有业务都共享信道资源，都通过分组方式传送，再也没有电路级业务，因此对于不同业务的需求可通过 QoS 来表征。终端要建立某种业务时，应用层会直接向核心网提出需要建立的承载的 QoS 等信息。

业务质量（QoS）的指标包括：速率、延迟、丢包、抖动。而"抖动"一般不是由网络供给所引起的。那就剩下速率、延迟和丢包了。

速率：业务承载的速率。速率的单位是 bit/s，即每秒能传多少数据。至于电路业务，承载速率就很稳定，一旦信道占用，就一直配给这条速率的承载；而分组业务则是用数据包的方式来传，一个信道传的是不同用户的包。在速率方面还要对上 / 下行（或前 / 反向）进行业务分类。上 / 下行对称的业务恐怕只剩下电路域业务了。

延迟：在《少有人走的路》里说：心灵成长的第一课就是，延迟满足感。通信技术的多数努力都是用来降低延迟的。不过后来人们发现，竟然有不少业务，人们还能够忍受一些延迟。比如短信、彩信、上网、下载……所以技术人员就根据人们忍受的延迟程度将业务分类。而对于电路业务，其 QoS 的指标为延迟和呼损，实际上可以把呼损看作无法忍受的延迟。

丢包：当业务传输环境恶化时，就只好把那些已经错误百出的数据包丢掉。这样造成的直接影响就是业务的感受下降，大量的数据业务属于丢包敏感，比如以文本为介质的数据业务，一旦出现了丢包，整个文本就全变成乱码，因此这类业务丢了包还得再重传回来。而对于话音、视频业务，丢了包则会出现断续、马赛克等现象，好在丢包量小时，人们还是能忍受的。

用上述的分类方法，我们就可以把那许多的业务归类了。3GPP 将业务分成了 4 类：会话类、交互类、流类、后台类，如表 6-1 所示。

表 6-1　业务分类

资源属性	优先级	分组时延（ms）	丢包率	业务示例
GBR	2	100	10^{-2}	会话
	4	150	10^{-3}	视频会话
	3	50	10^{-3}	实时游戏
	5	300	10^{-6}	可缓存流业务

续表

资源属性	优先级	分组时延（ms）	丢包率	业务示例
非 GBR	1	100	10^{-6}	IMS 信令
	6	300	10^{-6}	网页浏览、FTP 下载
	7	100	10^{-3}	交互类游戏
	8	300	10^{-6}	网页浏览、FTP 下载
	9			共享

6.1.3　业务量属性

业务量属性是用来全面地描述一个业务的流量特点，它是源源不断呢，还是时断时续，是上下行对称呢，还是某一方向更多，它的河道是大江大河呢，还是涓涓细流。通过一系列指标描述其流量特点，从而用来计算业务模型。

电路域业务和分组域业务有本质的不同。电路域业务是接入即占用的业务，属于面向连接型；而分组域业务则是用包的形式来传输，一条通道可能被多个用户、多种数据包占用，因此其业务量属性也不太一样。

1. 电路域业务

电路域（CS）业务的特点是：（1）任何一次呼叫就是一次固定资源的绝对占用；（2）业务质量以呼损（或阻塞）来评估，要么占用，占用不上就不等着，而是损失。

因此电路域业务直率、单纯，有个性。这样彪悍的性格决定了电路域业务易规划，工程实施方便的特点，也为其未来的宿命增添了一丝悲剧感。

电路域业务的业务量属性有话务量、业务速率、激活因子。

话务量单位是 erl（爱尔兰）。话务量实际可以拆解成呼叫到达率（忙时会话次数）和服务时间（平均会话时长）的乘积，抑或是呼叫到达率和服务频率的商。这个单位实际就代表了排队——服务的数学建模。爱尔兰在 100 年前就研究出了话务流量模型，到今天依然金光闪闪。用话务量单位来纪念他的贡献。用表征队列和服务时间的话务量来核算电路域业务的流量，放心。

业务速率。业务速率实际不是业务本身的速率，而是业务承载信道的速率。增加这个指标的意图是说明不同业务尽管占用量相同，但由于速率的不同，占用的资源不同。

激活因子。有的电路域业务在通话过程中是"半激活"状态，典型如话音业务。当甲和乙通话时，甲说话，乙只好听，此时甲到乙的信道是激活状态，而乙到甲的信道就可以做成"半激活"状态，用背景噪声代替，二者叠加之后就能节省几乎一半的资源。因此，激活因子可以为实际占用信道的时间 / 总分配信道的时间。特别是针对话音业务，激活因子一般为 0.6。

2. 分组域业务

相比干脆直爽的电路域业务，分组域的业务就比较令人操心。分组域业务的承载是一个个包，这些包在信道上按某一固定速率（甚至速率都可以设成可变的）进行通信。数据业务的业务属性用速率来描述，即每秒传送的比特数（bit/s）。但这个单位难以全面地表征分组业务的特点。在 1998 年，ETSI 针对分组业务建立了一个简单的流量模型，之后很多人很多研究机构也建立了更复杂的数学模型。尽管 ETSI 模型无法更深入地建模，但由于更加简单直接，能够用统计方法采集数据，同时工程上更加好用，因此被 3GPP 引用进来，成为网络规划、仿真居家旅行之必备。

这个模型按三层建立，每一层是上一层数据流的分拆，如图 6-1 所示。

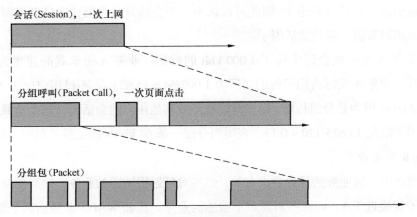

图 6-1　分组业务的三层模型

图 6-1 中，最上层称为会话（Session），意指用户的一次数据业务使用，如网页浏览、E-mail 收发、下载一个文件……

会话下面一层称为分组呼叫（Packet Call），意指整个数据业务中的一次数据流传送，比如点击一次网页，即下载一个网页，实现一次 UDP 传输、下载一封 E-mail……

分组呼叫下面一层则为分组包，在每个分组呼叫过程中，分组包则是统计复用传输的。分组业务的业务量属性就可依据上述的数学模型来建立。

在分组包层，其业务量属性就是平均包长和每次呼叫的包数；

在呼叫层，其业务量属性就是每次会话的平均呼叫次数和呼叫间隔；

在会话层，其业务量属性就是 BHSA，忙时会话次数。

至于为什么这么分层，还是要从统计概率说起。对于各层的指标：包长、每次会话的呼叫次数、BHSA 等都在研究机构做了一定统计，统计结果发现，这些指标各自都服从负指数分布或幂率分布（包长分布），由此得出上述三层模型。

这些属性指标看上去很繁杂。不过说实话，这些指标的一个重要的作用是把简单问题复杂化。归根结底这么多指标还是用来计算两个值：每用户忙时吞吐速率和业务激活因子。

每用户忙时吞吐速率就是把包层、呼叫层、会话层的数目同平均包长相乘然后在一个小时内平摊，是很简单的四则运算。

每用户忙时吞吐速率 = 平均包长 × 每分组呼叫包数 × 每个会话呼叫次数 × BHSA/3 600

业务激活因子同电路域业务的激活因子不太相同，数据业务的特点是多个会话共同占用一个信道资源（信道或码道），因此可以认为一个会话只是占用这个信道资源的一部分，如此转化成相对数值，就是激活因子。

假设业务 A 在一次会话中传了 1 000 kbit 的数据，业务 A 所承载的速率为 64 kbit/s，那就意味着，业务 A 实际占用资源的时间为 1 000/64 = 15.625 s，不过用户使用 A 业务的整个时间为 2 min，因为是分组传输，很多其他业务或其他用户的会话也在这个承载信道里传，因此激活因子就是 15.625/120 = 0.13，表明当分配一条 64 kbit/s 的无线承载时，可以同时支持 1/0.13 = 8 个 A 业务。

业务激活因子同业务的延迟要求有关，那些对延迟很敏感的业务，比如视频，IP 电话，其激活因子就接近于 1。而那些对延迟不敏感的业务，比如 WAP，其激活因子就可以设置得较低。

另外，同电路域业务一样，分组域业务也需要考虑辅助的指标。

承载速率。分组业务的承载速率同样随着业务模式的丰富而丰富，承载速率与业务的平均流量息息相关。

传输效率因子。分组域业务一般都是丢包敏感的业务，因此就其网络层协议来分析（如

TCP/RLC/PHY/IP），在业务传输过程中还会附加一部分用于校验、标注、封装等包头、包尾的开销，而这些开销也必须跟随应用数据同时传送。于是业务模型就需要将这些开销的数据量也考虑进去，传输效率因子 = 不含开销的应用数据量 / 总传输数据量。

分组域业务的业务属性有：每用户忙时吞吐速率、业务激活因子、承载速率、传输效率因子。

6.2　业务预测：预言家

6.2.1　预测什么

预测总是跟未来发生关系，而规划也是对未来的规划。二者有千丝万缕的联系，规划中会有很多预测，而规划结论的多个前提都是依据预测。

预测是用科学的手段判断、推定事物未来发展的趋势和状态。所谓科学的手段，指那些可用逻辑推演、可用数据检验的方法。

业务预测的核心是需求预测。预测出业务需求、容量需求才能规划网络配置。需求预测可以分成用户预测和业务量预测。

（1）用户预测。预测使用某一业务的用户数、类型（高中低端）和分布（地域分布）。

（2）业务量预测。对那些业务量属性进行预测，如爱尔兰、吞吐率……

业务预测的另一个约束条件是时间的约束，比如远期（10 ~ 20 年）、中期（5 ~ 10 年）和近期（3 年）。中远期预测面临的不确定因素过多，任何一个不确定因素都可能成为核心要素而改变整个预测的结果。至于近期预测，尚有些可控的要素，至少约束条件大大减少，使我们具备可以找到方法的基础。

6.2.2　业务预测的基本方法

1. 方法论

无论是用户预测还是业务量预测，总会遵循一些方法论。业务预测的科学方法论在第5 章就已经讲过了，是逻辑分析、统计、类比及这些方法论的结合。

逻辑分析：通过因果分析了解用户数、业务量发展的内在规律，由此推理出未来的用户规模和业务量规模。

统计：业务预测的统计及通过对用户量、业务量等历史数据的统计，归纳出一些规律，之后再根据这个规律推算未来的趋势。统计的方法可细分为：调研、试验采集和引用。

调研的方法就是直接去问用户，对某个业务怎么看，会不会用，想不想用。调研方法的核心是样本空间设计、问卷设计及数据分析。

试验采集的方法就是做一个商用试验网，直接从试验网上采集数据，以该数据为业务预测参数。当然，调研和试验的方法成本大，为了预测而花这些钱，很多企业就会考虑是否划算。

因此，一些数据不是由我们统计出来的，而是由其他人统计出来的，可以拿来引用。比如，从某个国际论文中摘下来的数据，某个权威统计公司或部门（如某国际著名咨询公司、国家年鉴）提供的数据。这些数据是否可信呢？人都有相信权威的习惯……

类比：在难以通过基本的因果逻辑推理时，我们第一时间想到的方法就是类比。类比分横向类比和纵向类比，横向类比就是参考别的企业、行业的业务发展规律来预测本企业、行业的业务发展，以邻为鉴。比如，我们往往会参考互联网的业务量模型和数据用在移动数据业务上；纵向对比就是参考过去的业务发展趋势来预测未来的业务发展，以史为鉴。使用类比方法实际上隐藏了一个假设，就是假设过去发生的情况在未来也会发生，假设在别的行业里发生的情况在本行业里也会发生。

由上面的方法看，预测的方法论归根结底就一句话：由已知推算未知。

2．具体的方法

至于具体的方法，趋势外推法、普及率法、增长率法、回归法等不一而足。为了将业务预测做得更完备，规划人员就会将趋势外推、普及率、回归法等一并用上。

所谓趋势外推，就是分析已知的用户、业务发展趋势，由该趋势推测规划期内的用户、业务发展规模，还是回到如图6-2所示的S形曲线。这是典型的用户量趋势外推。在业务发展初期，规模呈一次曲线增长，由此建立回归方程：

$$Y = a + bt \qquad\qquad (6-1)$$

根据历史数据拟合回归方程，之后将自变量t变成规划期的时间，由此预测出Y值。

在业务发展中期，规模呈现二次曲线增长，建立二次曲线回归方程：

$$Y = a + bt + ct^2 \qquad (6-2)$$

之后用同样做法，预测 Y 值。

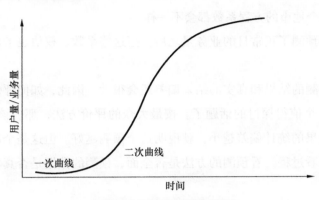

图 6-2 S 形曲线趋势外推

至于回归法、增长率法，实际上是趋势外推法的"变种"。回归法无非就是将业务量的统计数据回归成某个数学方程曲线，之后再根据这个方程来计算未来某点的业务量、用户量。而增长率法，实际上是将趋势外推的 y 轴单位变成了增长率，之后根据趋势外推推算出规划期的增长率，再以现有网络规模为底数计算而得。

3. 权值

业务预测所预测的是规划期的用户规模、业务量规模。类似的预测的原则都是保守再保守，即宁可增加预测余量，也要防止规模不够。由此，对预测的规模还得增加更多的权值系数，以保证即使业务量发生突变，结果仍旧在预测范围之内。

不均衡系数：业务量现状的统计值总是采集自 OMC-R，当按照不同颗粒度进行统计时，统计结果是不同的，比如按本地网统计忙时业务量和按小区级统计忙时业务量，二者的结果肯定不一样，小区级忙时业务量之和一定大于本地网忙时业务量。由此，一般增加一个不均衡系数，让网络预测的容量保守一些。

不均衡系数 = 小区忙时业务量之和 / 网络忙时业务量。

波动系数：在一些特殊的日子里，整个网络某些业务的业务量会突然迅速增加。这些特殊的日子包括中秋节、情人节、春节，一般来说，在这类节日里，沟通量的增加导致话务量、短信量迅速增加。非正常日的忙时业务量与正常日的忙时业务量相比即为波动系数。

价格系数：价格对业务量的影响显而易见。一旦价格出现明显下降，整体业务量就会明显提高。为了了解价格下降的比例与业务量提高的比例成什么关系，引入价格系数。一般通过采集已知数据建立回归方程的回归方法来建模，二者似乎是对数关系。但是每个运营商、每个省、每个地市的方程系数都会不一样。

总而言之，在预测了正常日的业务量之后，把这些系数、权值也考虑进去，就能做出业务预测。

即使如此，预测的结果和真实的结果偏差还会很大。因此，如何评价预测是好的还是不好的就变成了一个值得探讨的话题了。按最大众的评价方法，那应该是“看疗效”了，预测结果和实际结果的统计偏差越小，就说明这个预测越好。但这是个后验的方法，先验的方法是什么呢？看过程。看预测的方法是否全面，预测的数据是否真实，由此推断预测方案的准确性。

6.3 网络能力：供给

6.3.1 移动通信的“资源”：无线电频率

通信行业，特别是移动通信行业也有自己的“铁矿石”“石油”和“土地”资源，那就是无线电频率。频率是信息经由空气进行传输的根本资源，这是由赫兹、麦克斯韦、奈奎斯特、香农等 100 年前的名宿所观察到并拍板定下来的。在从 1 到看似无穷的频带中，不同频带的波，其在空气中传播的特点不一样。至于用于无线通信的电波，一共几个吉赫兹的带宽，还要分给不同的领域（移动通信、广播、电视、射电天文、近距离通信、卫星通信……）、不同的行业（公众行业、军用、航空用……）、不同的企业（各个运营商）。关键问题是由于无线电干扰，大家没法共用频率，只能把整个无线频段切开，分配给各个单位。因此，说频率是移动通信最基本的供给资源并不为过。

从容量规划的角度来看，归根结底就是有多少频率，就能提供多大容量。频率是决定容量的核心。

衡量频率对网络容量的贡献，或根据网络容量的需求估计频率供给，大家会采用一个通用的指标：频谱效率，即在某个技术体系下，每赫兹频率在每个小区能支撑多大速率的信息传输，其单位为 bit/（s·cell·Hz）。当我们知道采用某种技术（如 GSM、CDMA、UMTS、LTE…），并通过业务模型、业务预测得出某小区的业务量需求后，就能够粗略估算出需要多少频率。在移动通信总体频率有限的条件下，用户的业务需求却是欲壑难填，因此，提升频谱效率是通信技术发展的终极目标。

频率看不见摸不着，应该归属于谁，由谁来供给呢？无线电波的频率无边无界，同时无线电干扰涉及国家安全、企业安全、军事安全等诸多领域，因此，频率只有国家机构管理，供给也由国家来供给。国家供给的方式实际是个经济问题，在市场经济十分健全的国家，人们普遍认为公众用频率是用于企业盈利的，因此将频率当成可以交易的资源，通过拍卖、招标等商业方式，将一部分频率的使用权出售。因此，这些国家运营商将频率资源作为一部分巨大成本核算，除了要分析用户业务需求，还要考虑是否有必要支付巨大的成本来满足需求。在我国，频率分配方式还是有更多的计划经济色彩，按申请、批准、划拨的程序办理，频率占用的成本也低于其他国家。

另外，既然大家都是在一个星球上，频率在国与国之间也得有个分配规划。同样一段频率，如果 A 国用于民用通信、B 国用于航空通信，就有可能产生干扰问题；又或者同样一类通信技术制式，A 国用在甲频段，B 国用在乙频段，当发生国际漫游时就会产生问题。因此，各个国家如何使用这段无线电频率要在国际上统一沟通规划。

至于不同系统的频率怎么安排，频率之间的干扰怎么发现，如何解决，也是网络规划的大问题，这些问题在第 8 章再做介绍。

6.3.2　什么能作供给单元

拿到了频率，只意味着获得了"铁矿石"，意味着拍下了一块地，之后为满足需求，还得将铁矿石炼成钢，在地上规划出商品房。而对于移动通信，在一段频率上，拿什么作为供给单元呢？

通信原理中将信息传输的介质称为信道，同时还通过香农公式来说明信道容量和频率带宽的关系。因此，通信的资源一贯用"信道"当单位。所有移动通信系统都不由自主地把业务、控制等信息分成了业务信道、控制信道，抑或是逻辑信道、物理信道，因此信道普适于所有移动通信系统。在第 1 章讲分多址（DMA）的"址"实际上就可以理解成业务信道的概念，由此，在不同的复用系统里，信道可以映射成不同的供给指标。

当复用方式是 FDMA（频分复用）时，信道就会映射成一个个载频。

当复用方式是 TDMA（时分复用）时，信道就会映射成一个个时隙。

当复用方式是 CDMA（码分复用）时，信道就会映射成一个个扩频码，大家觉得码字和信道的映射不好理解，造出个词"码道"来说明 CDMA 里码字和信道的密切关系。

任何通信系统都不会采用某个纯粹的复用方式，而是多个复用方式一起用，那就会以最基本的复用方式为映射。比如 GSM，基本复用方式是 TDMA，那时隙就是信道。

在 4G 网络中上行和下行方向的多址复用方式略有不同，在下行方向上采用 OFDMA 作为下行方向基本的多址技术，并结合 TDMA 一起进行用户的区分。把频率资源按照时间维度进行分割，每一小块时域频域对应的资源，称之为 RB（Resource Block）。

6.3.3　并发用户数

并发用户数是什么概念呢？

并发用户数是指某一个时间点网络所能承载的最大容量（注意这是某一个"时间点"，属于电光火石的一瞬，而非"时间段"）。所以有人认为网络容量可以用并发用户数的概念来描述。

如果一个银行营业厅有 4 个窗口，那么在某一个时间点，它最多可以服务 4 个用户，所以它的并发用户数就是 4。

如果一个 GSM 小区配置了 20 个话音信道，那么在某一个时间点，它最多可以建立 20 条通话，所以它的并发用户数是 20。

由此，各位是否看出来了，并发用户数就是窗口，就是同时被占用的资源数。

现在，问题又来了，4G 网络中一个小区，配置了 1 个载频，并发用户数（同时调度用户数）是多少？

在 4G 网络中，假设带宽资源是 20 MHz，那么在一个子帧（一段时间内这里是指 1 ms）内能够被使用的 PRB（Phyisical Resource Block）资源数就是 200 个（100 对），当一个数据业务用户传输需要占用 2 个 PRB 的时候，那么能否说其并发用户数就是 100 个或者说 PRB 资源能够被 100% 占用呢？

我们知道，在同频组网条件下（所有小区都采用了相同频点），虽然在一个 OFDMA 小区中当所有 PRB 都被占用时，小区内各个用户之间零干扰；但是网络中所有小区都在占用相同时频资源，相邻小区之间的干扰将随着 PRB 占用数的增加而进一步增加。当干扰的累积无法满足 E_b/E_c 的要求时，就再也不能建立新的通信了。而这个干扰的累积自然可以表现为 PRB 占用数的增加。也就是说，PRB 占用数或者 PRB 利用率增加到一定程度时，无论是否达到了带宽能提供的上限（比如 20 MHz 的 100 个 RB 对），只要没法满足 E_b/E_c 的要求，小区的容量就会满。不幸的是，和所有的通信系统一样，这个值一定低于最大可用的资源数（PRB 数）。这个 PRB 利用率通常可以作为 4G 网络中表征网络负荷的一个参数。当这个值达到 1 时，表明网络中所有 PRB 资源都被占用，网络中干扰程度很高，此时网络性能将会十分不稳定。因此，得留够余量，让小区有一定的负载能力，但又不至于崩溃。当然在 4G 网络中，表征网络负荷还需要综合考虑其他参数，比如 RRC 连接数、单用户吞吐量来判断此时小区负荷是否过高。但基本原理是类似的，就是希望找到一组参数能够客观衡量当前网络负荷所处的状态，既能保证网络资源较高利用率，又能保证网络性能稳定发挥。

由上述几节可知，预测业务量，无非就是某个小区需要多少话务量的话音业务，多少千比特每秒的 A 数据业务，多少千比特每秒的 B 数据业务……

然后看看这个小区能供给什么：信道（并发用户数、CE、BRU、PRB）、频率、载波。

下边就是这些业务量需求到底要配多少信道、需要多少频率了，就是供需之间的匹配。

6.4　供需匹配的平衡

6.4.1　由排队而来的问题

供需匹配的平衡实际还是个数学建模方法问题，即经典的排队论问题。

排队论是人们研究大容量服务的数学理论。它的应用范围相当广泛，可以说出现排队现象的系统几乎都涉及该理论：交通、通信、管道、能源、超市……排队论是概率分布论的延伸，体现了大容量服务中的似然特性。

我们可以通过如图 6-3 所示的例子来进行分析。

输入：对于通信系统，输入多指到达的话务或业务。

排队规则：排队规则可以分为损失、等待和混合。

服务窗：服务窗代表了排队系统提供服务的能力。

目标参量（运行指标）：目标参量代表了衡量排队系统质量的指标。它可以包括损失概率及等待概率、排队队长、等待队长、通过能力、服务时间等。

排队论的价值在于：通过对顾客到达及服务窗服务特点的概率分布计算得出一定服务目标下的最有效资源安置。很多例子都能体现排队论的价值，如通过对道路交通流的输入与道路服务特点来计算道路的合理宽度、长度和数量；通过对旅客输入和铁路列车特点（速度、距离）来计算列车车厢的节数和车次；通过对储户在不同时间到达银行的特点来分配银行最有效的服务窗口；通过对城市犯罪分布来合理分配调度警力等。

话说某银行支行有3个服务窗口，用户按泊松流来银行办理业务，平均每两分钟来一个人，而每个人办理的业务不一样，有存取钱的短时间业务，也有开基金账户、来回倒账等长时间业务，可以认为服务时间按负指数分布，平均每个人的服务时间为5分钟。

在过去，没有什么叫号系统，大家进银行就挑一个窗口排队，如图6-4所示。

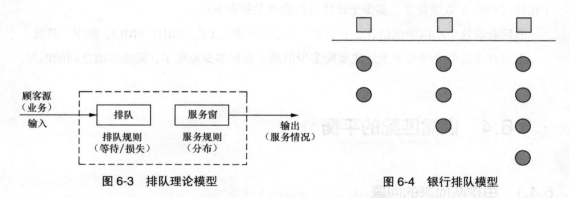

图6-3 排队理论模型   图6-4 银行排队模型

在排队论中，这个模型是3个M/M/1的队列，根据排队论的数学推导和数学公式，可以得出如表6-2所示的一些结论。

表6-2 根据排队论得到的结论1

队列结构	各排各队
平均每队空闲的概率	16.67%
平均每队等待人数	4.16个
平均每队队长	5个

续表

队列结构	各排各队
总体队长	15 个
平均逗留时间	30 分钟
平均等待时间	25 分钟

后来，银行的老板请了咨询公司对银行系统进行优化咨询，咨询师就出了个主意：设置一个叫号机，按先来先给号的原则给顾客号，然后服务窗口叫号按顺序服务，如图 6-5 所示。

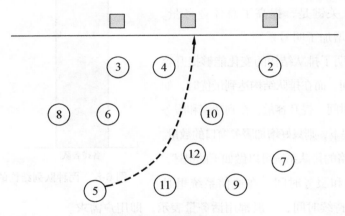

图 6-5 银行拿号排队模型

还是用排队论的方法建模，这是一个 M/M/3 的队列，同样建立数学方程，之后求解，会得出如表 6-3 所示的结论，为了制造令人惊奇的效果，这里把上面的结果和这个结果一起比较。

表 6-3 根据排队论得到的结论 2

队列结构	叫号	各排各队
平均每队空闲的概率	4.5%	16.67%
平均每队等待人数	3.5 个	4.16 个
平均每队队长	6 个	5 个
总体队长	6 个	15 个

续表

队列结构	叫号	各排各队
平均逗留时间	12 分钟	30 分钟
平均等待时间	7 分钟	25 分钟

如果想把这种比较做得再明显一点，还可以用柱状图的方式使比较变得更醒目，如图 6-6 所示。

整个系统并没有做什么改动，只是队列结构做了点变化，就能大大缩短用户的等待时间，改善用户体验，关键是，提高了总体业务量。因此，银行纷纷增加了叫号系统。

这个例子说明了排队结构的变化能够提升容量，减少等待时间。而在排队结构达到最优时，如果还想减少等待时间，提升容量，在到达率和服务率无法改变的前提下，则只好增加服务窗口的数量。

移动通信网络的排队系统可以做如下的描述。

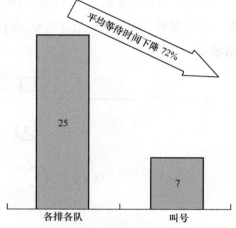

图 6-6　两种队列结构的"惊人"比较

顾客的到达和服务时间：在通信系统里是业务发起和业务持续时间，一般都用话务量表示，即用户需求。

服务窗口：小区的信道数，或者可以看作并发用户数、CE 数、系统负荷，即网络供给。

排队规则：不能接通就损失，或不能接通就等待，或等待加损失。

队列结构：天生的叫号结构。

运行指标：运行指标是服务质量的要求，如损失概率、等待概率、等待时间。

规划一个通信系统的供需，实际上是提出一定的服务质量要求，即约定运行指标；根据用户的需求，即顾客的到达和服务时间，建立排队的数学模型；之后进行数学运算来配给网络供给，即服务窗口。

在刚刚讲的例子中，提到了排队论数学模型的描述方式，M/M/1、M/M/3，这是排队论的建模符号，人称 Kendall 符号。当在生活中出现任何排队的数学建模时，都可以用这种符号表示：A/B/C/D/E/F。

A 表示顾客到达间隔的概率分布，如为指数分布，则用 M 表示；如为一般分布，则用 G 表示；如为常数分布，则用 D 表示。

B 表示服务时间的概率分布，表示方法同 A。

C 表示服务窗口数，在通信系统中则是配置的信道（或 CE/BRU……）。

D 表示排队系统所允许的最大容量，超过该容量则损失；缺省值为∞。

E 表示顾客的容量；缺省值为∞。

F 表示服务规则，如先来先服务、后来先服务等；缺省值为先来先服务（FIFO）。

任何一种排队模型，都可以用 Kendall 符号描述，之后就更方便建模、求解、仿真。这就是排队论的语言。

6.4.2 让仿真站出来

尽管该书会在后面章节专门谈仿真，这里还是先提一提，容量规划的仿真需要考虑哪些问题？

仿真的目的同样是供需配置，不过随着网络复杂度的增加，网络项目的增加，仿真的内容也越来越烦琐。对于容量的仿真，需要输入的需求包括以下三个层面。

1. 承载

承载说的是对网络资源的占用情况。不细追究的话，承载是指信道速率。在 4G 网络中不同承载可以用 PRB 数来表现。当业务调制方式（QPSK/QAM）和调制编码可以改变时，承载就变得更加多样化。

2. 业务

所谓业务的输入，实际就是业务模型。对不同业务的分类，不同业务的强度、时间、吞吐量、可靠性要求。

3. 终端

随着 4G 网络的建设，终端的能力也产生了复杂的多样性。在 4G 终端中，由于其支持的调制方式不同，支持的最大速率不同，也会分出不同类型的终端。这么多类型的终端，都会作为仿真的输入。

以某款规划工具为例，我们看看所需要的输入：承载输入如图 6-7 所示，业务输入如图 6-8 所示，终端输入如图 6-9 所示。

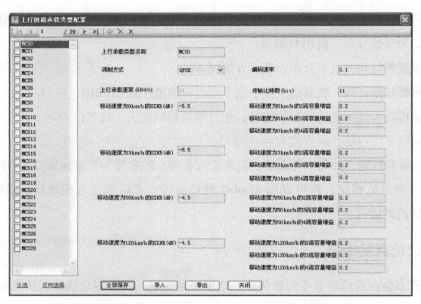

图 6-7 某规划工具（APC）的承载输入界面

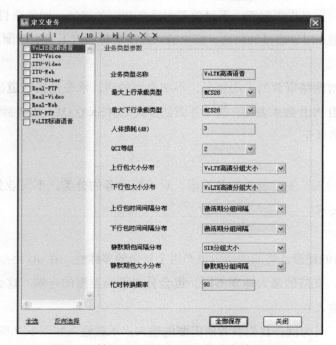

图 6-8 某规划工具（APC）的业务输入界面

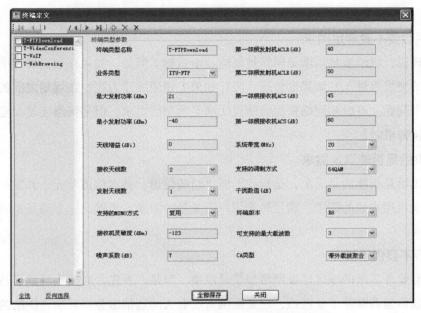

图 6-9 某规划工具（APOX）的终端输入界面

不过从网络规划仿真角度来看，业务量、用户、承载同组网架构、传播模型、地图、小区工程参数都是整体统一的，把所有内容都输入进去，仿真才能运转。最终的仿真结果及分析都是面向某个具体区域的，因此，这里尽管只提了容量规划仿真的输入模型，还是要结合整体仿真模型的要求。

6.5 容量规划评估：值不值

6.5.1 容量评估——标价打分

评估和鉴定意思很相近，就是给被评估物一个价值。如果你看古玩鉴赏类电视节目或书籍，有个专用术语叫"打眼"，就是看走眼的意思。如果容量规划完了，评估的结果跟规划的差距很大，那就叫"打眼"了。

因此容量评估的目的就是给我们做的容量配置提供一个价值，看看这个配置是否划算。

所谓划算，有如下几个意思。

1. 供给要不要满足需求

按常理说，供给满足需求是网络规划的一个目标。但是，如果存在突发需求呢（比如地震之类的突发事件）？如果形势逼人呢？如果上司施加压力呢？在规划之前的战略规划要决定这个问题。有时候网络资源可能没法满足预测的需求，但是网络还是要建设，同时还要设置预警机制。

2. 供给是否能满足需求

所谓供给是否能满足需求，是指我们所供给的信道、基本信道单元、并发用户数、频谱是否能满足用户数的需求，满足每个用户业务量的需求。当然，这个满足是满足一定时间内的需求。

3. 要不要供给过多

在没有业务需求的地区建设网络似乎是浪费。但是，首先，通信本身就具备普遍服务的特性，通信运营商除了要赚钱，还要提供对所有人的通信服务；其次，供给的信道不是虚拟的，而是实打实的基站、铁塔、光缆，而且还有珍贵的频谱。这些供给除了满足用户业务需求之外，还有其战略价值。在这个人口众多的国家中，拥有资源就是筹码。因此，在资金支付得起的前提下，多投入一些，有时不但不是浪费，还是另外的节约。

4. 会不会供给过多

在网络追求成本效益的前提下，容量效率就变成了重点。一般只有在网络规模逐渐增大，用户流量迅速增多，网络已经趋于成熟时，才会将利用率作为评估容量的主要指标体系。

6.5.2 用什么评估容量

文物评估打分就是由鉴定者打价格分，节目里的主持人会拿本鉴定书这么说："这个大清康熙的咸菜缸估价100万人民币，另外，随着人们对咸菜缸这种古董的青睐，该古玩还有升值空间。"网络容量评估需建立容量指标体系，然后对每个指标打分。

网络容量的指标体系可从两个方面建立，一个是以用户需求、业务需求是否实现为核心的需求满足型；一个是以网络效率、网络利用率为核心的网络效率型。

1. 需求满足型

需求满足型指标主要采集现网的业务量和用户量。指标包括：网络的话务量、用户数

（一般指 VLR 登记用户数）、不同业务的业务量、数据流量。这些数值可以直接从操作维护中心取得；同时，必须用发展的眼光衡量，增长率则需纳入体系中。一般某个网络运营初期，以用户数为重点（发展用户为最先，让用户入了网再说），之后以业务量为重点（特别是新业务的业务量，看看用户是否使用了新的网络），同时结合增长率一并统计。

2. 网络效率型

当网络已经运营数年，用户量、业务量出现了不同程度的增长，逐渐能看出"S"形曲线的端倪时，运营商就该考虑投入产出比的问题。于是，网络效率、网络利用率的评估指标浮出水面。

网络效率可按网络供给的层级分别描述。

频率利用率：第 6.3.1 节已经提到频谱效率了，指的是单位频率能为网络提供多大的容量。由于移动通信网络的小区是频率复用的，即小区之间会复用同样的频率，因此频率利用率是指单位小区单位频率能为网络提供的容量。

频率利用率一般的单位为 $bit/(s \cdot cell \cdot Hz)$。量纲决定计算公式，频谱利用率的计算公式为：

每个小区的吞吐量（或话务量）/ 系统中总的频率带宽

$bit/(s \cdot cell \cdot Hz)$ 作为频率利用率也存在一定的质疑。如果各个系统的小区面积相差不多，那么这个值是可比的。但如果各个系统的小区面积差别很大，比如某系统小区半径最小达 300 m，而某系统小区半径则可能更小，以小区为基准评估频率利用率则有失偏颇。于是，有人又对频率利用率做了一些改动：

$bit/(s \cdot km^2 \cdot Hz)$ 或 $ERL/(km^2 \cdot Hz)$

这样就统一单位了，计算公式也就变为：

每个小区的吞吐量（或话务量）× 单位面积的小区数/系统中总的频率带宽

频率利用率一般用来表征某种移动通信技术的能力，如表 6-4 所示。

表 6-4　移动通信制式的频谱效率示意

技术体制		下行频率利用率 $[bit/(s \cdot cell \cdot Hz)]$	备注
4G R8	LTE–FDD	5	本表提供的频率利用率为理论值，仅供参考，实际的频谱效率取决于网络环境、关键技术的实现、网络复杂性、用户分布等条件
	LTE–TDD	5	

对于 4G 系统，小区的复用系数为 1，即任何相邻小区都可重复地使用同样的频率。

设备利用率：主要用来衡量网络的冗余度。用设备利用率来评估网络容量，考核网络效率，一般都是在网络运营多年，网络质量趋于稳定的时候，这时候要算算成本，考虑合理利用存量资源了。

评估设备利用率的指标主要是网络装机利用率和信道利用率。网络装机利用率指网络实际装机后的容量除以设计容量，即

$$网络装机利用率 = 网络实际容量 / 规划设计容量 \hspace{2cm} （6-3）$$

在 4G 网络中，PRB 资源利用率表征了网络中资源的利用效率，为了更容易理解也可以称之为信道利用率。如果从网络设备评估有效性来看，网络实际利用率显然更符合要求，更能有效看出实际网络与规划网络的差别，由此判定网络的冗余量，网络效率的可提升程度。

但是，话又说回来了，有的指标定得很完美，而实际采集却发现不少问题。比如网络实际利用率，要提取全网的小区统计量，还要找到规划业务量，如果深入运营维护的细节中，就知道有的数据是幻影，看上去能获取，实际不可求。在网络规划滚动开展、时刻变动的背景下，全网规划业务量这个分母就是这样可遇而不可求的数。这样的数值在网络设备中难以体现，就只能靠人来统计，既然有人来参与，事情的复杂度就又多了一层。谁能保证公正性呢？

因此，如果单纯从研究分析角度来评估，网络实际利用率可以作为评估指标。但是如果是日常评估考核，从网络统计、可操作、可管理的角度，用信道利用率来评估设备利用率是退而求其次的办法，毕竟所有的参数全部可以从网络设备中获得。

6.6 提升容量：把饼变厚

6.6.1 降低内部干扰

近十几年的移动通信业务量的增长令人始料未及。因此这十几年来，运营商、设备商都在忙于一个工作：扩容、扩容、扩容。对容量提升的技术、规划、优化的种种研究备受关注。

如果把扩大覆盖比作摊一张面积足够大的薄薄的煎饼的话，那么扩容就好比把这张饼搞得足够厚，当这个饼又大又厚时，我就想到了西餐的一款"千层饼"，一层肉、一层奶酪、

一层蔬菜，一层面饼，又一层肉……

问题在于我们不能像做千层饼一样一层层直接叠加。因为系统内部的干扰是永远的痛。因此，扩容技术的关键就在于：降低系统内部干扰，增加小区的并发用户数。

1. 小区分裂

30 年前，贝尔实验室就提出用小区分裂的方法，减少每个小区的功率和覆盖范围以避免小区间的干扰，并在单位面积内增加更多的小区。由于小区是可以复用的，因此单位面积内增加小区，而每个小区依然能使用同等的频率、信道、信道单元，网络的能力自然增加。这个方法遇到的最大问题是：（1）多花钱，增加小区就是增加一个小区的成本；（2）受到干扰的限制，小区面积越小，小区之间的边界就会越多，小区之间的干扰就会越难控制，当小区小到一定程度时，射频器件、天线、网络的规划就越趋复杂；（3）新增小区的困难，新增小区就要新增一套设备、环境、天线，找新基站的困难程度很大。因此，小区分裂到一定程度之后，再分裂下去就会让成本迅速增加，网络质量迅速降低，运营优化人员的精神也会跟着"分裂"。不过，即使如此，微蜂窝、微微蜂窝所构成的室内覆盖仍旧可以当作小区分裂的一种。而且，技术开发人员一直没有放弃对小区分裂的执念，以至于现今又开发出飞蜂窝（Femtocell）的超低成本家庭基站的设备和系统，使得家庭基站与宏蜂窝、微蜂窝之间的系统内干扰得以控制。

2. 分集

分集的方法可以用一句话说明，分路传输，集中处理。其原理也很简单：接收一个信号的错误概率如为 0.01，则接收两个携带同一信息的独立信号的错误概率就是 $0.01^2 = 0.000\ 1$。体检时经常会让你过一段时间再测某一个指标，因为检查一次报错的概率是 10%，而过几天再检查一次还报错的概率就是 10% × 10% = 1%，如果两次都测出问题来，那十有八九就是真的了。

分路传输就是使接收机能够接收多个统计独立的、携带同一信息的衰落信号；集中处理就是将这些信号合并以降低衰落的影响。无论是空间分集（多路发射和多路接收），还是频率分集（在不同频率上发射），还是时间分集（不同时隙上发射）都是缓解了信号深衰落的影响，增加了系统的链路增益，在覆盖效果上有所提升。但是，在覆盖同容量相互关系紧密的 CDMA 系统，只要存在增益，就意味着通话所造成的干扰的下降，就可以看作容量提升，并发用户数增多。

空间分集：LTE 系统中 MIMO 技术（多天线技术）是提高系统容量的关键技术，其原理也是通过在发射端和接收端设计多天线联合发射、接收，从而大幅度产生分集增益而提升容量。

频率分集：频率分集是十分有效的分集技术。CDMA 系统所依赖的扩频通信本身是一种频率分集。通过扩频传输，形成处理增益，而这个处理增益实际上是分集降低的干扰。LTE 系统中某些控制信道的传输，为了提高传输可靠性，应用其大带宽特性，在不同频率上重复传输相同数据资源也是频率分集的应用实例。

时间分集：时间分集在时间上多次发送间隔足够大而独立的衰落，当接收到多个独立衰落的同一信号，则形成时间分集。我理解时间分集和时域均衡很类似，均衡实际上是指时间上不独立衰落的信号，产生了畸变如何处理。而时间分集则是利用时间上独立衰落的信号，比如 RAKE 接收机，多用户联合检测等技术。

3. 其他降低干扰的技术

事实上，随着移动通信系统技术的研究深入和设计成型，用于降低干扰的技术层出不穷，已经形成了一整套无线资源管理（RRM）的方案，包括干扰消除、功率控制、接纳控制、阻塞控制、负载均衡……在规划当中，我们需要了解这些无线资源管理算法，但是当进入容量规划时，由于这些算法的私密性和结果的不确定性，我们只能把其中一些算法对系统干扰所产生的增益进行估算，从而进行覆盖、容量规划。悲哀的是，无线资源管理各种算法的性能飘忽不定，真正的规划只能依赖大规模的仿真实现。

6.6.2　找新的资源

前面提到，容量的"铁矿石"是频率，在某一个技术条件下，频率决定了容量的极限。因此，当容量需求继续增加，而采用何种改善技术都无法满足需求时。此时，要么维持需求不变，要么去找新的矿。资本趋利的思维要求通信企业必须找新的矿，即申请新的频率。于是，在 900 MHz 移动通信频率用完时，运营商申请 1 800 MHz 频率就属于趋势操作。

4G 网络建设过程中，对于 F 频段（1.9 GHz 附近频段）以及 D 频段（2.6 GHz 附近频段）的建设曾经有过相当反复而深入的讨论。而今，这两部分频段资源基本上已经用光。当前我国正在进行 5G 网络频段资源的分配工作，但可预见的趋势是新的可用频率资源的频段越来越高，这在第 8 章再做介绍。

Chapter 7
第 7 章
覆盖：无限接近 100%

7.1 覆盖目标：严丝合缝

7.1.1 无缝隙

运营商对覆盖的愿望十分简单：让所有有人的地方都有信号。所谓"有信号"，你可以理解成手机上的"信号"有显示格，哪怕是一格。用行话说就是：移动台可以接入网络。实现在地球的任何角落不留缝隙，无限接近 100%（也有刻意地制造无信号的场景，比如用于电磁测试的暗室，及保密会议的会议室，这些场景属于人为制造，不在讨论范围之内）。

追求无缝覆盖是网络规划的目标，因此在覆盖目标中总要提到，如在北京市二环路以内的区域达到连续无缝覆盖。当然，谁也没法一次就完成全部区域的连续无缝覆盖，只好先搞定人口密集的地区，再逐渐向其他地区扩展。而对于宽带业务系统，则先得搞定基本业务的连续覆盖，在有宽带数据业务需求的重点区域实现高速业务的覆盖，之后再逐渐扩容，最后达到全面的无缝覆盖……这是常识。

为了保证小区的边界都能被覆盖到，人们总会想出重叠覆盖的方法，一层加一层，重重叠叠、错错落落、影影绰绰，总是没缝可钻了吧。这不是盖苏州园林也不是造桃花岛迷魂阵，用户进去想绕出来可费劲了。一旦用户位于小区边界时，往往会被两个、三个、…、N 个小区信号所笼罩，让终端不知道听谁的好。这是一个不稳定的混乱状态，当终端处于这种混乱状态达一定时间，绕不出来的后果就是掉话，掉话的后果就是投诉，投诉的后果就是做规划的失败。由于电波传播不确定，我们没法做一个完全严丝合缝、小区边界都呈犬牙参差、咬得很齐的覆盖效果。因此，控制重叠覆盖区域则成了网络工程师的重点工作。因为重叠覆盖往往位于小区边界，工程师们将这块区域定义为切换区，并为网络设计了不少切换的算法和配置，目的就是为了减少重叠覆盖所造成的负面影响。我想到了冬天里取暖的刺猬，它们想抱团，但是又怕被互相的刺扎痛，于是在不停地磨合中找到了最佳的距离，既不会被刺刺痛，又能有一些暖意。覆盖规划的一个目标就是找最佳距离。

但是，有时候还要利用一下重叠覆盖，比如高速公路、铁路场景、街角场景，此问题将在第 11 章进行讲述。

7.1.2　覆盖率和通信概率的澄清

在网络规划中总会遇到这样的目标状况，描述某城市的覆盖率达到多少，同时还要说明另一个目标："90% 位置、99% 时间移动台可接入网络。"多年前，这两个命题让我一个初出茅庐的菜鸟困惑了好一阵子。明白之后感觉不只是数学没学好，语文也没学好。在网络规划中的原话是这样的："覆盖目标：城区覆盖率 95%。覆盖区域达到 90% 位置、99%时间移动台可接入网络。"

这样我们就明白了：覆盖率，是覆盖区域占总规划区域之比。所以，覆盖率并没有技术意义，提它只是为了说明网络建设的策略。值得解读的还是后边这句话。"覆盖区域达到 90% 位置、99% 时间移动台可接入网络"。这句话其实说的是"覆盖"的评判标准，那么这句话怎么来的呢？

上节说过了"覆盖"是指移动台可接入网络，那么是不是任何地方任何时间移动台只要能接入网络就称为达到覆盖了呢？第 5 章提到了无线电波传播是一个随机过程，即任何一个位置移动台的接收电平都不是固定不变的，都是一个随机分布，并且是服从对数正态分布的随机分布。而"移动台能够接入网络"则指在这一位置这一时刻，移动台的接收电平（或接收的信噪比）高于接收机灵敏度（或高于信噪比指标），由此信号解调后产生的误块率（BLER）可以低于误块率指标。不幸的是，这一位置这一时刻的电平只是随机分布中的某一个值，任何一个位置都存在接入网络的可能，那就没法明确地给"覆盖"做一个定义了。那么，工程师们自然而然就想到了用数学期望（均值）取代随机值来定义覆盖，即当某一位置的接收电平均值高于门限时，就认为该位置为覆盖区域。这个想法已经很靠近实际了，只是在经过了大量测试之后，人们发现，如果用均值作为覆盖的门限，表明了在覆盖区域内一半时间没法接通，这样来界定覆盖显然是没什么价值的。

于是，经过大量测试和讨论，最终工程师们就定了个"90% 位置、99% 时间"来界定，所谓"90% 位置、99% 时间"是指当该位置接收电平高于灵敏度的概率超过 90% 时，就认为该位置属于覆盖区域。如图 7-1 所示用"90% 位置"来界定覆盖，其面积会远小于以均值界定的小区覆盖面积，面积虽然小了，但由此规划的网络可靠性高了。

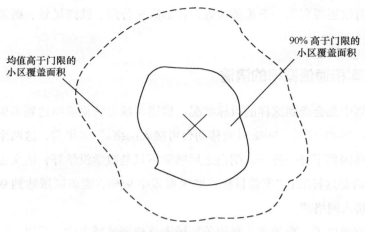

图 7-1　通信概率的示意图

于是，问题又来了，门限是接收机灵敏度，那么平均接收电平需要高出接收机灵敏度多少才能保证 90% 面积的信号高于门限呢？这就得给门限加余量。

余量其实是再加点富裕。好比买东西做估算：女朋友要买件衣服向你要钱，她这么说的："一般一件衣服估计 300 元，但是考虑到可能不打折，我挑来挑去又单看上稍微贵点的，再考虑到物价最近上涨，亲爱的，你就再多给我 200 元吧，这样就保证能买一件我喜欢又够便宜的衣服了。"女朋友买衣服的花销可以看作个随机变量，而衣服值 300 元只是均值，这再多给的 200 元就是余量。90% 的通信概率决定了电平的余量取多大，通信概率和余量的关系将体现在链路预算当中。

7.1.3　衡量覆盖的关键指标

无论是计算、仿真还是实际测试，总会有几个指标可以用来衡量该区域是否覆盖，规划人员、优化人员只需要关注这几个指标就能做出判断。是什么指标决定了移动台可以接入网络，一般有两类指标。

第一类指标即接收电平。当接收电平高于接收机灵敏度时，就表明可以解调信号，误码性能指标达标。

在 LTE 系统中，接收电平是指公共参考信号（CRS，Common Reference Signal）的接收信号功率（RSRP）。

在实际仿真、测试过程中，当我们发现接收电平（或者 RSRP）高于"接收机灵敏度 + 余量"时，就认为满足覆盖。

这里还得做个特别声明，接收机灵敏度并非所有系统都一致。同时，即使同一个系统，不同业务速率的接收机灵敏度也有区别。至于具体的差别，将在链路预算（第 7.3 节）详谈。

第二类指标就是信号干扰比。广义上看，如果把噪声也看作干扰，任何环境都有干扰，否则就没有了误码率，接收机灵敏度就是 $-\infty$。因此刚刚说的接收电平，其实可以看作在以背景噪声为干扰环境下的信干比。

话说回来，用什么指标来衡量信干比。你可能能说出一堆值，C/I、E_b/I_o…而笔者认为任何系统衡量信干比的指标都会归结为一个，即 E_b/N_o，每信道比特能量与总的噪声加干扰的功率谱密度。E_b/N_o 决定了每个信道上传送的数据（无论是信令、业务，还是广播、导频）的误码率。系统可以解调的 E_b/N_o 依赖于比特速率、多径分布、移动性、基站设备结构、接收机算法、信道编码等多个因素。于是，问题就出来了，没法就 E_b/N_o 进行测试。由此，我们提出了那些能评估和测试的指标。

在 LTE 系统中，一般采用 CRS 信号的 SINR（有用信号功率与干扰加噪声之比）来表示信号与干扰的关系，即当区域中 SINR 大于某值时（"某值"与网络中所要满足的最低传输速率，即边缘速率直接相关），认为该区域为覆盖区域。

7.2　传播模型：电磁波"在路上"

7.2.1　模拟电波的空间之路

当电磁波从天线口发射出去，进入辐射远场，其波动特性就很类似光波了。电波的五大特性：直射、反射、衍射、散射、穿透在电磁波中就充分体现。

直射：直射是在自由空间中，电磁波沿直线传播，逐渐衰减，衰减量由自由空间传播损耗公式（弗里斯公式）推导。

反射：反射特性也很好理解，电波无论是遇到导体还是介质都会有一部分能量发生反射，这和光波特性一致。反射波与入射波的电场强度取决于反射系数 R，R 和反射面材料、入射信号极性、频率有关。当电波遇到比波长大得多的物体时（如空旷的地面、沙漠、水面），其主要形式是直射波和反射波。

衍射：绕射现象也可以在中学课本中找到。当障碍物表面的几何尺寸和电磁波波长接近，无线电波就可以传播到障碍物背面。

散射：晴朗的天空为什么这么蓝？因为散射。电磁波传播路径上出现大量的小于波长的物体，就会发生散射。对于波长在分米级或厘米级的射频电磁波，容易在比较粗糙的表面发生散射，如植被、山体的表面。对于波长在微米级的可见光，在大气中容易发生散射，干净的大气中的颗粒尺寸接近更小波长的蓝色、紫色，于是天空是蓝色的；而阴天或被污染的环境下的大气中掺进了很多大尺寸的水滴、烟尘等，任何波长的光都发生散射，因此天空就是灰色的。

穿透：无线电波可以穿透障碍物，这不知道是好事还是坏事。因为穿透，在室内可以接收室外的信号，也因为穿透，室内信号和室外信号出现了干扰而难以控制。很多人认为，频率越高，无线电波的穿透能力越差。笔者总感觉这话有点问题。因为频率越高，波长越短，对于有缝隙的建筑物，就越容易穿透才对。至于为何高频信号穿透损耗大，那是因为自由空间中，传播损耗和频率的对数成正比，因此信号在介质中就会更加难以穿透。

由于无线电波在空间传输的各种特性，电波的衰落之路也变得复杂，在第 5 章已经提到了小尺度衰落和大尺度衰落。如果将通信电波的衰落进行分解可以分成 3 个特性，如图 7-2 所示。

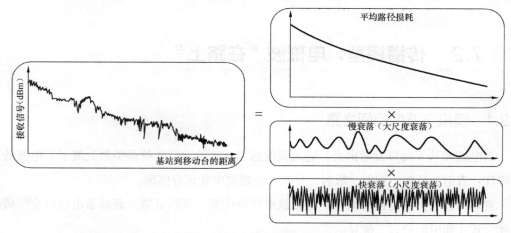

图 7-2　空间传输特性示意图

$$P\overrightarrow{[d(t)]} = \overrightarrow{|d(t)|}^{-n} \cdot S\overrightarrow{[d(t)]} \cdot R\overrightarrow{[d(t)]}$$

（7-1）

平均路径损耗：式（7-1）中 $\overrightarrow{d(t)}$ 为某时刻基站和用户之间的距离矢量。$\left|\overrightarrow{d(t)}\right|^{-n}$ 表示空间的传播损耗，该损耗主要是由于电波传播的弥散特性造成的。

快衰落（小尺度衰落）：通常引起多径效应的主要原因是移动台周围半径约 100 倍波长内的物体造成的反射。它反映了数十波长内，接收信号电平的均值的变化趋势，此时信号的均值服从瑞利分布，即式（7-1）中的 $R[\overrightarrow{d(t)}]$ 项。

慢衰落（大尺度衰落）：在移动无线电环境中，电波传播除了存在多径衰落外，还有由于地形起伏和人造建筑物引起的慢衰落。它反映了数百波长内接收电平均值的变化趋势，此时信号的均值服从对数正态分布，即式（7-1）中的 $S[\overrightarrow{d(t)}]$ 项。由于慢衰落是由地形起伏和建筑物阻挡、电波衍射所形成的，因此慢衰落又称为"阴影衰落"，只要有多径的地方就有地形变化，也就会有"阴影"，在光和影中坠落。

但是，笔者还是想深究一下这三种衰落的关系，为何最终的电平是这三类衰落的乘积的关系呢？因为这三种衰落是嵌套的关系，图 7-3 可以说明这种关系。慢衰落的每个值实际上是信号的短区间中值，而平均路损电平的每个值则是信号的长区间中值。用股票市场来比喻，如果快衰落是信号的日 K 线的话，慢衰落不过是信号的"5 日均线"，而平均路径损耗也不过是信号的"60 日均线"。

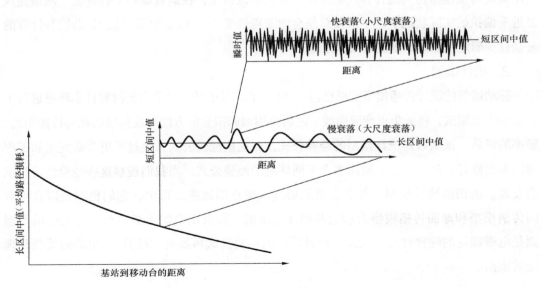

图 7-3　电波衰落的关系

7.2.2　传播模型分类：确定 PK 统计

前面对建模方法的分析中已经谈及了两种方式：逻辑分析和统计分析，由此也可将传播模型按建模方法分为确定模型（理论模型）和统计模型（经验模型）。

1.　确定模型

确定模型基于电磁波理论直接建模求解。由于电磁波在远场中的效果主要为直射、反射、散射等物理光学效应，因此常用的确定模型都是基于射线跟踪的方法，其原理是把环境中所有电波平面都看作一面镜子。在营造了一面镜子的世界里，无线电波射线接触到镜子就会透射和反射，在将地形地物的 3D 信息完全获取之后，就能够进行镜面建模，从而计算出接收点的直射波和多次反射波的分量，确定传播模型。

目前，可商用的集成到规划软件中的射线跟踪模型如 Volcano 模型、WaveSight 模型以及 WinProp 模型等就是通过理论分析方法来研究传播模型的代表。但此类模型需要高精度（至少 5 m 精度）含 3D 建筑物信息的数字地图，模型预测的准确性与数字地图的精度和准确性密切相关，同时目前的理论分析中尚且无法考虑用户移动性等影响无线信号传播的因素，此类理论分析方法都需要对传播环境进行一定的近似和简化，也引入了误差。另外，使用确定传播模型仿真的计算复杂度仍旧令人难以接受，在运营商对工程进度、网络完成度近乎偏执的实际状况下，学术性总是会向工程性妥协。无线通信环境的复杂性和计算的复杂性令确定模型难以施展其用武之地。

2.　统计模型

移动通信的统计传播模型发展已经有 40 年了。当年日本科学家奥村对日本环境进行了大量的电波测试，将采集点变成曲线，之后再用回归拟合的方法形成传播损耗与传播距离、频率的函数，该函数即统计模型的经验公式，而这些经验公式又经过了更多研究组和工程师的多次修订，从而诞生了面向多个不同环境的经验公式。当我们观察这些经验公式时就会发现，所谓的统计模型，并非直观地通过采集点形成曲线得出，它们仍旧是以自由空间传播模型和球面传播模型为理论基础而得来的。而自由空间传播模型和球面传播模型则是电磁理论的纯粹计算。因此，统计模型的经验公式再如何"经验"，也必然要找到理论的依据。

7.2.3 那些值得纪念的模型

所有网络规划的教材、读物都要谈谈那些经典的传播模型，Okumura-Hata、COST 231、General、Lee、SPM……从工程角度上看，传播模型主要是应用，把这些模型摊在书上就是"手册"的作用，如果再专业一点，用 Excel 开发一个各种模型的宏算法比把经验公式罗列出来更靠谱。

很遗憾，本书也没法脱俗，总得将这些经典说上一说。不过，本书不是当技术手册用的，列几个主要的公式的目的是为了说明其特点。

1. 自由空间的传播模型（弗里斯公式）

一切模型都以自由空间模型为源。那么就回到"创世纪"，先说自由空间。自由空间是理想的、均匀的、各向同性的介质空间，电磁波在其中不发生反射、折射、散射和吸收现象，只存在直射扩散而引发的传播损耗。

在自由空间里，发射点接收功率和发射功率的关系为：

$$P_r = \frac{P_t G_t G_r \lambda^2}{(4\pi)^2 d^2} \tag{7-2}$$

其中，P_r 是接收点的接收功率，P_t 是发射点的发射功率，G_t 是发射天线增益，G_r 是接收天线增益，λ 是波长，d 是距离。将其转换成路径损耗的公式，即将发射功率、接收功率、发射天线增益、接收天线增益全部并入路径损耗 L_{loss}，则公式变成如下：

$$L_{loss} = \frac{\lambda^2}{(4\pi)^2 d^2} \tag{7-3}$$

因为乘性因子让公式变复杂，因此用对数表示：

$$L_{loss} = 32.45 + 20 \lg d_{(km)} + 20 \lg f_{(MHz)} \tag{7-4}$$

2. Okumura-Hata 模型

20 世纪 60 年代，Okumura（奥村，移动通信"大师"级别的人物）对日本的电波环境做了大量测试，并由此形成了奥村模型的一系列曲线图表，这些图表反映了不同频率上路径距离和场强的关系，并根据市区、郊区的差别，增加了郊区的修正曲线。但是到 20 世纪 80 年代计算机大发展，这个模型的曲线用计算机就很不方便，于是 Hata 在 20 世纪 80 年代根据奥村的大量测试结果，再以自由空间模型为基础，增加多个校正因子（街道散射、郊区），回归拟合出一个经验公式，为 Okumura-Hata 模型。

$$L_{\text{loss}} = 69.55 + 26.16\lg f - 13.82\lg h_{\text{b}} + (44.9 - 6.55\lg h_{\text{b}})\lg d - a(h_{\text{m}}) + K_{\text{clutter}} \quad (7\text{-}5)$$

其中，L_{loss}：路径损耗的短区间中值；

f：频率，单位为：MHz；

h_{b}：基站天线有效高度，单位为 m，一般取 30 ~ 60；

h_{m}：移动台天线有效高度，单位为 m，一般取 1 ~ 3；

d：通信距离，覆盖半径，单位为 km；

K_{clutter}：不同场景的修正因子，包括街道、郊区、农村、海湖、建筑物密度等。

式（7-5）是针对城市的模型，当面向郊区、农村、丘陵等场景时，K_{clutter} 作为修正因子就会起作用，至于何种场景，K_{clutter} 取何值，我就不列举了。

3. COST231-Hata 模型

Okumura-Hata 这么有名，但只能适用于 150 ~ 1 500 MHz 频段，这为新的传播模型诞生、创新、获奖并填补国际空白提供了条件。欧洲研究委员会 COST231 传播模型小组根据 Okumura-Hata 模型，对其进行修正使频率范围从 1 500 MHz 扩展到 2 000 MHz，由此命名为 COST231-Hata 模型：

$$L_{\text{loss}} = 46.3 + 33.9\lg f - 13.82\lg h_{\text{b}} + (44.9 - 6.55\lg h_{\text{b}})\lg d - a(h_{\text{m}}) + C_{\text{M}} + K_{\text{clutter}} \quad (7\text{-}6)$$

其中，C_{M}：城市修正因子，如场景为大城市中心，则为 3 dB，其余场景为 0 dB。

观察式（7-6）和式（7-5）的差别，主要是频率系数和固定系数（开始两个系数）的差别，如果将 900 MHz 和 1 800 MHz 分别代入两个公式，则存在固定的约 10 dB 差别，在其他所有因子、场景都不变的条件下，则 1 800 MHz 的传播距离将是 900 MHz 的 58%，而覆盖面积则缩小为 33%。这也就是为何人们一致认为 1 800 MHz 频段比 900 MHz 频段覆盖效果差的数值分析基础原因。

4. COST231-Walfish-Ikegami 模型

宏蜂窝模型 Okumura-Hata 和 COST231-Hata 适合于距离 1 km 之外的覆盖预测。但是在 1 km 之内，特别是楼宇林立的环境，这两个模型就有些问题。于是 COST231 传播模型小组根据 Walfish 和 Ikegami 就楼宇密集的市区的研究一起创造了一个市区模型。这个模型可以预测距离从 20 m 到 5 km 距离的电波传播。但是，这个模型的依赖条件也很多，最核心的条件就是对地图的要求，模型中的大量参数都要求地图能支持更细的 3D 地图数据，如街道宽度，屏蔽层数，辐射角度等，而其计算公式也根据这些条件而复杂化。其公式如下。

对于无障碍视距环境下：

$$L_{\mathrm{b}} = 42.6 + 26 \lg d_{(\mathrm{km})} + 20 \lg f_{(\mathrm{MHz})} \tag{7-7}$$

而对于非视距环境：

$$L_{\mathrm{b}} = L_0 + L_{\mathrm{rts}} + L_{\mathrm{msd}} \tag{7-8}$$

其中，L_0：自由空间传输损耗，就是 $32.45 + 20 \lg d + 20 \lg f$；

L_{rts}：屋顶到街面的绕射和散射损耗；

L_{msd}：多层次建筑的屏蔽损耗。

$$L_{\mathrm{rts}} = \begin{cases} -16.9 - \lg W + 10 \lg f + 20 \lg h_{\Delta\mathrm{mobile}} + L_{\mathrm{ori}} & h_{\mathrm{roof}} > h_{\mathrm{mobile}} \\ 0 & L_{\mathrm{rts}} < 0 \end{cases}$$

其中，W 为街道宽度；

$h_{\Delta\mathrm{mobile}} = h_{\mathrm{roof}} - h_{\mathrm{mobile}}$，屋顶到移动台的高度差；

L_{ori} 为定向损耗，是一个电波和移动台所在街道入射角 ϕ 相关的函数：

$$L_{\mathrm{ori}} = \begin{cases} -10 + 0.354\phi & 0° \leqslant \phi < 35° \\ 2.5 + 0.075(\phi - 35) & 35° \leqslant \phi < 55° \\ 4.0 - 0.114(\phi - 55) & 55° \leqslant \phi \leqslant 90° \end{cases}$$

$$L_{\mathrm{msd}} = L_{\mathrm{bsh}} + k_{\mathrm{a}} + k_{\mathrm{d}} \lg d + k_{\mathrm{f}} \lg f - 9 \lg b$$

这其中的 L_{bsh}、k_{a}、k_{d}、k_{f} 都是涉及移动台高度差的不同参量如何表达，任何一本介绍该模型的书和论文都有介绍，笔者就不费笔墨了。

5. General 模型

General 模型实际是用于调整 COST231-Hata 和 Okumura-Hata 的通用模型，当通信网络的频率范围一定时，其模型的公式如下：

$$\begin{aligned} L_{\mathrm{loss}} = {} & K_1 + K_2 \cdot \log(d) + K_3 \cdot \log(H_{\mathrm{Txeff}}) + K_4 \cdot Diffration\ loss + K_5 \cdot \log(d) \cdot \log(H_{\mathrm{Txeff}}) \\ & + K_6(H_{\mathrm{Rxeff}}) + K_{\mathrm{clutter}} f(clutter) \end{aligned} \tag{7-9}$$

通用模型的作用是让用户根据 Hata 模型的变量通过统计自行设计系数，从而建立符合本地特色的传播模型。

需要强调的是，无论是 Okumura-Hata，还是 COST231-Hata，还是通用模型，其路径损耗的预测值都是指短区间中值，即考虑慢衰落效应的电平值，而快衰落效应则未能考虑进去。

7.2.4 传播模型修正：建设有本地特色的传播模型

作为经验公式的传播模型，其适用的范围也只能是那些和经验相符的地区。经典模型再经典，到了新的环境下仍旧会存在偏差，这种偏差的中值往往高于 5 dB，而 5 dB 的偏差造成传输距离（覆盖半径）的偏差则会达到 30%，覆盖面积偏差则高达 60%。最终带来的后果则是站点设置过多或过少，导致覆盖规划失败。

对于一些特殊的地形、地貌、环境，也只有建设有本地特色的传播模型才会更符合本地环境的要求。而计算机的普及将传播模型修正过程极大地简化，模型拟合和分析只需要通过模型优化软件（或规划软件中的模型优化模块）就能实现，建设本地特色的传播模型成为简单的任务。

当然，虽然经典模型也会"水土不服"，但是核心内容总是必须采用的，即经验公式的结构，如截距因子、距离因子、有效天线高度因子等，而修正的内容无非是 K_1、K_2 等几个参数。往往真正需要修正的系数也就是 K_1、K_2、$K_{clutter}$ 这 3 个参数。

传播模型修正的原理是建立以实测值为真值的目标，通过逐渐调整原经典传播模型的参数达到预测值和实测值最为接近。其关键步骤如下。

① 采集数据：通过车载路测，采集本地的场强数据。

② 模型初始化：以某经典传播模型系数作为通用传播模型的初始化系数。

③ 数值比对：调整模型的系数，同测试数据进行比对，直到最接近测试数据为止。

传播模型修正流程如图 7-4 所示。

在传播模型修正流程中，有两个环节最为核心，由此引出几个关键问题。

（1）测试环节

测试环节中，最终的目的是采集到干扰最小、最能反映实际路径损耗的数据。因此，大家不约而同地使用了 CW 测试（连续波测试）的方法，直接由发射机在工作频段发射一个基本连续波，这样就避免了由调制、交织、信道编码等过程所带来的误差和负担，同时在接收端也避免了解调、解码、解交织的负担。

传播模型所建立的经验公式是包含大尺度衰落下的路径损耗公式，因此在数据采集中需要消除小尺度衰落（瑞利衰落）的影响。威廉李（C.Y.LEE）在 30 年前根据概率统计分析得出了一种采集方法来消除该影响，即在 40 波长的窗口中取样 36 ~ 50 个点求平均值可以实现。由此，对车速和接收机采集速率的要求也可确定，即车速与接收机采样速率相除需满足 40 波长取样 40 ~ 50 个点。另外，测试路线的选择也需要设计。测试路线要围绕发射台网状分布或环形分布，以避免出现过多的近端点和远端点，如图 7-5 所示。

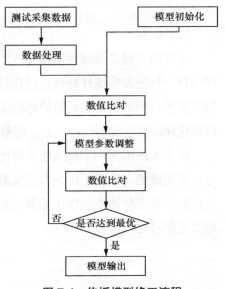

图 7-4　传播模型修正流程

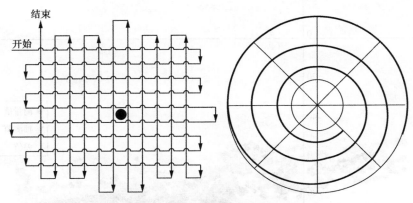

图 7-5　传播模型修正测试路线

但是，如果按这种算法控制车速，你会发现相当不实用，在北京、上海、深圳这些"堵城"里想要匀速驾驶是每个司机的梦想，再加上路线还要网状分布，那就是 N 多左转弯，即便是"一路畅通"，遇到路口你敢不减速看红灯？所以，如果按威廉李设计的玩法，模型修正测试一次，肯定 12 分全扣，直接吊销驾照进学习班。真实的测试是这样的，按照某一个车速行驶，但是要遵守交规，该减速就减速，最后在计算机上过滤部分数据。

（2）比对环节

比对的关键是如何判定修正后的模型能够最接近测试数据。最方便的方法自然还是利用均值、标准差等统计特性进行比较，即均值误差：预测值与测试值的统计平均差，以及标准偏差：预测值与测试值的标准偏差。在开发了现成的传播模型优化工具（或具备传播模型优化模块的规划软件）上，模型调整和比对将大为方便。

图 7-6 所示为一个模型修正前比对实测数据的效果实例。实例的作用就是证明：证明方法是正确的，证明工作是有意义的。这个实例是用散点图比较、均值误差比较和标准偏差比较来证明传播模型修正是多么必要，修正后的模型是如何靠谱，图 7-7 所示为修正后的散点图对比。

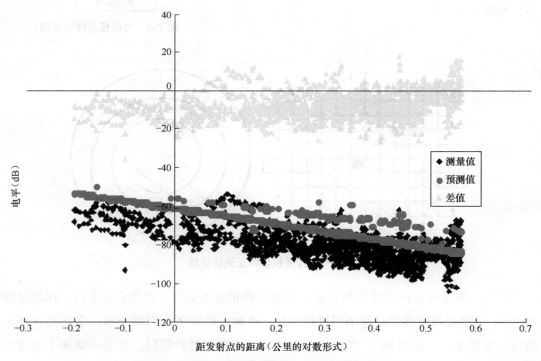

图 7-6 修正前模型预测数据与实测数据散点图对比

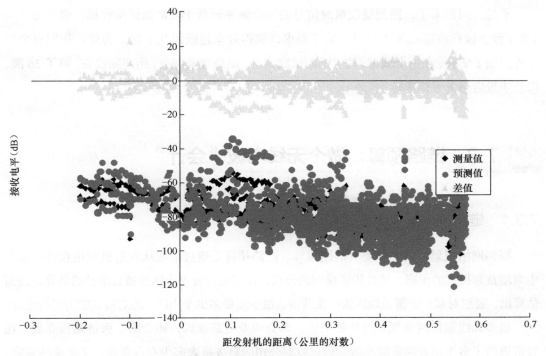

图 7-7　修正后模型预测数据与实测数据散点图对比

表 7–1 所示为模型修正前后的统计指标比较。

表 7-1　模型修正前后的统计指标比较

	均值误差（dB）	标准偏差（dB）
修正前模型	–7.89	6.80
修正后模型	–0.05	5.76

至此，传播模型修正告一段落。

且慢，关于模型修正，笔者还有点话想说。不少人觉得 CW 测试费时费力，于是就想到了，能否用网络路测来代替连续波测试，即接收到的信号就是最终 GSM 或 WCDMA 信号，而非一个连续波，这样就不需要专门做 CW 测试，而路测又是每周都要做的日常工作，直接提取路测数据是否就能捎带把模型给修正了。

这个想法很有创新的意味。

不过，问题来了，路测接收机对信号的采样频率远低于 CW 测试接收机，也就是 2 ～ 4 次 / 秒，这样按照威廉李提出的采样要求，就得开车连续跑几十次。为此，我们有个博士专门做了实验，在一个城市，按 CW 测试路线图，就是弯来弯去，用路测设备，跑了 36 圈，以至于最后感觉天旋地转。

7.3　链路预算：做个无线电波"会计"

7.3.1　链路预算是"电波财报"

提到网络规划，就必须要有链路预算。链路预算是通过电波从发射机到接收机的旅程中对增益和损耗的预测，结合传播模型的公式，以完成对每个小区的覆盖半径的估算，进而估算出，要想对某一个覆盖地区盖一张薄饼，最少需要多少个小区，即对覆盖能力进行估计。

很多无线通信网络规划优化的书里，都会谈及链路预算，还会附一张链路预算表。在股市里做了多年损失惨重的小散之后，我对公司的财务报表多少有点概念，于是突然发现，其实，链路预算表，就是电波的财务报表，也可叫电波损益表。我们可以把所有增益看作收入，把所有损耗看作支出，至于接收机灵敏度，或者业务 E_b/N_0，那就是盈亏平衡点。这样做一张链路预算表，其实跟做财务报表也没什么太大差别。

链路预算所需要计算的是空间传播损耗，之后再通过传播模型反算出传播距离。因此，这里所指的空间传播损耗，是最大可允许传播损耗。

7.3.2　链路预算的关键项

在任何一个移动通信系统的链路预算表中，所涉及的项目通常达 20 ～ 30 个。而各种图书里都有现成的链路预算表，这给网络规划带来了极大的便利，再也不用自己一点点分析、推导，直接拿来用就 OK 了。其实，了解链路预算的最大用处并非套用公式，从中观察电波的起起落落，能让我们知道哪些要素是关键的，哪些项目可以假设简化。而更重要的是，链路预算能让我们更深刻地了解无线侧的系统，而很多增强网络性能的算法、技术和仿真都可以通过链路预算体现出来。本书不想再重复地搞链路预算工程表，而是提到一些值得讨论的关键内容时，其中会包含一些关键项。

1. 上行和下行

完整的链路预算可分为上行链路（反向链路）和下行链路（前向链路）。人们将电波从移动台到基站的链路称为上行链路（反向链路），将电波从基站到移动台的链路称为下行链路（前向链路）。尽管我们总提到链路平衡，即尽可能要求上、下行链路预算的覆盖半径一致，但是这里可没有什么互易原理，上 / 下行的链路预算项目会有些不同，并且有时链路就是不会平衡。因此必须要上行链路，下行链路单独计算，在最终的结果中调整增益或损耗，达到一定程度上的平衡。

2. 数据速率

在进行链路预算的时候，我们往往假设了需要满足的边缘速率（网络中用户处于覆盖边缘的时候能够达到的传输速率），同时由于 LTE 系统中占用的 PRB 资源数不同能达到的传输速率也不同（马儿吃得早，吃得多自然跑得更快），因此也会假设可用的 PRB 数。根据第 6 章对于网络负载的描述，一个可靠的 LTE 网络中人们认为占用 50% 的 PRB 资源是合理和可靠的。在这些参数固定的条件下，不同边缘速率要求下覆盖半径自然也就不同。比如边缘速率 2 Mbit/s 的覆盖范围一定小于边缘速率 1 Mbit/s，这是常识。

因此，对业务覆盖目标的要求也出现了数据速率的要求，你是要最低速率 2 Mbit/s 连续无缝覆盖，还是要最低速率 1 Mbit/s 的连续覆盖，不同的速率要求得出的小区估算数量不一样。

3. 关键项的分类

我们往往将关键项分成发射端、接收端和空间。

发射端所包含的要素：最大发射功率、馈线损耗、天线增益，最终可得发射端有效全向辐射功率（EIRP）。

接收端则为天线增益、馈线损耗，最终电平需要高于接收机灵敏度。

而空间部分除了路径传播损耗之外，还包括了穿透损耗、人体损耗、对于智能天线还包括了赋型增益；所有这些值都是以均值的形式表述的，于是为了达到"90% 可通率"，还需要增加余量，包括阴影衰落余量、干扰余量、快衰落余量。

链路预算分解如图 7-8 所示。

如果从损益的角度来分，可以分成增益、损耗和余量。所有增益、损耗和余量之和应为接收机灵敏度（盈亏平衡点）。

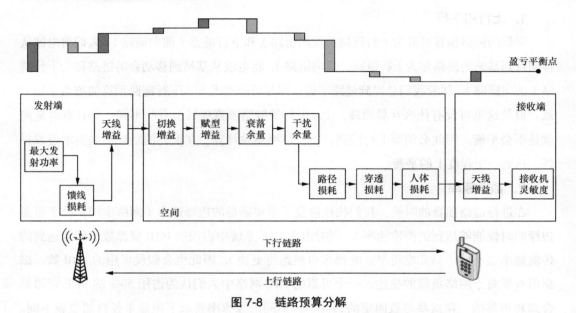

图 7-8 链路预算分解

4. 增益

链路预算中带加号的项目都可看作增益，能成为增益的项目主要是天线的天线增益、赋型增益。

天线的原理是将球形能量变换为特殊方向、特殊形状的能量，由于能量空间的压缩产生方向性增益。这种增益完全是靠对天线阵子（一堆铜片、铜条、铝片、铝条）的设计而得来的。天线原理独具玄幻色彩，是不是很像《龙珠》里的龟派气功。当我看到一个裸体天线（就是把天线外罩拆掉之后的裸阵子）就会觉得一个精妙设计的结构能改变能量的分布很神奇，学过天线原理后才知道，其实把几个易拉罐连上也有可能造成这种效果。话说回来，天线的增益是方向性增益，将该增益用于链路预算来计算覆盖半径也合适。

可以说不同系统制式之间的链路预算思路都是完全一致的，就是要把从发射机到接收机这条通路上所有正向的增益以及负向的损耗都算清楚，最后得到一个容许最大路径损耗值可以用来估算小区的覆盖半径。

切换问题是困扰网络规划优化人员的巨大问题，尽管在 CDMA 系统的链路预算确实要考虑软切换增益，但是它的代价却是牺牲 30% 的容量。而最令人无奈的是，搞 CDMA 的工程师们将软切换作为其一大优势技术，实际上不过是需要克服边缘的远近效应所必须采取的一种做法而已，如果没有软切换的宏分集增益，CDMA 系统没法自圆其说。

在 LTE 系统中，虽然采用了硬切换的方式，但通常人们认为切换能够降低对于边缘信号强度的要求，因此也会设置 2 ~ 5 dB 左右的切换增益。至于在规划中如何考虑切换，在第 10 章会专门讨论。

5. 损耗

链路中的损耗主要是信号在器件中、介质中和空间中的损耗，如馈线损耗、器件的插入损耗、墙体穿透损耗，还有在空气中的传播损耗。其中，馈线损耗、插入损耗和墙体穿透损耗均为经验值。馈线损耗和器件插入损耗随设备不同而有所差异，一般来说，可以参考馈线和相关无源器件国家标准和行业标准对损耗的要求估计。而墙体穿透损耗则完全是经验值，建筑物穿透损耗主要与介质（建筑材料）和介质厚度有关，如大城市建筑物，钢筋混凝土墙、玻璃幕墙，我们通常也把这种场景称作高穿损场景，比如 4G 的 2 600 MHz 就需要设置 18 ~ 20 dB 的穿透损耗，而在乡村，这个穿透损耗的取值就要小很多。

穿透损耗最大的用处是用于室内覆盖设计，对不同材料的穿透损耗取值会有所差别。如室内非承重隔离的穿透损耗为 5 ~ 8 dB（1 900 MHz），普通承重墙的穿透损耗则为 13 ~ 18 dB（1 900 MHz），钢筋混凝土墙则高达 16 ~ 22 dB（1 900 MHz），而电梯间的穿透损耗最高 28 ~ 32 dB（1 900 MHz）。所以，也难怪一些人在打电话进电梯时都会照顾地提一声："不好意思，我进电梯了。"

6. 余量

为了确保覆盖指标，链路预算中需要储备余量。余量包括慢衰落余量、干扰余量及快衰落余量。其中慢衰落余量是为保证覆盖概率，适用于所有移动通信系统；干扰余量主要适用于自干扰系统，因此 4G 系统中也需要设置干扰余量。

在第 7.1.3 节讲了余量的概念，因为系统的传播模型中考虑的是路径损耗均值，而系统要保证的是更高的面积可通率（如 90% 或 95%），那么实现这个更高的可通率就得添加余量。所以需要将均值与面积可通率做一转换。

首先，均值需要转换成中值（50% 概率值）。所幸无线电波的慢衰落是对数正态分布，均值和中值一样。之后将门限从中值向高处移，移动到某一位置时，能保证覆盖面积内的可通率达到目标，则该位置同均值之差就是余量。慢衰落余量分析如图 7–9 所示。

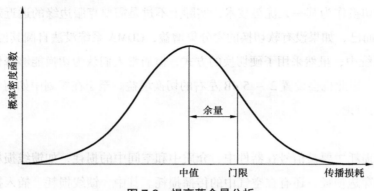

图 7-9　慢衰落余量分析

不过如何判定余量呢？这取决于正态分布的标准偏差。我们知道，决定正态分布形状的关键变量就是标准偏差，标准偏差一定，曲线的"胖瘦"就确定了，同时门限和中值的余量也就确定。而无线电波慢衰落的标准偏差和城市环境有关，城市环境越复杂，电波散射越密集，则阴影衰落标准偏差也就越大，所要留出的余量也就越大；反之依旧。标准偏差随环境变化，其变化范围一般为 4 ~ 10 dB，城市中一般取 8 dB，由此就能算出满足一定边缘通信概率的余量。

对于 75% 的边缘通信概率，其余量则为 $0.68 \times \sigma$，当 σ（标准偏差）取 8 dB 时，则余量为 5.4 dB。

这里还要澄清一个问题，即边缘通信概率和区域通信概率的关系。传播损耗的计算值是路径平均损耗值，即满足小区边缘 50% 通信概率，而网络规划要求的覆盖可通率为区域内的可通率。边缘通信概率和区域通信概率存在一一对应的函数关系。这个公式过于复杂，这里就不详述了。对于一般城区的情况，大家可以参照表 7-2 来对照。

表 7-2　边缘通信概率和区域通信概率的对比

边缘通信概率	区域通信概率（$n = 3.5$）	余量（$\sigma = 8$ dB）
50%	75.50%	0
55%	79%	1.1
60%	82.50%	2.1
65%	84.70%	3.1
70%	87.40%	4.2

续表

边缘通信概率	区域通信概率（$n = 3.5$）	余量（$\sigma = 8\ dB$）
75%	**89.90%**	**5.4**
80%	92.40%	6.8
85%	94.50%	8.3
90%	96.60%	10.3
92%	97.30%	11.3
94%	98.10%	12.5
96%	98.80%	14.1
98%	99.40%	16.5
99%	99.70%	18.7

　　这就是为什么一般定义边缘覆盖概率为 75% 的原因，因为要求区域可通率为 90%。当然，如果设置的余量越大，其通信概率也就越大，但是所计算出的小区半径就会越小。如果想要保证 99% 的区域覆盖率，其小区半径将比保证的 90% 缩水 40%。这样做会让基站更加密集，之前不是提到刺猬取暖的问题吗？小区靠得那么近，阴影衰落是全克服了，但是信号更难控制了，干扰、导频污染问题全都出来了。因此，75% 边缘概率、90% 可通率是室外基站的"最合适距离"。

　　干扰余量是就自干扰同频复用通信系统而言的（典型如 CDMA、WCDMA、LTE 等系统）。在这样的系统内，业务同干扰是一个硬币的正反两面同时存在，而干扰则直接提升系统的噪声，进而影响覆盖半径。没有业务时的链路预算覆盖半径和有业务时的覆盖半径一定不同。因此，总得在链路预算里给由干扰所带来的噪声恶化量加个余量吧。干扰余量和系统负载直接关联，也直接表现为当网络中邻区负载增加后本小区上下行接收信号总功率（这里是指有用信号、干扰信号与噪声功率的总和）的提升量，该干扰提升量与网络实际环境有关，很难通过一个固定的公式进行计算，在 4G 规模实验网中设计一定场景进行了实际测试，一般在 4G 网络链路预算中干扰余量取值为 2.5 dB。

　　快衰落余量实际可看作快速功控余量，快速功控用以克服快衰落，但是发射机的功率得上升 2 dB 以上才能实现功控，因此设置了快速功控余量。

7. 接收机灵敏度

笔者把接收机灵敏度看作是损益平衡点，因为只有最终的链路预算电平高于接收机灵敏度才认为可接通，其误码率才能符合指标，才可视为覆盖区域。灵敏度这个概念在很多设备里出现过。接收机灵敏度指的是接收机可以工作的最小信号值。于是，对这个概念我们得拆开来讨论。

接收机灵敏度 = 接收机背景噪声 + 接收机噪声系数 + 业务信道所需 E_b/N_o – 处理增益

$$S = 10\lg(K \cdot T \cdot W) + NF + \frac{E_b}{N_o} - G_P \qquad (7-10)$$

背景噪声，电视没信号时那个沙沙声，自打宇宙出现之后，就有了背景噪声。

噪声系数，输出端信噪比 / 输入端信噪比，任何接收机本身都带来噪声，因此追求更小的噪声系数是接收机设计师的长期理想。

E_b/N_o，笔者认为是无线通信里最重要的指标，无论是覆盖还是容量都最终要看它，而最有意思的是，这个指标不能在实际网络中测试，只能预先定义信道环境，之后通过仿真或实验得到。

接收机灵敏度实际是克服了背景噪声、接收机本身的噪声系数和系统干扰后的门限值，信号超过这个门限，则属于"盈利"，否则是"亏损"。

7.3.3　链路平衡和受限

将上下行链路预算都算完后，你就会发现，二者的最大路径损耗有区别，由此计算的覆盖半径也有区别。不妨假设上行链路的覆盖半径为 500 m，而下行为 600 m。结论很明显，在 500 ~ 600 m 下行有覆盖，上行没覆盖，如果在这块地带通话，那就是手机能接收信号，但基站却收不到信号，最可能的效果就是"单通"，你能听见对方说话，但对方听不见你说的，经常会遇到吧。日常生活中这种类似的不平衡十分常见，比如说中小学的老师和学生，就会出现典型的上下行不平衡，学生只能听见老师的"说教"，但他们的"声音"却被屏蔽；再比如说，一个女博士，找了一初中毕业的老板做老公，他们的谈话就会不平衡，这是知识的上下行链路不平衡。对于无线通信，上下行链路不平衡意味着多出来的覆盖不但没有意义，还会成为干扰。因此，尽可能达到平衡同样也是常识。

为了达到链路的平衡，首先要看看按照普通链路预算的结果是什么？哪个方向受限。

所谓受限，就是哪个链路的半径小，哪个链路没有"话语权"。在多个系统中，往往由于终端的发射功率小于基站功率，而形成上行受限，即在边缘移动台可接收而基站不可接收。如果我们观察链路预算中的多个项目，就会发现，实际可以调整以满足链路平衡的项目并不多。首先，增益部分是双方向互易的，因此调整了也没用；之后损耗部分同样也是双方向互易的，同样不考虑；那么余量呢，上下行余量都是根据环境而变的，没法做人为调整；接收机灵敏度？别想了，接收机灵敏度是内在参数，它总是会稳定在某个数值上；因此最后只剩下上下行的发射功率可以调整，这是一个很朴素的原理，既然链路不平衡，那就让声音大的发小点声，老师少点说教，学生的声音自然就出来了……这些都是一个意思。不过，除了调整发射功率之外，人们还想到了其他招数，比如在上行链路中增加放大器（塔顶放大器），或者在接收天线处使用分集以形成单方向的增益，这属于让小声的人提高嗓门。

对于链路预算和链路平衡，我还想讲个故事：记得在一次标准会议上，3 个厂家对于某技术体制的终端最大发射功率提出了不同意见，有的说应为 2 W，有的说为 3 W，有的说为 5 W，大家心里都清楚这是利用标准化平台进行的技术斗争和门槛斗争。但是在论证和争论的过程中，A 厂家的链路预算结果是 2 W 的发射功率能达到平衡，B 厂家计算后认为 3 W 平衡，C 厂家经过计算说 5 W 才平衡。从 2 W 到 5 W 不到 4 dB，而链路预算的项目超多，这儿多算几个 dB，那儿多算几个 dB，4 dB 的偏差就出来了，更何况如 E_b/N_0、干扰余量、功控余量……本身就不是固定不变的，因此，怎么说怎么有理也就很容易理解。我真正想说的是，链路预算对于网络规划是必不可少的。但是，链路预算的作用还只能是对网络规模做一个估算，以及对小区覆盖半径有一个粗略的认识。有人把网络规划分为预规划和详细规划，链路预算则成为预规划的重要工作，那么网络规划真正可靠的方法是什么？自然是系统级仿真。

7.4　覆盖规划的问题：不足和有余

7.4.1　覆盖问题的现象和解决

如果我们能在规划阶段就发现覆盖中的问题，那一定是问题。因为规划阶段是增加了

大话移动通信网络规划（第2版）

不少余量的阶段，增加了这么多余量还能看出问题，那一定需要对网络进行调整。

前面已经讲了，覆盖的目的是无缝隙、少重叠。因此覆盖问题的现象也无非就两类。不足：弱覆盖；有余：重叠覆盖、越区覆盖。解决方法是什么？《九阴真经》第一句话：天之道，损有余而补不足也。

1. 不足：弱覆盖

网络规划中最容易发现弱覆盖，往往直接在仿真图层上就能发现覆盖盲区，如图 7-10 所示。同时，从仿真的统计报告上也能知道由于弱信号而导致的掉话比例。

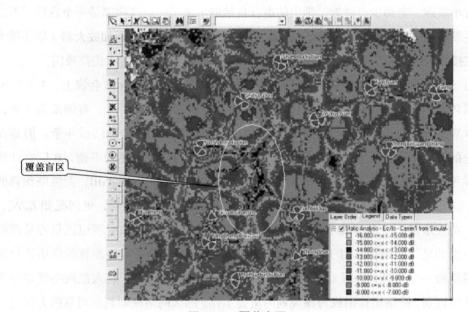

图 7-10　覆盖盲区

面对覆盖规划中的明显弱覆盖区域，原因无非以下 5 个方面：

（1）盲区中无合适的基站；

（2）周边基站站高不够；

（3）盲区中有密集楼宇；

（4）天线方位角设置问题；

（5）天线下倾角设置问题。

其中有的问题归地貌和市政，原来这中间是一片开阔地，电波过去一马平川，几个月

192

不见变模样了，万丈高楼拔地而起；当然还有的问题归规划方案，预规划的方案本来就是所有小区统一下倾角 6°，天线方位角按已有系统小区方位角配置，现在出现问题再做微调也不为错。

解决弱覆盖最直接的方法是：增加基站。当覆盖盲区确实很大，原来的场景面目全非时，这个方案也是最有效的。这个问题就变成了选站公司的工作：到那些新的楼顶上架起天线。可是增加基站说得轻松，在现在这个谈站色变的社会环境，天线被人当作怪物。弱覆盖有时根本就不是技术问题，而是个社会问题。因此，只好将增加基站改变为在原基站上增加一个小区，并使用高增益窄波束天线，或者使用 RRU 和美化天线，以图整体环境的和谐。

至于盲区面积较小，盲区形状较窄的地方，就需要通过对天线的调整来实现补肓，比如使用窄波束天线，调整下倾角以达到准确覆盖。

关于密集楼宇的覆盖问题，第 11 章还会详谈。

2. 有余：越区覆盖

最值得牵挂的覆盖"有余"就是越区覆盖。越区覆盖说直接点就是 A 小区的地盘过大，以至于远在几千米之外的地方还被覆盖，而这本来是 C 小区的范围，有时越区覆盖还会形成覆盖"飞地"。其后果自然是上下行链路严重不平衡，同时切换关系混乱，有些地方没办法设置切换关系。

而根据多年的经验，越区覆盖的主要原因：第一是高站，第二是高站，第三还是高站。

移动通信网基站的站址选择会有很多原则，但运营商却对高站有更多偏好。在一片高度差不多的楼群里陡然出现一个比别人高 10 m 的建筑（除了那些特别突出的高建筑物），这便是兵家必争之地。毕竟占住了高站，在网络初期就能覆盖更大，盲区更少。

但是越区覆盖出现了，从规划角度来看，这类高站只能在工程参数上做文章，比如换成大下倾电调天线（有时天线还需要零点填充，因为高站的塔下黑更严重），降低发射功率。同时在城区中避免天线方向角正对街道（这会形成波导效应，就是街道变成了电波传播的波导）。这些操作都可以在规划中实现。

3. 有余：导频污染

导频污染在 CDMA 系统中（包括 WCDMA）已经时髦了很久。过去大家都不懂 CDMA 时，你若是知道啥叫导频污染会"被仰视"。导频污染及其解决似乎成了最令人琅琅上口的培训案例。这个名词之所以惹人注意，实际还是因为它貌似"奇怪"的现象，在导频污染的区域，信号很好，满格，但是质量却很差。

在 LTE 中依然有导频污染，CRS 参考导频出现过多强导频，就自然会污染。看到了本质就自然看到了现象。

从规划中，我们能发现一些导频污染的可能，最直接的原因可能是环形小区分布，如图 7-11 所示。

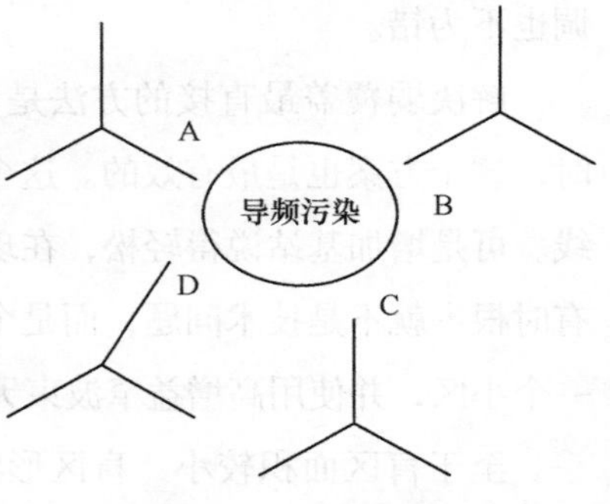

你可能会问：哪个兄弟那么傻，这么做网络规划？不是兄弟无能，而是环境太狡猾了。现实就是那么残酷，有时，某个楼的出现就导致了小区分布成这样，又或者当小区变得够多时，出现类似的情况也很正常。

同时，高站依旧是造成导频污染的一个原因，毕竟高站可能会产生越区（特别是造成波导效应的高站），在那些越轨的区域出现了不该出现的信号，发生了不该发生的"纠葛"。

图 7-11　导频污染

另外，将导频功率设置得过高也可能导致导频污染。

规划中的解决方法依然是：调整工程参数（如方位角、下倾角、导频功率），让主导频突显出来，同时让不需要的信号离开。同时，为了加强主导频，有时也会采用直放站或 RRU 的方式。

7.4.2　听到炮火最前线的声音：优化

网络规划中会对那些明显的弱覆盖和过覆盖进行调整。但是，实际的网络故事很多，还是得靠大量的测试、网管统计来发现问题，靠一点点调整网络参数和工程参数来解决问题、优化网络。大量的覆盖问题必须，也只能，依赖于炮火最前线的优化人员来解决。

 # 7.5　覆盖的利器——天线

7.5.1　天线参数

前面提到了神奇的天线，那么一段金属线能让辐射能量发生巨变。最早的人造发射天线当属赫兹的实验装置，大小铜球，如图 7-12 所示，信号从两个小铜球之间变成了电磁波辐射出去。电磁波从发射天线处发出，又从接收天线处接收变成电信号。天线的核心原理是将传输线上的交变电流在其形成的空间中辐射，只是这导线要设计得特殊一些，即长度更接近波长，同时把传输线分开，破坏其对称性，电磁波就会辐射。

剥开基站天线外罩，里边很多振子的规则排列就能辐射信号。如果我们系统地学过天线就知道，多数移动通信基站天线振子就是最简单最典型的半波偶极子振子。多个半波偶极子振子叠加起来，背后再加上反射板，就是移动通信基站天线，如图 7-13 所示。原理十分简单，但是设计和工艺却很有学问，无论是外形设计、模具制造还是材料选择、焊接工艺都对天线的参数产生影响。网络规划工作者叫"咨询师"，而天线设计者就叫"匠人"，这是个很令人尊敬的职业，我国古代有个极品"匠人"大家都知道，叫"庖丁"。

图 7-12　赫兹实验的天线

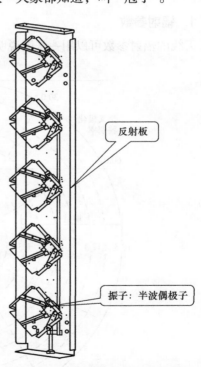

图 7-13　一幅 900 MHz 双极化"裸体"天线

衡量天线的指标即天线参数，是影响网络覆盖的关键。当重要天线参数发生不可控的变化时，网络覆盖效果必然不可控，所以我们必须要谈谈那些天线参数。

天线参数分为辐射参数、电路参数、物理参数和小区参数。辐射参数描述的是一切涉及天线所辐射出的波束的相关参数；电路参数则为描述天线馈电电路上的参数；而物理参数则包括天线尺寸、外形、重量、温湿度范围、风荷等涉及天线外观结构材料的参数；小区参数属于非天线本身参数，指天线在小区的方向角、高度、下倾角等参数。

　　最终能影响网络覆盖、网络干扰、网络质量的参数自然是天线的辐射参数和小区参数了。但是不要小瞧了电路参数和物理参数。电路参数的变化一定会在辐射参数上有所体现。至于物理参数，恐怕网络运营优化中不少问题反而出现在天线物理性能上，由于材料老化而造成内部漏水，影响了电路参数，最终影响辐射性能的情况总会见到。当然，在网络规划人员眼里，都是假设物理参数和电路参数完全满足要求，而更关注辐射参数和小区参数。

1. 辐射参数

　　天线的辐射参数可以用一张图说明，如图 7-14 所示。

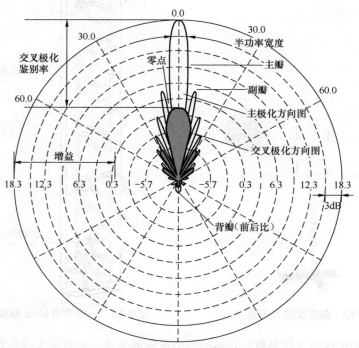

图 7-14　天线辐射参数 [此图来自 COMBA（京信通信）]

如果能得到全面的天线辐射方向图（幅度、相位图），我们就能获得天线的所有辐射参数。

（1）增益

天线增益同方向性系数一致，是在相同的辐射功率下，天线产生的最大辐射强度与无损耗理想点源天线（没有方向性，方向图为一球形，即在各方向的辐射强度相等）在同一点产生的辐射强度的比值。天线是无源器件，因此不能产生能量，只能改变能量，天线增益实际上是将能量有效集中到特定方向辐射和接收的能力。前边我们提到过，移动通信基站天线就是多个半波偶极子振子的叠加，背后再放一块反射板，为何是多个半波偶极子的叠加呢，按照天线电磁辐射原理推导就能知道，叠加越多，其增益越高，方向性越强。因此，高增益天线，其振子数越多，长度也越长。但是，既然天线不能增加能量，按照常识，其增益越高，能量不变，那么波束自然就会越窄。

（2）半功率宽度

波束的长度用增益衡量，波束的宽度就用半功率宽度衡量。半功率宽度，又称 3 dB 波束宽度、半功率角，是指当增益为天线增益一半时的波束角度。这是决定覆盖面积的重要参数：65°、90° 为大多数，不过对于特殊的场景（如街道、隧道等一些长条覆盖场景，及体育场馆等室内覆盖场景）会使用特殊半功率角的天线。智能天线的不同在于业务波束和广播波束的不同，业务波束是一个自适应的 15° 波束，而广播波束则同普通天线设计雷同，即 65°、90° ⋯⋯

（3）旁瓣（上旁瓣抑制、前后比、零点填充）

设计无旁瓣的天线，这类似于做永动机，属于美好梦想。因此，天线指标中，需要很多指标更好地监测控制旁瓣。一切非主瓣的波束都是旁瓣，基站天线的旁瓣可以分为后旁瓣、上旁瓣、下旁瓣（见图 7-15），相对应的辐射参数则为前后比（后瓣）、上旁瓣抑制（上瓣）、第一零点填充（下瓣），其目的很直接，就是让天线覆盖它需要覆盖的地面。前后比和上旁瓣抑制自不必说，后旁瓣和上旁瓣的辐射变强属于“不帮忙、净添乱”类型，因此，必然要想办法令其变小。甚至，天线外罩的材料、结构都会直接影响后旁瓣，又或者，天线正对着某个阻挡，此时如果看天线的波束，一定也是前后比变小。而至于下旁瓣，其问题的核心在于第一旁瓣和主瓣之间有个零点，这个零点的增益迅速降低。因此，在这个零点所覆盖的区域就不那么妙了，人称“塔下黑”，天线位置越高，“塔下黑”面积越大，所以会对零点填充提出要求，甚至专门设计零点填充天线。我们当然希望零点填充越大越好，但是这是要有成本的，另外，零点填充天线一样要付出代价，就是主瓣增益的下降。"塔下黑"和零点填充天线如图 7-16 所示。

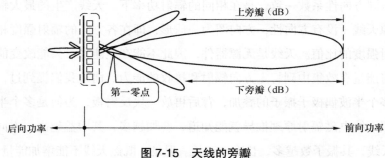

图 7-15　天线的旁瓣

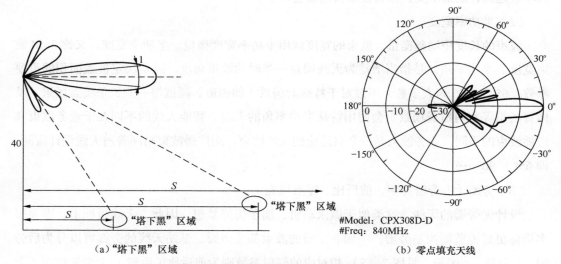

#Model：CPX308D-D
#Freq：840MHz

（a）"塔下黑"区域　　　　　　　　　　　　　　　（b）零点填充天线

图 7-16　"塔下黑"区域和零点填充天线

（4）极化

极化这个概念是电磁场中的关键概念。电波在空间场传播是个矢量波，电场强度矢量端点在空间所划过的轨迹是个三维的波（可以用正弦波来表示），这个波在空间的形状就用极化来表示。如果这个波只有水平分量（同地面平行），则为水平极化；如果只有垂直分量，则为垂直极化。如果既有水平极化，又有垂直极化，则为椭圆极化。至于天线能发出什么极化的波，则要看天线里边的半波偶极振子怎么摆，如图 7-17 所示。

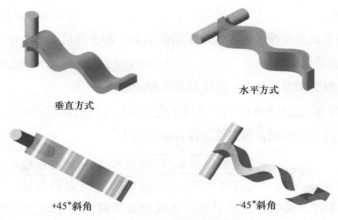

图 7-17　天线振子的极化

如果脱掉一单极化天线的外衣，你会发现单极化天线的振子全部是垂直的。这也是有说法的：水平极化传播的信号在贴近地面时会在大地表面产生极化电流，极化电流因受大地阻抗影响产生热能而使电场信号迅速衰减，而垂直极化方式则不易产生极化电流，从而避免了能量的大幅衰减，保证了信号的有效传播。

自 2003 年以来，双极化天线就从抛头露面到独霸市场。大家都喜爱双极化天线，归根结底还是因为双极化天线利用了极化分集，这样减少了一副天线。双极化天线就是把两副天线的振子用 90° 极化的方式做到了一起，这样一副天线就能扮演分集接收的角色。前边"裸体天线"的图（见图 7-13）就是一副典型的 ±45° 双极化天线，那里面的振子都是斜着的。对于双极化天线，大家都知道有水平 / 垂直双极化和 ±45° 双极化，而通信宏蜂窝基站里普遍使用的是 ±45° 双极化天线，这也是有说法的。刚刚不是说了水平极化会有衰减，因此水平 / 垂直双极化天线两个极化的接收增益就会有差距，自然不好用。另外，在所有的双极化天线中，能够推算出来，只有 ±45° 双极化的水平分量和垂直分量达到最大，同时，±45° 双极化天线由于在天线体内的对称分布，使得它后边的馈电更加均匀，更好设计。

对于天线极化的辐射参数，主要为交叉极化鉴别率，就是指交叉极化的电平跟主极化电平的比，如果主极化为 +45°，则交叉极化鉴别率是 –45° 方向的接收电平与 +45° 方向的接收电平之比。这个值对双极化天线有些用处。

2．电路参数

天线的电路参数是指振子背后馈电电路的参数。振子背后的馈电电路有印制板、同轴线等，都可以看作是两条传输线。因此，关于传输线的主要参数无非就是驻波比、输入阻抗、极化隔离度、无源交调等，其中驻波比是最关键的参数。

驻波比（VSWR）是因为在电路里出现了直射波和反射波而形成驻波，当驻波比过大时，意味着馈线与天线并不匹配，很多能量没有辐射出去。

$$\text{VSWR} = \frac{\sqrt{发射功率} + \sqrt{反射功率}}{\sqrt{发射功率} - \sqrt{反射功率}} = \frac{1 + 反射系数}{1 - 反射系数} \qquad （7–11）$$

当驻波比 >1 时，说明存在反射波，天线增益下降，同时增加了馈线损耗；当驻波比 = 3.0 时，天线将反射 25%，馈线损耗增加 15%，整体损失达 40%；一般来说，民用通信天线的驻波比不能 >1.5，这样反射的损失低于 5% 而可以忽略。

驻波比是天线测量的关键参数，也是馈线测量的关键参数，甚至是基站开站后测量的关键参数，因为用驻波比能够检测出设备是否有问题，是否正确连接。另外，有时当天线之前有较大阻挡时，驻波比也会提高。作为网络规划人员，至少要了解一下驻波比的概念，这样至少能方便地和施工人员、设备商、网络优化人员沟通。

至于输入阻抗、极化隔离度、无源交调参数等，自然是多知道一点就能让你多一点底气。只是本书不是关乎天线设计的书，也就不多分析其技术细节了。

3．小区参数

（1）天线高度和方位角

天线有效高度是指天线安装的实际海拔高度和预期覆盖边缘位置的高度差。平均有效高度是指实际安装高度和覆盖区内的平均高度差。在基站发射功率一定的情况下，天线挂高是确定小区覆盖半径的决定因素。

小区方位角可能是规划中最常修改的参数了。第 1 章提到过蜂窝结构，规划人员总是希望尽可能按照蜂窝来进行规划，这就要求方位角尽可能地按某一标准来设置（比如 0°、120°、240°），但到现场直接查勘时就能发现，哪有那么标准的蜂窝，不对方位角进行调整，波导效应、街角效应都可能出现，也覆盖不到该覆盖的地区。

（2）天线下倾角

前面解决覆盖问题中屡次提到了高站问题，解决高站问题的一个办法就是增加天线下倾，让天线的覆盖范围更小。不过天线的机械下倾角过大时会导致天线方向图严重变形（主瓣前方产生凹坑），给网络的覆盖和干扰带来许多不确定因素，因此机械下倾角不宜过大（一般不超过 9°）。后来，一些天线"大师"根据传输线的特性联想到了能否通过改变馈电电路实现不改变天线振子达到天线波束的下倾，这就是电调下倾。电调下倾天线的发明是通信天线的一个具有历史意义的发明，因为其原理和智能天线波束赋形的原理很类似。天线下倾角因此可以做得更大，而不会使天线的方向图发生畸变。

7.5.2 天线分类

对基站天线的分类可以分几个维度，按天线波束方向可分为全向天线和定向天线；按天线极化类型可分为单极化天线和双极化天线；按天线下倾方式可分为机械下倾天线和电调下倾天线；另外，按天线波束特点还分为普通天线和智能天线；按天线频段还分为单频天线和多频天线。

1. 全向天线和定向天线

所有看见这个名字的人都知道它俩的区别。全向天线，就是水平 360° 均匀辐射的天线，天线的水平方向图为一个近似圆；而定向天线，就是在水平方向图上表现为一定角度范围辐射。全向天线和定向天线如图 7-18 所示。

随着网络规模的增大，网络覆盖的细化及天线成本的降低，全向天线使用得越来越少，连偏远的农村，人迹罕至的珠峰都使用了定向天线。毕竟定向天线的增益高，覆盖效果好。

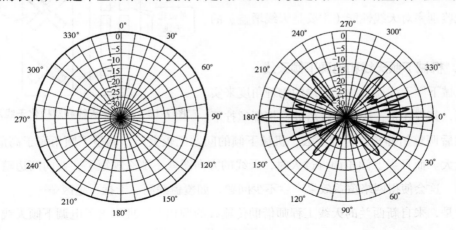

图 7-18 全向天线和定向天线

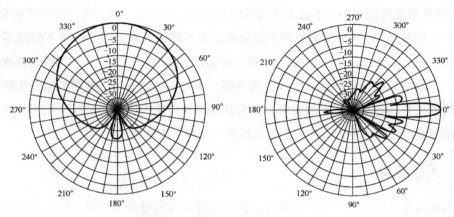

图7-18　全向天线和定向天线（续）

2．单极化天线和双极化天线

前面提到天线的极化特性时已经提到了单极化天线和双极化天线，图7-19所示为两种天线内部振子的示意图。

双极化天线的最大好处就是，节约天线。省一副天线，就意味着省一个空间，也就意味着节能减排、绿色环保。当然，双极化天线付出的代价就是每副天线的成本和极化分集效果（极化分集在开阔地不如空间分集）、极化隔离度、交叉极化鉴别率对天线性能（主要是天线增益）的影响。

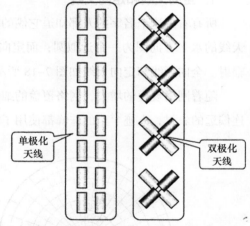

3．机械下倾天线和电调下倾天线

机械下倾天线通过改变天线的物理角度来实现下倾，其程序是：爬到天线塔处，把螺丝拧下

图7-19　单极化天线和双极化天线示意图

来，然后调整俯仰角，再拧上去。机械下倾的问题比较突出，调整下倾角属于高危工作，工作量大。而且当下倾角调得过大时，天线的方向图就不那么规矩了，要向两边畸变，中间凹陷。这会使得网络覆盖效果产生不少问题，如覆盖漏洞、干扰、越区……

于是，来自新西兰的天线工程师借助传输线的调相器原理想出了电调下倾天线，即在天线的馈电电路中给每个振子背后的馈电线增加调相器（实际就是一种介质），以调整每个振子的相位，当每个振子的相位同时发生变化达到依次相差 Φ 时，其天线的波束也会发生角度 θ 变化，θ 和 Φ 的关系为：

$$\Phi = \frac{2\pi}{\lambda} d \cdot \sin\theta_0 \qquad (7\text{--}12)$$

这样直接调整调相器，下倾角 θ 就形成了，如图 7–20 所示。而这种调整经过电机、齿轮及导线的作用，可以在远端进行控制，甚至当数字化之后可以在网管中监控。这就给天线规划带来几个好处，最大的好处当然是可以做大角度下倾而不用担心方向图畸变，另外也不需要人工爬塔调整下倾角，最多在天线下部转转旋钮，更方便的还可以

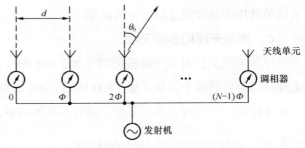

图 7-20　电调天线设计原理

在机房处使用电调器调整，还可以开发出直接在 OMC 中靠软件来调整的电调天线。

电调下倾天线和机械下倾天线方向图对比如图 7–21 所示。

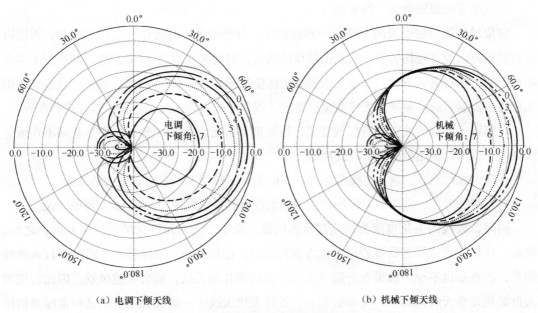

（a）电调下倾天线　　　　　　（b）机械下倾天线

图 7-21　电调下倾天线和机械下倾天线方向图对比

实际上，智能天线的原理和电调下倾天线的原理很类似，电调下倾天线是通过调相器调整每个振子的垂直方向相位，而智能天线是通过自适应的处理器来调整每个阵元的水平方向相位，以达到波束自适应。如果将电调下倾天线的移相器做成自动调节的，那也可当成一种智能天线。

电调下倾天线结构复杂化带来了成本上升、增益下降和可靠性降低。因此，电调下倾天线最常用的地方就是城市中的高站。

4．单频天线和多频天线

单频天线只针对单个频段使用（如2 500 MHz），天线内部的振子也就单一了。而多频天线则需要针对多个频段（如1 800 MHz/1 900 MHz/2 500 MHz），就意味着天线内部的振子设计多样化，毕竟波长差了不少。随着系统的增多，多频天线的使用可能更加紧迫了。

7.5.3 天线在覆盖规划中的战法

天线在覆盖规划中所起的作用不小，如果不根据环境调整天线类型、倾角，那么覆盖效果必然显现不出来。

天线配置的原则就是"因地制宜"。

密集城区就尽量配贵的天线——不要最好，只要最贵。双极化肯定是必需的，否则占天面的地方不说，还伤害了广大人民群众的感情。那些高度超过40 m的站，都给配上零点填充天线，还得电调下倾。否则怎么解决越区覆盖和"塔下黑"。而且，多个通信系统的引入还得逼迫运营商尽量减少天线数量，降低天线尺寸，多频天线也得根据情况进行配置。

在郊区，天线的波束就可以放宽了，根据覆盖情况使用90°天线，要是基站不在敏感区域内，也可以使用单极化天线提高增益。

在广大农村地区，就是平衡覆盖和成本的关系，选择又便宜覆盖又大的天线。

对于带状覆盖、室内覆盖等场景，天线也得设置得更合理，在第11章再说一说。

同时，天线的美化也成为快速蔓延的问题。除了广大人民群众的感情需要保护之外，物业、环保、景观等都需要通过美化方案来实现，比如某个皇家园林，一到节假日人就特别多，话务量也不少，如果在公园里安几个铁塔和几副天线，就会大煞风景。因此，规划人员必须要将天线同周围环境和谐起来，设计美化天线（一般都会用松柏这种常绿植物做美化天线，这也是有用意的）。

Chapter 8
第 8 章
频谱

8.1　频谱街 900 号，最佳地块

8.1.1　频谱一条街：频谱图

放眼整个无线电频率一条街，这是一条长街，从 3 kHz ～ 300 GHz，图 8-1 所示为我国无线电频率划分图有多少种业务在这条街上占了"地段"。

但是截至 4G，真正适合移动通信的频段却只是在 400 MHz ～ 6 GHz 的范围。这块地段是移动通信适用的地段，其余地段要么受电波传播限制（电波传播距离过近），要么受天线的限制（天线尺寸过大），都不适合现在的蜂窝结构小区。而且一般来说，越向低频越黄金，因为越向低频，电波的传播损耗、穿透损耗越低，越能满足覆盖要求。850 ～ 950 MHz 频段属于移动通信的黄金地段，小区覆盖最合适（如果频率太高，则小区覆盖过小，这在第 7.2 节已经讲过），天线尺寸也最适中（如果频率太低，则天线尺寸会过大），用房地产语言就是：交通便捷，出门 50 米地铁站，左拥商圈，右抱高科技园区；五大城市公园环抱，20 里沿河蜿蜒；成熟庄园式园林，曲水流觞，五星级酒店服务管家；如果是 870 ～ 910 号，那就是大名鼎鼎的学区房。

但是，900 MHz 左右的地块最多 100 MHz，再仔细分析整个 400 MHz ～ 6 GHz，卫星系统、航空遥测、雷达、定位、广播电视都占了不少位置。不管怎么说，移动通信不能因为有需求、需求大就把别人赶跑；而且，谈到需求，恐怕谁的需求更重要、更关键、更紧迫还很难说！所以，在频谱一条街上，想再占点好地块越来越难了。

想在频谱上做些变动是要费功夫的。这不单是一个技术问题，而是一个上升到国际层面的政治、经济问题。ITU-R 的主要工作之一就是编制、修订无线电规则。这涉及本国频率业务与他国频率业务之间的互通和干扰问题。中国一贯的态度就是站在国家层面遵守国际无线电规则，并影响国际无线电规则朝对自己有利的方向发展。因此，为新的移动通信业务找频谱就变成了国际问题。

在国际层面有了初步定论之后，国内层面还得有新的协调。如果仔细观察频谱图（具

体参考 2014 年 2 月发布的《中华人民共和国无线电频率划分规定》），能看到更多的内容，比如，同样的频段，可以存在多种业务，如移动通信、定位和广播电视。但是，如果真的想让它们如图中一样和平共处，那是个难题。在无线电规则中，多数共存并不强调优先级，但是这并不意味着 A 系统可以干扰 B 系统。而出现干扰，就会有斗争、退让、中立、妥协。因此，对国内频谱图的修订依旧需要经历一番协调工作。协调两个字看上去简单，背后的研究和管理工作可够复杂的。

8.1.2　频谱需求的估算

有需求才会有供给，频谱作为网络容量的基本资源供给，其规划方法一样遵循需求估算、供需匹配、使用估算的过程。第 6 章的容量规划内容已经提到了频谱需求的问题。此处在更高的层面上对频谱需求做一番解读。

首先，国际电联就频谱问题会每隔几年（一般是 4 年，如 2011 年、2015 年）召开一次盛会——WRC 大会。各帮各派的英雄豪杰共聚一堂，共商未来无线电频率的分配大业。在每一届的 WRC 大会上会对上一届 WRC 大会制定的研究议题进行讨论表决，最终形成新版的世界无线电规则。频谱需求估算工作是开启新频谱划分工作的重中之重。以 WRC-19 大会 1.13 议题为 IMT-2020 划分新频谱研究议题为例（见图 8-1），会议分配 WP5D 工作组研究 IMT-2020 系统的频谱需求工作，频谱需求计算流程如下。

第一步，确定网络部署中的典型场景；

第二步，根据 IMT-2020 系统性能，对照典型场景下的业务能力；

第三步，依次确定典型场景下的站型配置、技术演进等实际因素下可能部署的无线通信制式；

第四步，确定相应场景下的频谱效率；

第五步，得到相应场景下的最低频谱需求，并根据最小部署带宽要求，得到各场景下的频谱需求量；

第六步，结合制式 / 场景的频段部署特点确定总的频谱需求。

根据测算，IMT-2020 系统的频谱需求如表 8-1 所示。

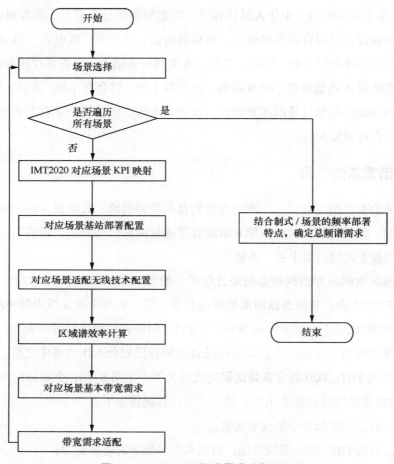

图 8-1　IMT-2020 频谱需求分析过程

表 8-1　IMT-2020 系统频谱需求

部署场景	Macro	Micro	Indoor
6 GHz 以下需求	611 ~ 916 MHz	—	—
24.25 ~ 43.5 GHz 需求	—	4.9 ~ 7.3 GHz	4.9 ~ 7.3 GHz
45.5 ~ 86 GHz 需求	—	—	8.4 ~ 12.7 GHz
24.25 ~ 86 GHz 需求	—	13.3 ~ 20 GHz	

8.2 干扰

8.2.1 系统间干扰：不要进我的地盘

刚刚说了这么多移动通信可用频率，其中最大的问题就是系统共存。在 ITU–R 上所提到的那么多新的频段为什么要讨论来讨论去，最核心的问题就是这些频段已经被其他业务使用了，而移动通信想利用这个频段，但是怎么才能保证多业务共存呢？

按照干扰源系统与受干扰系统的频率使用情况来划分，干扰可以分为同频干扰及非同频干扰。其中同频干扰包括 GPS 失步干扰、大气波导干扰、网内干扰、异系统非法占用干扰、干扰器干扰等，而非同频干扰主要包括阻塞干扰、杂散干扰及互调干扰。

1. 同频干扰

（1）GPS 失步干扰

GPS 失步干扰主要存在于 TDD 系统。在出现 GPS 失步时，失步基站的下行信号发射会对周围大面积基站的上行信号造成强干扰，GPS 失步干扰主要呈现面积大、强度高的特点。

（2）大气波导干扰

根据 ITU–R P.452 建议书，表面大气波导属短期干扰机理，主要产生在水面上和在平坦的沿海陆地区域，它可能在很远距离（海面上长于 500 km）上产生高信号电平。在某些条件下，这样的信号可能超过等效"自由空间"电平。因此对于 TDD 系统来讲，远端基站的下行时隙信号会落入本地基站的上行时隙，造成大面积受干扰问题。

大气波导通常分为三类：表面波导、抬升波导和蒸发波导。其中，蒸发波导一般发生在海洋大气环境，表面波导、抬升波导在陆地和海洋环境中都存在。

（3）网内业务干扰

对于同频组网的系统来讲，如 LTE 系统，上行网内干扰主要由于邻区终端的业务量造成。随着用户规模的发展以及用户高流量行为习惯的逐步形成，系统的上行网内业务干扰水平将不断提升，网内业务干扰问题将凸显，因此有必要开展网内干扰识别与优化工作，将干扰控制在合理的范围内。

（4）异系统占用

异系统占用主要指其他无线通信系统非法使用某公司授权频率，对该公司网络造成的干扰，针对此类干扰，应重点通过行业间协调进行解决。

（5）干扰器

干扰器主要针对各类考场、学校、加油站、教堂、法庭、图书馆、会议中心（室）、影剧院、医院、政府部门、金融机构、监狱、军事重地等禁止使用手机的场所。干扰器的主要作用是阻断附近手机与基站的通信链路。

2. 非同频干扰

（1）阻塞干扰

阻塞干扰是指当强干扰信号与有用信号同时加入接收机时，强干扰会使接收机链路的非线性器件饱和，产生非线性失真。有用信号过强，也会产生振幅压缩现象，严重时会产生阻塞。产生阻塞的主要原因是器件的非线性，特别是引起互调、交调的多阶产物，同时接收机的动态范围受限也会引起阻塞干扰。

（2）杂散干扰

杂散干扰是指某个系统在发射频段外的杂散发射落入另外一个系统接收频段内造成的干扰，杂散干扰直接影响了系统的接收灵敏度。杂散发射包含谐波发射、寄生发射、互调产物及变频产物，但带外发射除外。当杂散发射的干扰信号电平超过被干扰系统的接收灵敏度一定比例时，会导致其接收机的接收灵敏度下降，从而导致被干扰系统 QoS 指标下降。

（3）互调干扰

互调干扰是由于系统的非线性导致某个系统多个载频产生的互调产物落到其他系统的接收频段，使接收机信噪比下降，主要表现为系统信噪比下降和服务质量恶化。

互调失真中以二阶和三阶失真幅度为最大，阶数越高失真越小。频率为 f_1 和 f_2 的信号产生的三阶交调频率等于（$2f_1 \pm f_2$），二阶互调频率为 $f_1 \pm f_2$，当 $f_1 = f_2$ 时，即二次谐波。三阶以上互调失真幅度较小。F 频段 TD-LTE 受到的干扰主要考虑三阶互调和二次谐波、二阶互调的影响。

8.2.2　干扰评估

既然这么多系统都在频谱街上占了地盘，而且有的还做了邻居，那就难免磕磕碰碰，比如张家的狗叼走了李家的鸡，李家的娃又欺负了王家的娃，王家的垃圾堆到了邻居赵家门口……频谱街的街道办事处——ITU-R 频谱组——就得研究出一套评估方法去做仲裁。

　　首先，得分析一下几类干扰的状况，重点分析何种干扰。之前已经说了，重点分析基站对基站的干扰，也就是上行对上行的干扰，之后分析下行对上行的干扰；其次，对于杂散、邻频、阻塞和互调干扰，首先得看是否存在这样的干扰，比如是否符合标准中约定的"邻频"，如果不符合，就不是邻频干扰。是否交调产物落到了自家门口，如果没有交调产物，就不会有交调干扰。最后，再进行干扰的评估。由此分析，最普遍的干扰是杂散干扰和阻塞干扰，之后如存在邻频，则要分析邻频干扰。只有几类系统间干扰存在互调干扰。

　　3GPP 25.942 编制了两路方法：确定性计算方法和仿真方法。3GPP 更加推崇仿真的方法，仿真总归能将各种因素全部考虑进去，显得更有说服力。不过，简单的确定性计算方法也有好处，那就是能在最短的时间内做出估算。

　　确定性计算方法的实质还是链路预算，即根据两系统干扰的链路情况，确定其隔离度［对于终端参与的干扰，则是 MCL（最小允许耦合损耗）］，以达到干扰门限（系统间干扰的"损益平衡点"）。

　　对于杂散干扰，以最典型的基站对基站（上行干扰上行）为例，可以拿一个图来建模，如图 8-2 所示。

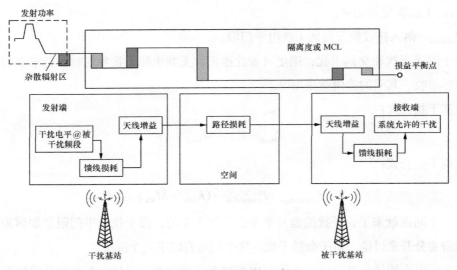

图 8-2　系统间干扰的建模

图 8-2 转换成公式就是：

$$I_{\text{spurious}} = P_{\text{spurious}} - (K_{\text{BW}} + M_{\text{RX}}) \qquad (8\text{-}1)$$

其中，

P_{spurious}：干扰系统发射机在被干扰系统频段内的杂散指标；

K_{BW}：带宽转换因子，$K_{\text{BW}} = 10 \times \lg(BW_{\text{TX}} / BW_{\text{RX}})$；

M_{RX}：系统允许的干扰值，即干扰的损益平衡点（与能够接受的灵敏度恶化量有关）。

对于邻频干扰，需引入 ACIR（邻道干扰比）的概念。ACIR 是由两个值组合而成，即 ACS（邻道选择性）和 ACLR（相邻频道泄漏比）。ACIR 公式为：

$$ACIR = \frac{1}{\dfrac{1}{ACS} + \dfrac{1}{ACLR}} \qquad (8\text{-}2)$$

由公式（8-2）知道，邻道干扰是同时受发射机性能和接收机性能限制的，当 ACS 小时，ACIR 就接近 ACS；当 ACLR 小时，ACIR 就接近 ACLR。

而邻频干扰的公式则为：

$$I_{\text{adjacent}} = P_{\text{TX}} - ACIR - M_{\text{adjacent}} \qquad (8\text{-}3)$$

其中，

P_{TX}：干扰源发射功率；

M_{adjacent}：落入接收频带内的干扰电平门限。

对于阻塞干扰和交调干扰，则更可如此推理，无非也是干扰发射机按标准发射，接收机按指标接收，其间的差值就是 MCL。

阻塞干扰公式：

$$I_{\text{block}} = P_{\text{TX}} - M_{\text{block}} \qquad (8\text{-}4)$$

交调干扰公式：

$$I_{\text{intermodule}} = P_{\text{intermodule}} - (K_{\text{BW}} + M_{\text{RX}}) \qquad (8\text{-}5)$$

下一个问题就来了，干扰的盈亏平衡点是怎么来的，即干扰电平门限是如何来的？这个问题需要分开来讨论。对于杂散干扰，这个门限有以下几个说法。

（1）门限为使接收机灵敏度恶化 1 dB 所需的干扰电平，灵敏度恶化的公式如下：

$$\text{灵敏度恶化} = 10 \cdot \lg\left(\frac{10^{\frac{NoiseFloor}{10}} + 10^{\frac{I_{rx}}{10}}}{10^{\frac{NoiseFloor}{10}}}\right)$$

$$= 10 \cdot \lg\left(1 + 10^{\frac{I_{rx} - NoiseFloor}{10}}\right)$$

（8-6）

不同干扰信号引起的灵敏度恶化如表 8-2 所示。

表 8-2　不同干扰信号引起的灵敏度恶化

I_{rx}–$NoiseFloor$（dB）	灵敏度恶化值（dB）
−20	0.04
−16	0.1
−12	0.37
−10	0.4
−9	0.5
−6	0.97
−3	1.76
0	3

当灵敏度恶化 1 dB 时，查表可以得出 I_{rx}–$NoiseFloor$ 为 −6 dB，即干扰电平比接收机底噪小 6 dB，此说法来自于 ITU–R WP6。

（2）认为干扰电平需低于底噪 10 dB。这 10 dB 之说是认为，当干扰电平为此值时，经仿真所造成的系统覆盖（或容量）恶化为 5%，属可接受范畴。对于阻塞干扰，则在标准 25.104、25.105 的第 7 节中详述了门限要求。而互调干扰，其门限要求同样在标准 25.104、25.105 中给出。

下面以我国 TD–LTE 的专网系统与邻频 IMT 系统的干扰共存问题为例，详细解释干扰评估相关过程。

干扰场景主要涉及三种系统：1 755 ~ 1 785 MHz/1 850 ~ 1 880 MHz 频段的 LTE FDD 系统，1 785 ~ 1 805 MHz 频段的 TD 专网系统和 1 710 ~ 1 755 MHz/1 805 ~ 1 850 MHz 频

段的 GSM 系统（包括单模和多模设备），三个系统的设备接收均会受到来自邻频系统设备发射带来的干扰，干扰场景具体如表 8-3 所示。

表 8-3　三个系统受邻频系统设备发射干扰场景

干扰系统设备	受扰系统设备	干扰场景	干扰风险	共存研究
基站	基站	下行发射干扰上行接收	大	需要
基站	终端	下行发射干扰下行接收	小	不需要
终端	基站	上行发射干扰上行接收	小	不需要
终端	终端	上行发射干扰下行接收	小	不需要

在四种干扰场景中，基站间的干扰最为苛刻：基站作为干扰系统时，其发射功率大、发射的时间连续性强，造成的干扰显著强于终端；而作为受扰系统时，基站灵敏度更低且地理位置固定，受到的干扰也较终端更严重。因此，两系统间的干扰共存应以基站间干扰共存为重点。

确定性分析方法和系统仿真方法是目前无线通信系统间干扰共存研究普遍采用的两种方法。确定性分析方法基于链路预算原则，简单高效，通过数值计算得出两系统共存所需隔离度，但由于一般选取干扰最严重的链路（路径损耗最小、发射功率最大、收发天线增益最大），确定性分析所得的干扰结果比较悲观。而系统仿真方法则通过复杂、精确的迭代仿真得出系统间干扰共存时的相关统计数据。

由于确定性分析方法得到的苛刻的计算结果可以更好地保护系统不受干扰，在干扰容忍能力相对较差的基站间干扰场景非常适用，往往用于基站间共存的干扰分析和基站射频指标的研究。确定性分析方法通常采用一定的底噪抬升（或称灵敏度损失）作为评估准则确定最大允许的外系统干扰强度。底噪抬升（或灵敏度损失）将造成小区覆盖的收缩，根据一定的覆盖场景（传播模型）可以计算出不同的底噪抬升对应的小区收缩量。通过确定性分析方法可以得出系统间干扰保护（射频指标、系统间隔离等）与覆盖收缩变化之间的对应关系。

1. 系统参数

表 8-4 所示为系统参数表。其中，I/N 表征系统对外来干扰的容忍能力，I/N 取 −6 dB 对应在外来干扰下，系统接收机底噪抬升 1 dB。

表 8-4 系统参数

系统参数	GSM	LTE FDD	TD-LTE 专网
工作频段	1 805 ～ 1 880/1 710 ～ 1 785 MHz	1 805 ～ 1 880/1 710 ～ 1 785 MHz	1 785 ～ 1 805 MHz
载波带宽	200 kHz	20 MHz	5/10 MHz
基站发射功率	46 dBm	46 dBm	40/43 dBm
热噪声密度	−174 dBm/Hz	−174 dBm/Hz	−174 dBm/Hz
噪声系数	5 dB	5 dB	5 dB
I/N	−6 dB	−6 dB	−6 dB

2. TD-LTE 专网系统与邻频 GSM 共存

在两系统共存研究的场景中，主要考虑两种频率隔离场景：5 MHz 频率间隔和紧邻频。

（1）两系统 5MHz 频率间隔共存

当 LTE 专网与 GSM 公网频率间隔 5 MHz 工作时，即 LTE 专网工作于 1 790 ～ 1 800 MHz 频段，根据《关于重新发布 1 785 ～ 1 805 MHz 频段无线接入系统频率使用事宜的通知》中的规定，专网在 1 710 ～ 1 785 MHz 频段的杂散指标为 −65 dBm/MHz。

GSM 基站杂散要求可以参考 3GPP 45.005 中的 4.3−1 规定的测试带宽，4.3.2.1 节的要求（−36 dBm），以及 4.7.2 节中规定的 GSM 工作带宽外 10 MHz 内都属于带内，折算出两系统 5 MHz 频率间隔时带内杂散要求为 −24.3 dBm/MHz。

无用发射干扰确定性计算如表 8−5 所示。

表 8-5 无用发射干扰确定性计算

参数	GSM 干扰 TD-LTE 专网	升级后 1 800 MHz LTE FDD 设备干扰 TD-LTE 专网	TD-LTE 专网干扰 GSM	TD-LTE 专网干扰 升级后 1 800 MHz LTE FDD 设备
热噪声密度（dBm/Hz）	−174	−174	−174	−174
噪声系数（dB）	5	5	5	5
基站底噪（dBm/MHz）	−109	−109	−109	−109
I/N（dB）	−6	−6	−6	−6

续表

参数	GSM 干扰 TD-LTE 专网	升级后 1 800 MHz LTE FDD 设备干扰 TD-LTE 专网	TD-LTE 专网干扰 GSM	TD-LTE 专网干扰 升级后 1 800 MHz LTE FDD 设备
干扰容忍门限（dBm/MHz）	−115	−115	−115	−115
无用发射功率（dBm/MHz）	−24.3	−13	−65	−65
系统间隔离度需求（dB）	90.7	102	50	50

GSM 基站阻塞要求可以参考 3GPP 45.005 中的要求 5.1–2a 和 5.1–2a.1。

3GPP TS 45.005 中 5.1–1c 规定，1 785 ~ 1 805 MHz 频段是 DCS1800 的接收机带内频段范围，考虑到 LTE 信号的峰均比，GSM 系统抗 LTE 信号的能力比抗单音信号弱，因此直接用宽带信号功率计算抗阻塞隔离度，不折算到 200 kHz 带宽，因此阻塞干扰确定性计算如表 8–6 所示。

表 8-6　阻塞干扰确定性计算

参数	GSM 干扰 TD-LTE 专网	升级后的 1 800 MHz LTE FDD 设备干扰 TD-LTE 专网	TD-LTE 专网干扰（单载波）GSM	TD-LTE 专网干扰（多载波）GSM	TD-LTE 专网干扰升级后的 1 800 MHz LTE FDD 设备
发射功率（dBm）	46	46	33	33	33
载波带宽（MHz）	0.2	20	10	10	10
总发射功率（dBm）	46	46	43	43	43
接收机阻塞（dBm）	−43	−43	−25	−25	−43
系统间隔离度需求（dB）	89	89	68	68	86

通过计算可以得出，在两系统工作频段间存在 5 MHz 频率保护的前提下，为了规避由公网对专网的无用发射带来的干扰，需要两系统隔离度大于 102 dB，公网为了规避专网带来的阻塞干扰，需要两系统隔离度大于 89 dB。

（2）两系统紧邻频共存

当 LTE 专网与 GSM 公网紧邻频工作时，即 LTE 专网工作于 1 795 ~ 1 805 MHz 频段，根据《关于重新发布 1 785 ~ 1 805 MHz 频段无线接入系统频率使用事宜的通知》中的规定，专网在 1 710 ~ 1 785 MHz 频段的杂散指标为 –65 dBm/MHz，与间隔 5 MHz 频率工作时要求一致。

GSM 基站杂散要求可以参考 3GPP 45.005 中的 4.3–1 规定的测试带宽，4.3.2.1 节的要求（–36 dBm），以及 4.7.2 节中规定的 GSM 工作带宽外 10 MHz 内都属于带内，折算出两系统紧邻频共存时带内杂散要求为 –22.6 dBm/MHz。

无用发射干扰确定性计算如表 8–7 所示。

表 8-7   无用发射干扰确定性计算

参数	GSM 干扰 TD–LTE 专网	升级后 1 800 MHz LTE FDD 设备干扰 TD–LTE 专网	TD–LTE 专网干扰 GSM	TD–LTE 专网干扰 升级后 1 800 MHz LTE FDD 设备
热噪声密度（dBm/Hz）	–174	–174	–174	–174
噪声系数（dB）	5	5	5	5
基站底噪（dBm/MHz）	–109	–109	–109	–109
I/N（dB）	–6	–6	–6	–6
干扰容忍门限（dBm/MHz）	–115	–115	–115	–115
无用发射功率（dBm/MHz）	–22.6	–7.7	–65	–65
系统间隔离度需求（dB）	92.4	107.3	50	50

工作频段外 0 ~ 5 MHz 的阻塞参考 3GPP TS36.104 中 7.5 节的要求。相邻信道选择性干扰如表 8–8 所示。

表 8-8   相邻信道选择性干扰

最小（最高）接受载波的 E–VTRA 信道带宽 [MHz]	需求信号最小平均功率 [dBm]	干扰信号平均功率 [dBm]	子块内干扰信号中心频编 [MHz]	干扰信号类型
5	$P_{REFSENS}$ + 6 dB*	–52	± 2.5025	5 MHz E-UTRA signal
10	$P_{REFSENS}$ + 6 dB*	–52	± 2.5075	5 MHz E-UTRA signal
20	$P_{REFSENS}$ + 6 dB*	–52	± 2.5025	5 MHz E-UTRA signal

阻塞干扰确定性计算如表 8–9 所示。

通过计算可以得出，当两系统工作频段紧邻的前提下，为了规避无用发射带来的干扰，需要两系统隔离度大于 107.3 dB，为了避免阻塞带来的干扰，需要两系统隔离度大于 98 dB。

表 8-9　阻塞干扰确定性计算

参数	GSM 干扰 TD-LTE 专网	升级后的 1 800 MHz LTE FDD 设备干扰 TD-LTE 专网	TD-LTE 专网干扰（单载波）GSM	TD-LTE 专网干扰（多载波）GSM	TD-LTE 专网干扰升级后的 1 800 MHz LTE FDD 设备
发射功率（dBm）	46	46	33	33	33
载波带宽（MHz）	0.2	20	10	10	10
总发射功率（dBm）	46	46	43	43	43
接收机阻塞（dBm）	−52	−52	−25	−25	−52
系统间隔离度需求（dB）	98	98	68	68	95

可以看出，工作频段 5 MHz 以外的射频指标显著优于 5 MHz 以内的，因此两系统共存时，工作频段 5 MHz 以内的干扰决定了系统间共存需求。为此，在确定性计算时，主要考虑工作频段外 0 ~ 5 MHz 范围的干扰共存。

3. TD-LTE 专网系统与邻频 LTE FDD 共存

在两系统共存研究的场景中，主要考虑两种频率隔离场景：5 MHz 频率间隔和紧邻频。其中，5 MHz 保护带主要参考工信部就 LTE FDD 与邻频 TD-LTE 系统共存的相关文件（《中华人民共和国工业和信息化部公告 2015 年第 80 号》），为了解决上述两系统的共存问题，该文件对两系统在频率使用方式、射频指标和射台要求等方面提出了要求。

（1）两系统 5 MHz 频率间隔共存

在 5 MHz 频率保护带的频率设置方式下，LTE 基站性能指标可参考上述文件要求，即基站发射机在工作频段 5 MHz 外的杂散发射指标为 −65 dBm/MHz，基站接收机在工作频段 5 MHz 外的阻塞指标为 −5 dBm（干扰信号带宽 5 MHz）。

无用发射干扰确定性计算如表 8-10 所示。

表 8-10　无用发射干扰确定性计算

参数	LTE FDD 干扰 TD-LTE 专网	TD-LTE 专网干扰 LTE FDD
热噪声密度（dBm/Hz）	−174	−174
噪声系数（dB）	5	5
基站底噪（dBm/MHz）	−109	−109

续表

参数	LTE FDD 干扰 TD-LTE 专网	TD-LTE 专网干扰 LTE FDD
I/N（dB）	-6	-6
干扰容忍门限（dBm/MHz）	-115	-115
无用发射功率（dBm/MHz）	-65	-65
系统间隔离度需求（dB）	50	50

阻塞干扰确定性计算如表 8-11 所示。

表 8-11　阻塞干扰确定性计算

参数	LTE FDD 干扰 TD-LTE 专网	TD-LTE 专网干扰 LTE FDD	
发射功率（dBm）	46	40	43
载波带宽（MHz）	20	5	10
归一化发射功率（dBm/5 MHz）	40	40	
接收机阻塞（dBm）	-5	-5	
系统间隔离度需求（dB）	45	45	

通过计算可以得出，在两系统工作频段间存在 5 MHz 频率保护的前提下，为了规避由无用发射和阻塞带来的干扰，需要两系统隔离度大于 50 dB。

（2）两系统紧邻频共存

当两系统紧邻频时，两系统工作频段外 0 ~ 5 MHz 的射频指标主要由发射机频谱模板和接收机邻道选择性确定，参考 3GPP TS36.104 中第 6.6.3 节 Operating band unwanted emissions 和第 7.5 节 Adjacent Channel Selectivity (ACS)。

可以看出，工作频段 5 MHz 以外的射频指标显著优于 5 MHz 以内的，因此两系统共存时，工作频段 5 MHz 以内的干扰决定了系统间共存需求。为此，在确定性计算时，主要考虑工作频段外 0 ~ 5 MHz 范围的干扰共存。

无用发射干扰确定性计算如表 8-12 所示。阻塞干扰确定性计算如表 8-13 所示。

通过计算可以得出，当两系统工作频段紧邻的前提下，为了规避由无用发射和阻塞带来的干扰，需要两系统隔离度大于 107.3 dB。

表8-12　无用发射干扰确定性计算

参数	LTE FDD 干扰 TD-LTE 专网	TD-LTE 专网干扰 LTE FDD
热噪声密度（dBm/Hz）	−174	−174
噪声系数（dB）	5	5
基站底噪（dBm/MHz）	−109	−109
I/N（dB）	−6	−6
干扰容忍门限（dBm/MHz）	−115	−115
无用发射功率（dBm/5 MHz）	−0.7	−0.7
归一化无用发射功率（dBm/MHz）	−7.7	−7.7
系统间隔离度需求（dB）	107.3	107.3

表8-13　阻塞干扰确定性计算

参数	LTE FDD 干扰 TD-LTE 专网	TD-LTE 专网干扰 LTE FDD	
发射功率（dBm）	46	40	43
载波带宽（MHz）	20	5	10
归一化发射功率（dBm/5 MHz）	40	40	
接收机阻塞（dBm）	−52	−52	
系统间隔离度需求（dB）	92	92	

8.2.3　干扰解决方案

通过干扰评估的计算和仿真得出隔离度之后，就得想办法实现隔离度的要求。大家最希望的就是远离干扰信号，以彻底实现无干扰。但是，既然是多系统共存，谁都知道这不可能，甚至出于成本、资源的考虑，还希望这些互相干扰的系统能够共享资源，大家共同生活在一个站址上。由此，降低干扰实现隔离也就需要进一步研究。

隔离度的实现一般来说有3个途径。

（1）空间隔离，干扰源和被干扰源通过空间距离实现隔离。

（2）设备隔离，即把滤波性能再加强，即在发射机后再加装滤波性能更强的带通滤波器。

（3）频率隔离，在容量许可的前提下，调整各个系统、各个运营商的频率区间，减少邻频和互调的发生。

在频率分配实现部分隔离的前提下，仍旧需要考虑空间隔离和设备隔离。

空间隔离。当干扰天线和被干扰天线天各一方时，其隔离度自然可以满足要求。问题就在于这"天各一方"如何实现，两个天线的空间隔离无非就是水平隔离、垂直隔离和斜向隔离。

水平隔离是指两天线处于同一水平面的距离，其隔离度和距离的公式是根据空间传播损耗模型而来：

$$I_h(\text{dB}) = 22 + 20\log\left(\frac{d_h}{\lambda}\right) - G_{Tx} - G_{Rx} \qquad (8\text{-}7)$$

其中，G_{Tx} 为发射天线在被干扰系统天线方向上的旁瓣增益（方向旁瓣增益，而非天线最大增益，因此，当两天线正对时，即为最大增益），G_{Rx} 为接收天线在干扰系统天线方向上的旁瓣增益，d_h 为天线水平方向的间距，单位为m。λ 为载波波长，对于杂散干扰和互调干扰隔离来说，是被干扰系统波长，对于阻塞干扰隔离来说，是干扰系统波长。

不难理解，当两天线"面对面"时，干扰最大。而"并排""背靠背"则隔离度迅速增加。当我们在工程中发现干扰时，一个首先想到的手段就是调整被干扰天线的方位角，以避免同干扰天线"对视"。

垂直隔离是指两天线处于同一垂直轴线上的隔离，如图8-3所示。

垂直隔离的隔离度公式如下：

$$I_v(\text{dB}) = 28 + 40\log\left(\frac{d_v}{\lambda}\right) \qquad (8\text{-}8)$$

经过估算，可以很容易发现，垂直隔离的距离远远小于水平隔离距离。当几个系统天线共存时，让它们轴线垂直分开，最容易满足隔离度的要求。

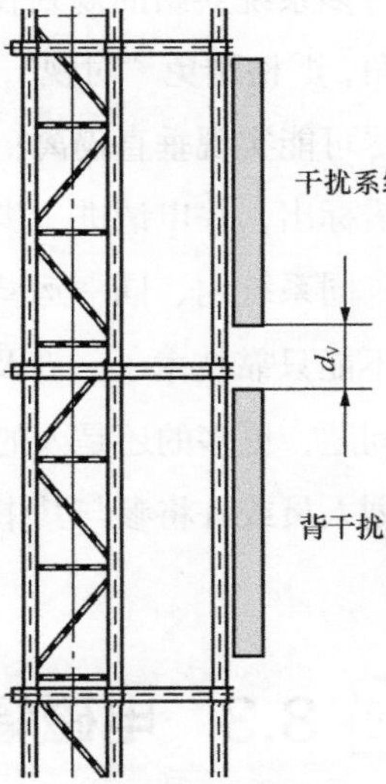

不过现场并不是只有完全水平和完全垂直那么简单。现场往往都是不同系统斜向相对。图8-4所示为斜向隔离模型。

斜向隔离计算公式如下：

图 8-3　垂直隔离模型

$$I_e(\text{dB}) = I_h + \left(I_v - I_h\right)\left[\frac{2\arctan\left(\dfrac{d_v}{d_h}\right)}{\pi}\right] \qquad (8\text{-}9)$$

干扰系统

背干扰系统

奇怪的是，斜向相对位置的天线，其距离和隔离度的关系呈马鞍型变化，即随水平距离的增加，其隔离度并非呈单边上扬趋势，而是先下降到某一极值，然后再逐渐上扬，如图 8-5 所示。

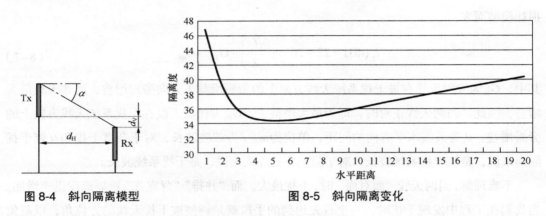

图 8-4　斜向隔离模型　　　　　　　　　图 8-5　斜向隔离变化

多系统共站的规划在实际中通常遵循这样的规则来执行：首先，观察多系统的天线方位角，严格避免"对视"，尽可能实现背向；其次，对共站平台提出要求，多系统分平台规划，以尽可能实现垂直隔离；最后，核算各系统隔离度，看是否符合要求；如果无法达到要求，则需标出，并申请进一步的措施。

同系统内、同一运营商内的问题用技术方式大多能解决。但是，解决多运营商的问题就不能只靠技术了。涉及多个不同的系统，甚至不同国家（如国家边境的系统干扰）的共存问题，更多的还是人的问题，因此会涉及频率协调的更多"游戏规则"。而在系统规划中，规划人员或许将参与其中的部分工作。这种工作是咨询，不单单是技术仿真和估算。

8.3　电磁辐射：公众的担忧

8.3.1　电磁辐射的生物效应

如果说无线网络规划的最大难点是选站难，恐怕大家都没什么意见。基站为什么那么难选，业内公认的答案：公众对移动通信基站电磁辐射的担忧。所在的区域没有覆盖，大家都投诉没有信号；而所在区域突然增加一个基站，就在你生活或工作的楼顶，大家又会投诉有辐射。

有时，网络规划人员除了从技术上对网络覆盖、容量、质量等要素进行规划之外，还需要在站址选择、站址确定方面干另一件事，就是电磁辐射的规划。

通信电磁辐射问题是任何一个业内人士都感觉很纠结的问题。规划人员自己心里也在打鼓，这基站的电磁辐射到底是否影响健康？这是一个多数业内人都没法说清楚的问题，原因是什么？并不是真说不清楚，而在于我们并未正视这个问题，也并未了解电磁辐射生物效应的来龙去脉。

电磁辐射的生物效应是一门学科，称为生物电磁学，这门学科主要目的是研究各个频段的电磁波和人体的相互作用及形成的生物效应。这门学科的复杂之处在于：既需要掌握无线电波的传播特性，还需要熟悉人体内部结构、组织的特性，然后还必须了解这二者的相互关系。

生物电磁学的研究方法包括流行病学研究、体外系统研究、活体影响研究。研究对象多是果蝇、老鼠、兔子、猴子……也存在一些志愿者参与。而研究重点主要是对人体的各个组织、神经效应、疾病的实验性研究。几十年间所做的实验可以总结几点如下。

（1）电磁波对人体的效应主要为热效应，当大剂量电磁波辐射到人体上，生物组织的极性分子会反复快速取向转动而摩擦生热，传导电流生热，介质损耗也会生热。这就是微波炉加热的原理，也是医学中利用微波进行手术的原理。不过这里边的前提条件很关键，就是"大剂量、长时间"。

（2）非热效应，即生物体吸收能量后，组织或系统产生的作用与热没有直接关系的变化。这包括相干振荡、粒子对膜的通透、自由基效应等复杂的效应。

（3）中枢神经系统是电磁辐射最敏感的系统，受到高强度、长时间电磁辐射作用以后，会引起神经系统信息传导、递质代谢，乃至学习记忆等高级神经功能发生变化。

（4）EMF 项目：1996 年 5 月，世界卫生组织（WHO）设立了国际电磁场（EMF）项目，研究各种电台包括移动通信基站电磁辐射与人体健康的关系，提出频率在 0 ~ 300 GHz 范围内的静态和时变的电磁场对人体健康的评估意见，推荐全球采用统一电磁辐射标准，建议预防的控制措施。EMF 项目经过近 10 年的研究，2006 年，WHO 在其第 304 号报告公布了研究结论：

"鉴于非常低的暴露水平和迄今收集到的研究成果，没有令人信服的科学证据能证实，来自（移动通信）基站和无线网络的微弱射频信号会导致有害的健康影响。"

（5）电磁辐射对于儿童的健康影响：儿童的通信电磁辐射暴露主要包括父母使用家用电器及手机；家庭、幼儿园和学校的环境暴露（如儿童床无线监控装置、无绳电话及无线网络等）以及儿童自己使用手机。在 2002 年英国的 IEGMP（Independent Expert Group on Mobile Phones）"Stewart Report"提到：儿童的神经系统仍在发育；脑组织由于含水量高而具有更高的电导率；由于解剖学原因，儿童的头部会比成年人吸收更多的射频能量；儿童的暴露时间更长。欧洲多个国家就此展开了多个联合研究活动。典型如 WHO 在 2004 年组织的关于"儿童对电磁场的敏感性"的研究活动。考虑到儿童作为重要的敏感人群，国际组织建议：限制儿童使用手机通话，多采用短信及免提方式；选择辐射较低的移动电话；基站不宜建在托儿所、幼儿园、学校和儿童医院附近；无绳电话和无线局域网天线应置于卧室外。

（6）ICNIRP 标准和国家标准：ICNIRP（国际非电离辐射防护协会）是通信电磁辐射界的翘楚。ICNIRP 对通信频段内的电磁辐射进行长期研究，并制定《ICNIRP 电磁暴露导则》，该导则所明确的电磁辐射机制、测量单位、生物电磁学研究、电磁辐射评估方法及限值已经成为多个国家引用的标准，是通信电磁辐射"红宝书"级资料。然而，出于对我国公众的加倍保护和关心，我国仅仅以《ICNIRP 电磁暴露导则》中的内容为参考，提出了比国际上更加严格的电磁辐射限值。

8.3.2　电磁辐射限值标准

网络规划中涉及电磁辐射内容的核心是电磁辐射限值，当辐射量低于该限值时，则认为基站可以建设，网络可以运营；而当辐射量高于该限值时，则认为该站需要调整，或者降低功率，或者调整整个环境的电磁辐射，或者该区域无法建站。

这些限值到底是什么？其依据又是什么？

1. 限值标准

限值的依据实际是电磁辐射的"法律"，即强制性标准。电磁辐射是非电离辐射，相对应的辐射是电离辐射。对于电离辐射，由于其对人体的危害是确定的，国际上有统一的强制标准《国际电离辐射安全标准》。而对于电磁辐射类的非电离辐射，一些国家所定的限值标准甚至没有法律效力。不过，随着各国老百姓对这个问题的重视，越来越多国家逐渐将限值标准作为强制性标准，并将其作为立法依据。

大多数国家都以《ICNIRP 导则》所确立的限值为立法依据，而东欧国家和我国则是在《ICNIRP 导则》的基础上又严格了许多。

我国的电磁辐射标准属于强制性标准，其法律依据主要是《中华人民共和国环境保护法》第二十四条"产生环境污染和其他公害的单位，必须把环境保护工作纳入计划，建立环境保护责任制度；采取有效措施，防治在生产建设或者其他活动中产生的废气、废水、废渣、粉尘、放射性物质以及噪声、振动、电磁波辐射等对环境的污染和危害。"

2014 年以前，我国普遍使用的电磁辐射标准是 GB 8702-88(《电磁辐射防护规定》)，它在 30 MHz ～ 3 GHz 提出公众导出限值。同时，原卫生部也制订了一个标准 GB 9715-88 (《环境电磁波卫生标准》)，其中包括公众导出限值，并分出了两级标准。但是，GB 8702-88 面向环保，规范实用，更加普及，因此在进行评价、监测和执法时，一般参照 GB 8702-88 执行。2014 年，我国发布了 GB 8702-2014(《电磁环境控制限值》)，替代了 GB 8702-88 和 GB 9715-88 两个标准。

2. 基本限值和导出限值

电磁辐射影响限值以确定的健康效应为基础，是判定人体对电磁场产生生理反应的基本量，称为基本限值。人体暴露的基本限值通常以比吸收率（SAR）来表示。由于基本值的测量环境苛刻（需要建立严格的吸波室和人体模型），采用基本限值测量基站发射机的辐射十分困难，因此通过基本限值数据建模以及实验室测量结果提出导出限值，主要是指可以产生与基本限值相应的电场、磁场和功率通量密度的值。国际和国内相关标准组织对基本限值和导出限值有着不同的规定。

（1）基本限值：比吸收率（SAR）

比吸收率（SAR）用来衡量吸收无线电波辐射能量的大小，单位是瓦特每千克（W/kg）。它的定义是：每单位质量的生物组织吸收的射频辐射功率。如果 SAR 为 0.4 W/kg，相当于需要 10 天溶化 1kg 的冰。比吸收率的暴露限值会根据身体的暴露部分的不同而要求不同。《ICNIRP 导则》说明：人在一般环境下，暴露全身在比吸收率大约为 4 W/kg 的场中，约 30 分钟导致 1℃的升温。因此，0.4 W/kg 被选择作为可为职业暴露提供足够保护的限值。公众暴露增加了 5 倍的安全系数，因此平均全身比吸收率为 0.08 W/kg。

而我国的 GB 8702—88(《电磁辐射防护规定》) 则比《ICNIRP 导则》更加严格，要求职业照射任意 6 分钟按全身平均 SAR 小于 0.1 W/kg；对于公众同样增加了 5 倍安全系数，即任意 6 分钟按全身平均 SAR 小于 0.02 W/kg。2014 年以后，GB8702 进行了版本更新，GB 8702–2014 中暂没有关于基本限值的规定。

（2）导出限值：电场强度、磁场强度和功率密度

SAR 值的测试十分复杂，需要专用的测试环境和专用仪器，这样的测试方法基本否定了在基站现场进行电磁辐射评估的可行性。为了能方便测试评估，国内外标准组织建立了由基本限值 SAR 推算出来的导出限值，以电场强度、磁场强度或功率密度表征。表 8–14 所示为 ICNIRP 与 GB 8702 对通信频段 900 MHz 和 1 800 MHz 上公众暴露导出限值的规定，单位为 μW/cm²。

表 8-14　900 MHz 和 1 800 MHz 频段功率密度导出限值标准

不同标准	900 MHz 移动通信频段（μW/cm²）	1 800 MHz 移动通信频段（μW/cm²）
中国国家标准	40	40
国际非电离辐射委员会标准	450	900

即使这样，仍旧会出现大量的电磁辐射投诉问题。当我们长期置身于这类问题之中，我们就能感受到：矗立于这样问题背后的并非是限值是否严格，标准是否合理，而是信任。

网络规划人员去基站查勘时经常会遇到一些人，他们对网络建设的工作提出担忧质疑，并将近日发生在自己身上的种种不幸归罪到电磁辐射身上。必须承认，这其中确实不乏"少数别有用心的人"，希望通过制造纠纷来获得利益。但是，真正的问题依旧来自信任。试问：如果将公众换作我们自己，在家周围建设基站（这些基站可以通过距离隔离等方法保证绝对低于限值），我们是否能接受呢？如果我们自己不能接受，我们如何要求对方可以接受？建立信任的基础是自我的信任……这不是某一个人、某一个企业所面临的问题，而是整个行业、整个社会所面临的问题。

8.3.3　电磁辐射评价

在建设基站时，除了对其覆盖、容量等网络质量效果进行规划评估之外，电磁辐射评

价而今变成了重要一环，已被写入了法律：《中华人民共和国环境保护法》和《环境影响评价法》。对基站实施环境影响进行评价，是建设项目取得许可的必要条件。

既然网络规划离不开电磁辐射评价这一环节，那么如何进行电磁辐射评价？

1. 环境影响评价是独立的评价体系

不同于通信网络规划，通信网络环境影响评价属于独立的评价体系。评价方一般为获得授权的第三方，评价流程和评价内容都是由环境影响评价第三方完全独立实施的过程。同时，环境影响评价的审批也不是由运营商主导的，而是由地方环境保护部门主导并审批的。

2. 环境影响评价的流程

根据原国家环保部《电磁辐射环境保护管理办法》要求，基站建设项目须履行环境影响评价程序，即编制《基站建设项目电磁辐射环境影响报告书（表）》。该报告书（表）分两个阶段编制。第一阶段编制《可行性阶段环境影响报告书（表）》，必须在基站建设项目立项前完成（以下简称"一阶段"），第一阶段的主要内容就是通过对本地辐射的监测和本项目贡献电磁辐射的估算来对总体电磁辐射做出评价。

第二阶段编制《实际运行阶段环境影响报告书（表）》，必须在基站竣工验收前完成（以下简称"二阶段"），并按规定提交验收申请报告及二阶段环境影响报告书等资料后，对基站电磁辐射剂量进行测试验收，合格后，由环保部门颁发《电磁辐射环境验收合格证》。

基站环境影响评价流程如图 8-6 所示。

3. 环境影响评价方法

环境影响评价的方法同样有导则（《规划环境形象评价技术导则》），其方法都是相通的，同样是由现状调查、理论计算（理论预测）、实际测试（现场监测）几大部分组成。只不过作为涉及公众安全的报告，环境影响评价需要照顾公众。

作为网络规划人员，由于资质问题和项目本身的原因，可能无法承担环境影响评价的工作。但是，了解整个工作的流程，并配合做一些应对工作同样是必要的。

2017 年 9 月，国家环境保护主管部门将移动通信基站按照轻微污染源进行管理，只需登记报备即可，但按照规定，需要将基站电磁辐射监测数据上传到网站上，接受社会公众监督。

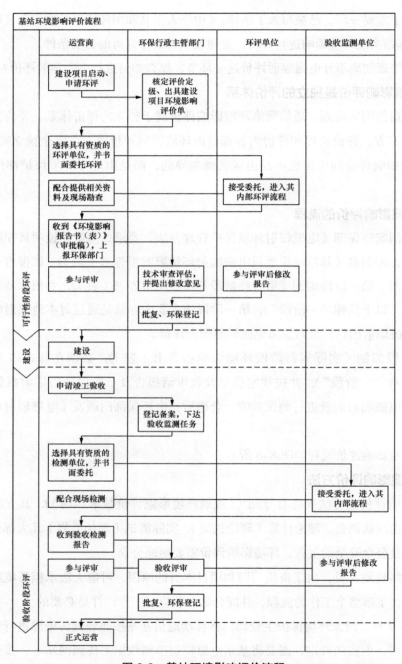

图 8-6　基站环境影响评价流程

8.3.4 网络规划中的应对

在网络规划中，规划人员该如何将电磁辐射纳入其中呢？按说每个项目都会有专门的环境影响评价，但实际上客户要求规划人员在环境影响评价之前，也要对电磁辐射有专门的分析。客户通常要求计算一下新系统的电磁辐射有多少，或者要求提供一个保护距离的说明，甚至有时还希望规划人员到现场做监测。

这属于典型的需求蔓延。在第 3 章已经详细谈过类似的应对。如果你是谈判高手，或许还能再搞来一个电磁环境监测的项目。不过至少，对小区的电磁辐射估算还是有必要做的。

1. 电磁辐射估算

根据国际标准（ITU–T K.52，遵守电磁场中人身暴露限值的指南）的说明，对于一般基站的电磁辐射按照叠加一次反射的自由空间传播模型计算：

$$S = (1 + \rho)^2 \frac{EIRP}{4\pi r^2} F(\theta, \varphi) = (1 + \rho)^2 \frac{P_{av} \cdot G_V}{4\pi r^2 \cdot L} F(\theta, \varphi) \tag{8-10}$$

其中，

S：电磁辐射功率密度，单位：W/m^2；

$EIRP$：天线出口的等效全向辐射功率，单位：W；

ρ：地面反射系数，如果地面环境复杂，可将其设为零；

$F(\theta, \varphi)$：相对数字增益，是每个角度天线增益与最大天线增益的比值。最极端的情况是辐射点正对天线，则该值为 1；

P_{av}：发射机输出平均功率，单位：W；

G_V：天线最大增益，单位：dBi；

L：附加损耗（如馈线损耗，接头损耗等），单位：dB。

初步估算时，一般会先计算电磁辐射极限值，即在天线正对位置时，功率密度和距离的关系。一般在 30 m 之外，单个系统的电磁辐射已经低于国家限值的 1/5。

当然，从规划角度而言，规划的目标是要在满足覆盖的前提下，尽可能降低电磁辐射。那么最好的办法就是提高天线架设高度，避免直射。因为当天线架设高度提升之后，$F(\theta, \varphi)$ 相对数字增益就迅速降低。如果天线和测试点高差达到 9 m 以上，其电磁辐射值全部远低于限值。不同高差的电磁辐射剂量如图 8-7 所示。

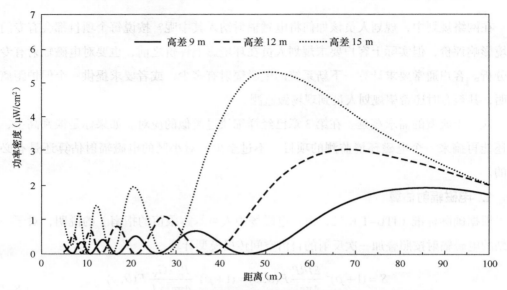

图 8-7　不同高差的电磁辐射剂量

2. 部分站址的检测

　　总会有一些站址，其天线位置没法设置得那么合适。同时，也还有多个运营商多个系统共用一个天面或平台的站址的情况，如图 8-8 所示，楼顶上多个天线密布。多个系统的电磁辐射叠加到一起，存在超标的可能。此时，规划人员的在选址上就须加倍注意。

　　还有一类站址，属于纠纷站址或存在纠纷可能的站址，即使经过估算认为没有问题，但仍然存在纠纷的可能，同样需要调整。

　　这样的站址，通过环境影响评价自然能够被标注出来，但是网络规划往往在环评之前，网络规划人员自己如果没能意识到该问题，不但会遭到客户的诟病，或许还要承担一些后果。

　　建议：委托具备第三方检测资质的企业或部门对这类基站专门做检测。一是获取第一手数据，心中有数；二是一旦出现各种问

图 8-8　天线林立的风险站址

题和纠纷，以此为证据；三是请第三方企业进行的测试，具有公信力。

图 8-9 所示为第三方测试人员进行电磁辐射检测。

图 8-9　第三方测试

Chapter 9
第 9 章

仿真：网络的兵棋推演

9.1 仿真的价值：搞个网络"沙盘"

9.1.1 怎么评价网络

当我们规划完一个网络，站址选好，参数配好，覆盖、容量算好，然后告诉客户，就这么施工就可以了。这时候，几个重火药味的问题总会出现："凭什么说你做的规划就满足了要求？如果你的规划出现了问题你怎么解决？怎么评估你做的规划？"科学方法实际是个哑铃型，哑铃的两端即假设和求证。提出的所有方案都只能当假设，而评价方案的方法则是求证。

对于上面这类问题，我们有 3 个答案。

第一个答案：验算。就是可以再把公式套进去验算一下。拜托，用小学数学应用题的方法去评价复杂网络也能算个答案吗？之前所做的容量计算、覆盖计算、链路预算几乎都是将大量前提条件充分简化后的简单估算，绝对没法做细致的规划和验证。

第二个答案：我们可以先局部建个试验网测试一下。测试本身就是实验，而科学的验证和评价必须通过实验。因此测试可以说是验证的最好办法。这其中的道理在第 5 章已经详述。对于首例工程和新技术系统，一般都会建设试验网进行系统级测试，以决定新系统的规划方法。但是，如果涉及各个本地网络的规划，用实验测试的可操作性就大打折扣了。众所周知，本地网络建设的特点就是时间紧、任务重，谁也没工夫和金钱在网络建设前专门为某个具体的本地网络做测试。因此，测试只能面向已经存在的网络和系统，对于还没存在的网络，测试也只是用已有的结果来推断现有规划的效果。

第三个答案：我们做了仿真模拟，通过仿真能看到整个网络的覆盖、容量等性能，而且我们还可以依据仿真性能进行优化。在测试难以找到证据和发现问题的情况下，仿真模拟可以作为真实环境实验的替代品。用仿真模拟做网络评价的方法可以说是通用的路数。

与其说上述 3 个答案是评价网络的 3 种方法，不如说是在网络规划运营中所需要做的 3 个步骤。

第一步，计算。就是对网络的复杂环境、移动网的复杂系统进行简化，通过数学建模的方式计算网络的规模、容量、站点和方案。这类计算只能说是估算，但是通过估算能大致描述出网络，并能将很多技术问题压缩到很小的范围内处理，这是计算的价值，计算往往在规划的初期（或者称预规划阶段）完成。当然，粗略的计算难以看到更内部的机理和问题。

第二步，仿真模拟。仿真模拟实际是将网络计算中简化的环境和系统精细化展现，同样通过建模的方式，建造一个"沙盘"来模拟网络形成后的覆盖、容量、质量的性能。仿真模拟实际上是更细致的计算，只不过这种计算的复杂度大幅度增加，那怎么办呢？一种是分布式计算，就是安排更多人，每个人算一点，这种办法是 20 世纪以前的办法。还有一种办法是发明能高速计算的机器，取名为计算机，然后让计算机去算，这是 1940 年以后的办法。计算机的超强计算能力可以将实际环境和网络数据流的更多细节建模计算。如此这般，通过计算机可以建造一个近似真实的环境。仿真工具对实际网络的模拟能让工程师们提前评价网络、改进网络、处理问题。

第三步，现网测试。现网测试的目的是评价网络和优化网络，即对网络的证明和挑错。不要试图通过网络计算和仿真模拟解决所有网络问题，网络中的很多问题只能在实际网络中发生，也就只能通过现网测试才能获取。

如果将这三步看作 3 个筛子，第一步的计算能将那些完全不靠谱的方案筛掉；第二步仿真模拟则筛掉了大量可造成严重影响的网络配置问题；最终留下诸多细小繁杂的问题放到网络测试中发现、处理。

随着数字计算机、网络计算机的发展，仿真模拟的成本会越来越小，所需时间也会越来越短，也能将更多复杂的参数和环境信息纳入其中，仿真效果越来越真。不少人很看好仿真模拟的价值，在一个连生活本身都可以是虚拟的时代（著名的网络游戏"第二人生"），网络的虚拟化、仿真化必然受到青睐。

9.1.2 仿真的好处

仿真的好处大致可分为以下几方面。

1. 达到提前评估验证的效用

还是回到最开始的那个问题，在网络规划没有真正完成之前，任何证明网络价值的解释都有局限性。即使网络按照既定方案完成，在完成过程中也会发生不小的变化，依旧不能完全证明网络和方案的一致性及网络本身的性能符合方案的预测。但是人类对不可知的第一情绪是恐惧（这点在本书最开始就提到了），因此，我们总想在事件还未发生就评估事件发生后的效果。计算机时代为我们提供了仿真这一利器，它能通过更加复杂的计算来减轻恐惧。

2. 对系统性能的深入理解

一个充分开发的仿真工具的工作过程类似于实验室的实验，通过仿真可以更方便地对网络进行多点测量，可以很容易做参数研究。如果是端到端性能的仿真，则可以任意改变各个网元的参数，如做基本的参数信噪比（SNR、E_b/N_0…），如业务承载层的参数（带宽、包长、激活时间……），如不同的编码调制方式设置（GMSK、QPSK、4QAM、8PSK…），如不同的天线方向图和天线参数，如不同无线资源算法的参数……通过对不同参数设置的变化而得出整个系统性能的变化，如 BER 的变化、网络接收电平的变化、信噪比的变化、终端发射电平的变化、吞吐量的变化……从而能够更深入地了解不同参数对系统的影响程度。

3. 实现宏观与微观的结合

网络计算实际只是宏观的估算，而网络测试实验则是对某一局部微观的可控观察。仿真则是在宏观和微观之间搭建了一座桥，让我们既能了解森林，也可观察树木，其差别仅仅是鼠标滚轮的转动。即便是链路级仿真，也能让我们既看到端到端的性能，也能分析每个节点的贡献。仿真这个优势，其他计算、测试都很难实现。

4. 对控制欲的满足

经历过多年的网络规划仿真，没想到网络规划的仿真有满足控制欲的作用。对于链路级仿真，只需修改某一个参数，系统的性能就会发生变化；而对于系统级仿真就更加严重了，整个地图都在你所控制的那个屏幕上，想改什么参数就改什么参数。这分明不是网络规划仿真，却更像是在玩"模拟城市"。最为绝妙的是，如果你是客户，你还可以命令规划人员去改，自己只须审核。难怪王小波说："人们一生只做两件事，一是改变物体的位置和形状，二是让别人做第一件事。"

如果再进行深入的分析，我们会发现，多数需要进行仿真的系统或项目，都是复杂系统或复杂项目，这恐怕才是仿真的最核心动机。

人们考虑为系统或项目做仿真的最根本动机大约是他们觉得这个系统或项目本身复杂

性高，成本太大，这个系统或项目所造成的影响巨大，因此在系统或项目实施以前，需要模拟一个近似真实的环境以观察、评价其影响，降低风险，实现系统项目的可控。

最原始的仿真是沙盘和兵棋推演，而这实际上就是战争的仿真。还有什么项目必须做仿真？核试验，MONTE CARLO 仿真的第一个项目就是"曼哈顿计划"，而今任何一个核电站规划方案的最关键一步都是仿真模拟；水电站建设除了极大的成本，背后还牵扯到巨大的风险，其电站结构、应力、施工、生态全部需要提前做仿真模拟优化，最后才敢拍板上马；地质灾害预测，如美国已经完成的南加州 8 级地震的仿真工程，包括先进的动态破裂过程模拟和地震波传播数值模拟，对该地震发震断层的动态破裂过程及近断层地表运动特征进行了仿真模拟和计算；还有移动通信网络，建一个网络的花费都是数十亿级别，在网络建成之前要求用仿真模拟的方式提前观察未来的实际网络，对未来网络可能出现的问题做预防，除了能保证成本的效益，还可以打消不安全感，满足一下控制欲。

 ## 9.2　仿真分类，单挑和打群架

9.2.1　确定性仿真和随机性仿真

1. 确定性仿真

通信，特别是移动通信事件都属于随机事件。这个命题估计已经得到了大家的认同。那为何还会有确定性仿真之说？如果在学校里学习过门电路的课程，就能明白一个最典型的确定性仿真例子——SPICE 仿真。在 SPICE 仿真中，我们关心电路对某些确定性数字输入信号的响应，用 SPICE 所定义的各种程序来表征各种电路元件和电路输入，用仿真模拟的方式在其中产生电流、电压并以波形的方式显示。由于电路是确定的、输入信号是确定的，因此每次仿真都会产生同样的结果。那就会有人发问：搞这个仿真干吗？直接开模加工上马项目就 OK 了呀，这是"小农思想"的典型体现。大规模电路的系统中的任何差错都会导致巨大损失和周期的延长，而恰恰大规模电路设计必然会产生差错。仿真的关键作用就是避免在大量计算中出现计算错误，这是工程质量保障的体现。

还有一类确定性仿真，其输入模型和系统模型都是确定的，但是由于输入模型和系统模型是对真实模型的模拟简化，因此尽管在输入一致的前提下，每次仿真的结果一致，但是仿真结果同实际的结果却有所出入，最典型的就是有限元法对电磁场的仿真，它将一个场分解为多个连续界面，每个界面的输入模型都是确定的近似，然后求解每个界面的解，最终解出整个电磁场。但仿真所解出的电磁场同实际的电磁场一定会发生偏差，因为仿真模型是假定外界环境不发生扰动，输入参数为固定值，而实际的电磁场并非如此。

2．随机性仿真

确定性仿真的前提是输入信号确定，电路也是确定的，那么相应地还有随机性仿真。我们可以假设输入信号是一个随机波形（当然这个随机是可定义的随机，比如符合某种随机过程分布的样本函数），系统模型（电路）可以将某一个固定电阻换为一个具有某种概率分布的随机变量。仿真的结果自然不会是某一个固定波形，而是一组随机变量。因此，输入或系统模型是随机变量（或随机过程）的仿真都是随机性仿真。这让我想到了三国类游戏，吕布有时会被一些武力值一般的武将诸如潘凤、廖化之类的挑落，估计在游戏里武力值的设计为一个服从某分布的随机变量，而不是一个固定值，这就是随机性仿真。（在实际中也确实有可能，比如吕布思念貂蝉状态为"被诅咒"，而那些武将状态正好为"狂暴"。）

可以说，通信系统领域的仿真多数为随机性仿真。特别是涉及无线网络层面的仿真，关键参数都是随机变量，关键过程都是随机过程，所以得用随机性仿真的方法来建模。

9.2.2　链路级仿真和系统级仿真

几乎任何一个通信系统专业的硕士，在读书过程中几乎都要用到链路级仿真或系统级仿真。对于大多数网络规划工程师而言，可以不求甚解，无须了解链路级仿真和系统级仿真的关系，只需要按照手册去做仿真实现即可。但是，知道得多一点，就能更深入理解通信系统是如何转动的，也就能有更多机会发现新的参数配置、新的方法和新的算法。因此，我们还是有必要学习这二者的本质和关系。

对于移动通信网络规划的仿真都可视为系统级仿真。不过，通信系统的特点是无数个通话（或信息交互）都是由一个个点对点的信息交互构成，对整体网络性能的理解、评价、验证、修正的基础是对点对点通信过程的理解、评价、验证和优化。而点对点的通信就是建立一条通信链路，因此，点对点的链路性能同样值得仿真，此为链路级仿真。因此，系统级仿真的基础是链路级仿真。系统级仿真用于网络规划、网络算法的性能评价，链路级仿真则直接用于评价点对点通信的质量关系。

1. 链路级仿真

点对点通信的链路级仿真实际上是模拟二进制信源数据从发射端到信道再到接收端的所有物理层步骤。在发射端则为：二进制信号产生、CRC 校验、信道编码、交织、调制、扩频、加扰、插入训练序列（或导频）等处理过程；在接收端则为信道估计、联合检测、解扰、解交织、信道译码等反处理过程。整个过程有如生产线上的各个环节，一环套一环。这其中，任何一环的变化（如信道编码由卷积码变为级联码），都会对结果产生影响。

在发射端和接收端中间，还需要对移动信道进行模拟，而移动信道的特点决定了其分布为瑞利分布或莱斯分布，链路级仿真需要实际模拟出瑞利分布的衰落特性（而非仅仅增加一个余量，这同系统级仿真视角不同）。因此，就需要让模拟器在多径的每一径都独立产生衰落信号，一般会采用 Clarke 及 Jacks 模型来模拟每一径的衰落信号，经过时延后的多径叠加从而形成瑞利衰落信号。链路级仿真的衰落模拟模型如图 9-1 所示。

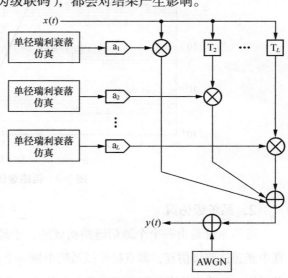

图 9-1　链路级仿真的衰落模拟模型

作为网络规划的仿真，我们实际并不关心链路级仿真的过程，我们最关心的是链路级仿真的结果。链路级仿真的过程虽然复杂，但结果的表达却十分简单：用误码率（BER）或误块率（BLER）与信噪比（SNR、E_b/N_o）的关系，如图 9-2 所示。

我们这么关心误码率与信干比的关系，是因为误码率（误块率）决定了业务质量，这是网络性能的最核心指标，比如，我们经常拿 5% BLER 作为衡量网络是否达标的标尺，而信噪比（SNR、E_b/N_o）则是整个链路中的"灵魂"，它为接收机灵敏度和系统负载定标，是系统覆盖和容量溯源的尽头。建立误码率和信噪比的关系，实际就是将业务质量映射到网络性能。同时为系统级仿真提供了接口，系统级仿真要对 BLER（或 BER）提出要求，由此确定 E_b/N_o 的标尺，标尺从何而来？从链路级仿真的结果而来。

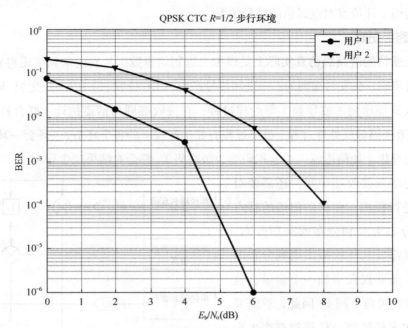

图 9-2　链路级仿真的结果

2. 系统级仿真

通信系统是由一个个通信链路构成的。于是，有人就说了：为何不能直接在系统级仿真中涵盖链路级仿真，即直接模拟系统中每一个点对点通信，这样的仿真最为"真"啊？笔者以为：链路级仿真类似于模拟两个人单挑，系统级仿真类似于模拟打群架，只能说二者很相关，但总归有不少差别，一群各个武功高于对方的江湖人打群架时不见得打得过训练有素的职业军人。另外一个原因就是计算能力的问题了，链路级仿真本身的计算时间就很长，如果直接在系统里同时实现成千上万次链路级仿真，这是一个 NP 完全问题，即计算复杂度随因子数量的增加呈指数递增，再高速的计算机也无法承受如此的计算复杂度。

系统级仿真并不是检验点对点链路的通信性能，而是检验多个点对点链路形成系统后的网络性能，即"打群架"时谁能赢？当然，模拟"打群架"，自然需要把单挑模拟的结果作为基础，即系统级仿真要以链路级仿真的结果（BLER–SNR 关系曲线）为基础。在开发系统级仿真工具时，往往会为链路级仿真预留接口，以将链路级仿真结果导入。

系统级仿真的关键是建立通信网络，即多个链路所组成的系统。其特点在于系统拓扑和周围环境对通信性能产生了影响。因此，系统级仿真最核心的内容就是建立网络拓扑和环境模型。对于通用的系统级仿真，一个网络拓扑模型的目标是能将网络中的干扰充分体现，但同时又尽可能地简化拓扑的复杂度。于是 Wrap Around 技术登堂入室，这个技术实际是个拓扑阵型，如图 9-3 所示。

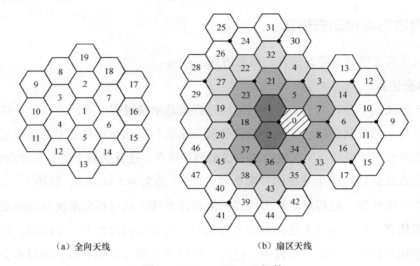

（a）全向天线　　　　　　　　（b）扇区天线

图 9-3　Wrap Around 拓扑

记得在第 1 章中谈过蜂窝结构，如果我们对蜂窝六边形结构比较了解，那么这种 Wrap Around 的拓扑也很好理解。建立这种拓扑的目的实际上是针对最中心的小区，同时模拟比较全面的干扰。

对于信道衰落模型，系统级仿真和链路级仿真也有所不同，系统级仿真一般不会模拟快衰落的效果，而只是模拟慢衰落效果：通过传播模型的公式及慢衰落余量来模拟。

系统级仿真最终要模拟的是无线资源管理的结果。无线资源管理包括功率控制、接入控制、资源分配等，其中最关键的内容就是模拟功率控制，即通过对功率控制收敛的判决而检验系统的性能，系统级仿真的仿真方法就是传说中的蒙特卡洛方法。

那么系统级仿真的结果是什么？自然是网络本身的性能，如接入失败率、掉话率、覆盖率、上行 / 下行发射功率、小区吞吐量、频谱效率等，这是网络规划中需要考虑的结果。

本节开始就提到过，实际网络规划的仿真可视为系统级仿真。但是，现在有人对实际的网络规划仿真又起了一个名字——网络级仿真。如果对现有的网络规划仿真和系统级仿真做更加仔细的分析，网络级仿真的建模、输入、输出同系统级仿真十分类似，其最大的不同还是拓扑，即系统级仿真的拓扑仍旧为理想化的结构，如 Wrap Around 的蜂窝环绕结构，而网络级仿真的拓扑则是依托于实际的地理环境和实际的站址分布。因此还需要将地理信息系统糅合进去，这些内容在第 9.3.3 节中将会有描述。

9.2.3　静态仿真和动态仿真

系统级仿真又可分为静态仿真和动态仿真。

1. 静态仿真

在第 5 章谈到了随机过程，典型的随机过程就是平稳过程，即认为其统计特性不随时间变化而变化。如果我们把一个复杂系统的所有通话和信息交互看作平稳随机过程，就可以认为任意时刻的网络状态同其他时刻的状态相互独立，这就是静态仿真的理论依据。

静态仿真就是随机产生系统的"瞬态状态图"（英文叫 Snapshot，抓拍），模拟计算这个状态图的系统性能。然后对足够多的抓拍做统计平均，从而得出系统性能的统计量。这是一个空间仿真，时间变量无法也无须参与其中，因为我们设置了一个前提，即各个时刻的网络状态相互独立。在静态仿真中，任何的瞬间都是那么单调平稳，绝对不会发生"他只想了一秒钟，这一秒钟改变了拿破仑的一生，甚至欧洲历史"（选自《人类群星闪耀的时刻》）的奇迹时刻。

静态仿真最大的好处就是性价比高，仿真速度快，仿真结果也还算准确，因此一度成为规划工程师之必备方法。

2. 动态仿真

但是，随着网络复杂度的提高、用户移动性的规律、多样性业务的产生及无线资源管理的使用，再把网络中各个状态视作独立的静态仿真则过于简单粗暴，一点也不体贴复杂网络那颗多愁善感的心。于是，细腻温柔体贴的动态仿真逐渐受到关注。

动态仿真的核心原理是想办法让时间作为仿真的一个要素，即本时刻的网络状态同下一时刻的状态相关。这其中需要和时间扯上关系的建模主要为：业务模型，在数据业务模型中，用户某一时刻的状态同下一时刻的状态必然相关，在仿真设计中也需要根据业务流的分布来设置用户的不同状态，比如这一时刻为激活，到下一时刻则为挂起；用户移动模型，用户某时刻所在位置与他上一时刻或下一时刻的位置不可能完全随机，必然有某种联系，动态仿真则需要建模来模拟这种联系，如用改变方向的概率、位置偏移的概率来设置；无线资源管理模型，比如接入控制，在有用户申请接入时，静态仿真只能根据其信噪比设置两个状态，接入和接入失败，而实际的网络却不会这样简单，实际的流程一般是先排序，然后根据资源状态、信噪比等参量进行综合，其中还会出现依次尝试接入的现象，这显然和时间有关，只有动态仿真才能实现。

　　动态仿真的核心模型是时间推进模型，即直接从帧结构入手，根据帧结构的排列而产生连续的"快照"，每一帧的仿真同下一帧的仿真都通过各个模块的设置产生了关联，最终形成统计性结果。以 TD-LTE 的动态仿真为例（因为 TD-LTE 本身就是时分，时隙推进效果明显），大家都知道 TD-LTE 帧结构与 TD-SCDMA 帧结构具有类似特点，一个 TD-LTE 帧内具有 10 个 1 ms 长度的子帧，每个子帧将成为一个调度的时间周期，因此一个帧可以配置为多种灵活的上下行子帧结构，如图 9-4 所示。

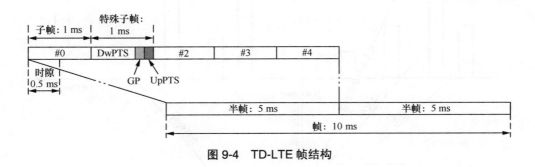

图 9-4　TD-LTE 帧结构

　　根据图 9-4 所示帧结构，动态仿真的时间推进模型可按照数据驱动方式进行推进，与 TD-SCDMA 不同，TD-LTE 带宽更大，即使是在 DWPTS 这样的特殊时隙内也可以用作数据的传输。而作为用户接入的同步信道、控制信道等按照不同的 PATTEN 图样分布在整个无线资源块中。

　　通常，控制和接入信道关系到用户是否能够接入网络，因此在标准设计的时候都通过多种特殊的方式（比如码字加扰、低的调制方式、更低的编码效率）进行多重保护，其顽健性最高。而作为数据传输的业务信道，将要经历多个用户之间的争夺和抢占，并且要尽力传送更多的数据，因此作为网络规划工作者就是希望在典型用户以及业务模型下，设计更加科学的网络让网络中的业务信道传送更多的数据量，也就是指吞吐量。

在 LTE 网络中，用户使用的各种数据业务的数据传输特性各不相同，即业务模型不同，为了更加清楚地描述动态仿真的时间特性，我们必须要对业务模型的大致特点进行简单描述。如图 9-5 所示，不同的业务类型，其包含数据量的大小及持续时间、页内分组的大小及到达方式、分组与分组之间的间隔、页与页之间的间隔都具有随机性，但又有隐藏的规律。此时，大家一定感受到了用户在进行网页浏览或者用户在进行 VoLTE 通话，抑或用户在进行在线游戏，不管哪种数据业务，其实都是上下行数据流在网络中默默传送。那么，这就是业务流同时也代表着时间流，网络如何能够最有效地将来自不同用户需求的数据量进行传输就是无线网络规划设计者应该考虑的问题。

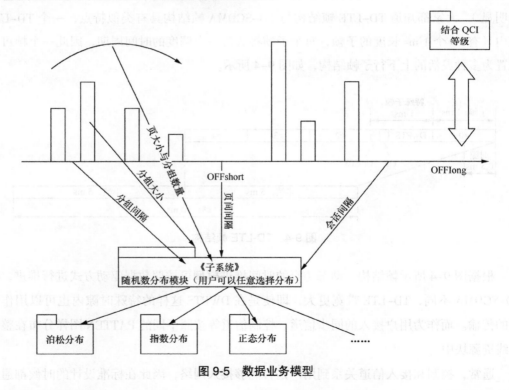

图 9-5　数据业务模型

按照上述数据流，结合 LTE 帧结构，在每一次调度（每一个子帧）中考虑用户的小区选择、调度、资源分配以及在特定资源下的功率控制，然后一帧帧循环，同时注意多帧之间是相关的。比如上一子帧已经给用户 A 分配了资源进行了传输，而他此时正在进行的是一个 QQ 聊天，也就意味着后续他没有积攒下来的数据量；那么在这个子帧中用户 A 可能就不会被调度，而要等到其有足够数据量需要传输的时候才进一步调度。当然由于调度周期足够短，并不会影响用户的体验，但是此时网络能更加灵活有效地应用网络资源。这样循环很多次之后，网络性能将达到稳态，得到了多帧的动态仿真。

毋庸置疑，动态仿真更能摸得准善变的网络，其结果也自然比静态仿真更加真实。但动态仿真付出的代价就是计算的复杂度和时间，当仿真一次的时间超过 2 周，就会有焦虑的感觉："什么时候能出结果？"之后是烦躁："啊，有个参数的设置有问题，还要重新仿真一下？"再之后就是抓狂："客户的要求变了，再重新仿真一次。"再之后是绝望。因此，对于实际网络的仿真，即所谓"网络级仿真"，当掺入了复杂的地理信息之后，采用动态仿真的计算复杂度会大幅升高。时间不等人，因此，网络规划的仿真往往都是静态仿真。但我们还总是会想着动态仿真的优点，因此工程师们采纳了一个折中的办法，让动态仿真的角色同链路级仿真一样，就某一些特殊模型（如多业务模型）做规则拓扑结构（还是那个 Wrap Around 阵型）的动态仿真（时间一般不超过一天），将结果输入网络级仿真中。

 ## 9.3 移动网络规划仿真方法

9.3.1 仿真方法论

网络规划工程师又不是开发仿真工具的架构师，估计已经多年没接触过 MATLAB、C++ 之类的软件和工具了，他们不需要了解仿真到方法论的程度，规划工程师只需要会使用仿真平台、仿真软件就 OK 了。就像玩游戏不需要知道这游戏是怎么构建的，只需要让自己在游戏中玩得嗨，有成就感就可以了。不过，如果从对网络性能的深入了解角度上看，对仿真方法了解和熟悉，能够更深入了解网络规划，这也是本节的一个目标。

任何仿真的实质是建模并计算。无线网络的仿真如此，多系统共存的仿真也如此。第 5 章详细讲到了建模，建模是一个由上到下的过程，即提出目标，之后分解、裂项，然后再简化的过程。无线网络规划仿真建模的目标是什么？覆盖、容量和质量。因此，仿真建模的原理同实际网络规划的原理一样，还是拿老三样来计算，只不过这次的计算不是估算，而是对地图上的每一个点（当然不能精确到每一个点，只能精确到每一个小栅格），进行多次计算而得的结果。

1. 覆盖

提到覆盖性能，就会想到链路预算和传播模型。网络规划的覆盖仿真同样以链路预算和传播模型为模拟依据。在仿真中，对公共信道和业务信道的覆盖性能有所差别。

（1）公共信道。公共信道一般不搭载业务，用于系统信令、导频、同步等信息的传递，GSM 的 BCCH、CDMA 的导频信道、TD-SCDMA 的 PCCPCH 乃至 LTE 网络中的 CRS（公共参考信号）作为信标信道都可以看作公共信道。公共信道的覆盖特性相对独立，只要周边环境、发射功率确定，其覆盖特性就确定，并保持一定的稳定特性，不随业务的变化而变化，不随容量的变化而变化，即使是智能天线广泛使用的 TD 系统，公共信道也都使用在稳定不随移动台变化的广播波束中。公共信道的覆盖决定了通信的接入能力。做过网络优化的人都清楚，网络优化一半的工作是公共信道的优化，业务信道覆盖的前提是公共信道的良好覆盖。

既然公共信道的覆盖性能在环境中能长时间保持稳定，其网络级仿真可以用确定性仿真来实现，即仿真仅仅是地图上每个栅格的链路预算，这是性价比最高的选择。当确定了发射机的工程参数（天线高度、天线波束、各个信道功率配比），发射机和接收点路径上的高度状况、距离状况及接收点的状况（高度、地物衰减），就可以按链路预算计算出路径损耗。这便是仿真链路计算和覆盖性能预规划中链路预算最大的区别。预规划中的链路预算根据接收机灵敏度估算小区半径。而仿真的链路预算则是计算地面上每个点同每个发射机的路径损耗。因为可以将地理信息放在一起计算，因此即使是确定性的仿真，其计算结果也远远胜过预规划阶段的链路预算。那么如何实现在地图上的预算呢，如图 9-6 所示。

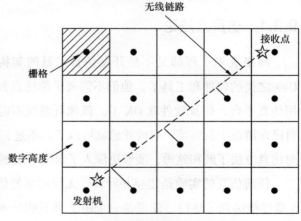

图 9-6 地图栅格所形成的链路预算

实际的数字地图是由一个个不同数字高度的小方块区域（栅格，bin）组成，每个栅格的大小由地图的精度决定。由此，可以在上面计算每一个栅格同多个发射机的路径损耗。另外，运用仿真工具的强大计算能力可以直接将天线波束，而非天线增益和半功率角直接拿到地图上计算，这使人们能在任何角度、任何方向、任何位置上近似地计算路径损耗，计算后将在仿真平台内生成路径损耗矩阵。通过路径损耗矩阵，就可轻而易举地计算接收信号电平。

那么干扰、信干比如何仿真？干扰是非施主发射台（或所有发射台，$I_o/RSSI$ 的定义就是全部接收信号强度）的接收电平，因此干扰的仿真同样可通过链路的计算得出，信干比（TD-SCDMA 的 C/I，CDMA 的 E_c/I_o，LTE 的 RS-SINR）则只是在程序中设置的四则运算而已。网络仿真的计算能力之强已经远远超越了用 EXCEL 作的链路预算。

（2）业务信道。不同于公共信道的沉稳厚重，业务信道属于灵活多变型。因为业务信道受小区业务量、用户分布、资源配置、无线资源管理等因素影响而多变，因此业务信道的仿真无法简化成确定性仿真，只能是随机性仿真。

我们看看链路预算的业务信道覆盖怎么设计的，还是靠留余量，就是用干扰余量来限制其覆盖能力。但链路预算永远也不能搞清楚具体的某一个小区，其业务信道到底能覆盖多大，并支持多大容量，此时我们还只能指望仿真来实现。对于业务信道的网络仿真，很多时候又称为容量仿真，因为必须对每个小区预先进行业务信道的容量配置，即需要生成话务地图，并将载频和时隙配置好之后才能进行，仿真结果很可能和网络容量需求和配置有关。而最核心的是，业务信道的仿真不能简单计算一次了事，要用蒙特卡洛法来实现，请看第 9.3.2 节。

（3）传播模型。第 7 章已经提到传播模型优化的内容了。其实传播模型优化跟网络规划仿真搭不上界，但是如果用没有修正优化过的传播模型做仿真，有点像用没打过花刀的草鱼直接红烧，能熟不能熟得靠运气。如果运气差了，模型差出 3 ~ 5 dB，那整个网络的效果就有点失控。好在一般的网络规划仿真工具都有传播模型优化的功能，实在不行用网络优化工具也可以做传播模型修正。

2. 容量

容量的规划就是供需配置，仿真的目的就是看这种供需配置是不是合适。对容量的模拟主要是通过引入干扰来仿真，即容量的增加就是干扰增加，当干扰增大到一定程度时，容量达到门限，如果配置过高，则结果会出现接入失败、掉话。容量仿真的过程会结合业务信道仿真，用蒙特卡洛法实现。

对于容量的仿真，一个最关键的工作是建立业务地图，即将业务需求分配到地图上的一个个栅格当中。有的栅格一年也不产生业务（比如人迹罕至的高山沙漠、峡谷激流），有的栅格业务却极其繁忙（比如密集城区、学校、商场）。这个工作就是要根据栅格本身的属性赋予权值，由此产生每个栅格的话务量和吞吐量。

3. 质量

对网络质量的仿真，即对网络配置参数的仿真，规划阶段只能做到邻区和资源规划（PCI规划）。与其说是仿真，不如说是在模拟的数字地图上做的迭代计算，我们可以在其中开发各种算法，并在规划仿真平台上生成配置，最后还是要回到容量仿真中来看网络的实际性能，由此推断是否是邻区设置或频率扰码设置出现问题所致。但即使如此，把这些参数配到现网，依旧会出现更多匪夷所思的现象，仿真搞不定的细节问题数不胜数。网络的测试和优化永远有其价值。

9.3.2　蒙特卡洛法

2000 年时，在网络规划中提到蒙特卡洛法还很有神秘感；现在，做任何一个随机性仿真如果不知道要用蒙特卡洛方法，都不好意思跟人打招呼。任何一个模拟随机性事件的仿真都需要用到蒙特卡洛方法，这不单单是通信仿真的方法，而且是随机仿真方法。因此，应用数学、应用物理的多数学科，流体、混沌、地质勘探、保险多用蒙特卡洛方法来进行仿真。

蒙特卡洛方法是最基础的概率方法。概率的特色在第 5 章论述得差不多了，蒙特卡洛方法的原理也如此，即多次试验的概率特性可以体现总体特性，最简单的蒙特卡洛法还是掷硬币，掷 1 000 次硬币后出现正面的相对频率即可看作正面出现的概率。掷硬币的道理很好理解，但是很多复杂的随机事件却没法如此简单地说清楚，而计算机的出现又能避免做几千次试验的成本和危险，于是用计算机来模拟几千次试验即蒙特卡洛方法。

蒙特卡洛方法的历史并不悠久。那还是在 20 世纪 40 年代的"曼哈顿计划"，波兰数学家斯坦尼斯拉夫·乌拉姆在研究核裂变的连锁反应中，由于确定分析无法解决裂变反应的能量释放，因此他提出借助计算机，使用随机分析的方法来研究。为了保密，这种方法需要专门起个名字，曼哈顿计划的大佬冯·诺依曼想到了乌拉姆的叔叔曾经借钱在赌城蒙特卡洛玩轮盘赌，就起了个名叫"蒙特卡洛方法"。

最经典的蒙特卡洛方法是估计 π 值的仿真。用一个单位面积的正方形包围一个扇形区域，即 1/4 圆，如图 9-7 所示。

如果正方形的边长为 1，显然该扇形的面积为 π/4，即：

$$\frac{扇形面积A_p}{正方形面积A_s} = \frac{4/\pi}{1} \qquad (9\text{-}1)$$

但是我们如何仿真出这个结果呢？

首先要生成在正方形面积内的 N 个完全随机均匀分布的采样点，之后遍历每个采样点，当某点的 x 坐标与 y 坐标的平方和小于等于 1，就进入寄存器 N_p，最终生成一个估计器 $\hat{\pi}$：

$\hat{\pi} = \dfrac{4 \times N_p}{N}$，当 N 足够大时，就会发现 $\hat{\pi}$ 最终收敛于真实的 π。

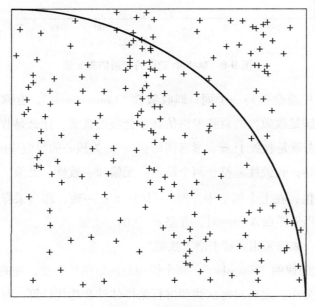

图 9-7 π 值估计模型

以上生成的一次采样和估计器，称为一次快照（Snapshot）。为了让仿真更加收敛，往往会做多个快照，然后取平均，这样能造成产生的总采样点更均匀，最终的统计值能更快收敛。

这个蒙特卡洛仿真可以用很短的 Matlab 程序实现，仿真收敛曲线如图 9-8 所示。

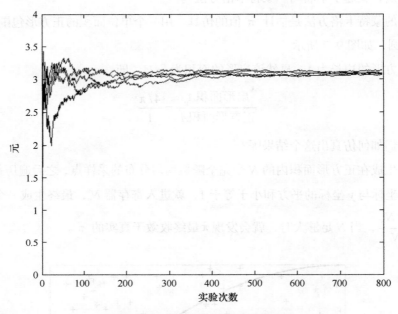

图 9-8　Matlab 的蒙特卡洛仿真 π 值

　　蒙特卡洛方法中总会提到一个词，即收敛性（Convergence），也称聚合。这是蒙特卡洛方法的关键词，满足收敛性的蒙特卡洛仿真才会接近真实。什么是收敛性呢？上面那个仿真曲线最终的状态就是收敛于 π，紧密团结在以 π 为核心的数值周围。

　　用数学语言描述，收敛性需符合两个特点：无偏和一致性。无偏，即估计器估计值的数学期望就是实际值，在上个例子中，即：$E[\hat{\pi}] = \pi$；一致，即当采样点逐渐增多时，其方差会逐渐减少，当采样点 $N \to \infty$ 时，方差 $\sigma^2 \to 0$。

　　在网络规划中，如何采用蒙特卡洛方法呢？

　　建立 M 个独立的快照"Snapshot"，每个快照的网络结构不变，变的是在网络中移动台的分布和业务量的分布。之后对每次快照进行采样估计和迭代计算。每次快照的计算流程如图 9-9 所示。

　　终端初始化：每一次"Snapshot"中，向地图上每个栅格随机投放终端，即确定终端的位置分布。这种随机不是均匀分布的随机，首先，每个栅格往往按照泊松流分布配置随机终端数；其次，栅格与栅格之间分布的终端数均值要满足"业务地图"的需求，即在业务需求大的栅格上随机投放更多的移动台，在业务需求小的栅格上随机投放较少的移动台，另外还要根据业务设置的比例随机投放业务。投放完移动台，每个移动台所处的栅格中已经存放了路损矩阵，在仿真时再在此路损上叠加一个对数正态分布的随机衰落。另外，一些仿真平台中需随机设定每个终端的功控误差（如 0.5 dB）和移动速度（同样是在之前的输入中已经确定好比例，如 TU3(步行 3 km/h)；TU50(汽车 50 km/h)；RA120(列车 120 km/h)= 8:1.9:0.1。这些值在一个快照中不会改变。在创建了所有的终端后，再给这些终端以随机的方式安排顺序，供后边的迭代计算使用。

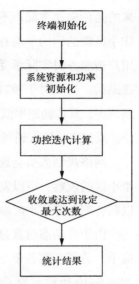

图 9-9　网络规划蒙特卡洛仿真流程图

系统资源和功率的初始化：迭代计算以前，要保证网络空载，链路功率初始化为零，所有小区设置为可用。

功控迭代过程：所谓功控迭代过程，实际上是模拟每一个终端的接入过程，分配给终端功率，终端根据路损矩阵和公共信道的要求选择到主服务小区，产生通信链路，分配无线资源，更新下行干扰，之后就是功率控制的实现：在网络中按照初始化的终端顺序令每一终端完成功控过程，同时更新网络所有小区的干扰，当所有终端都完成功控过程之后，完成一次迭代。此时，要观察系统是否收敛？如果不能收敛，则继续按原顺序执行终端功控，并更新小区干扰。持续迭代多次，最终要么实现系统收敛，要么达到迭代最大次数，之后统计结果。

统计结果：在 2G/3G 网络中通常会统计那些被拒之门外的终端。统计它们因何种原因被拒。一般有 4 个原因：

（1）接收电平达不到门限；

（2）分配信道资源失败；

（3）终端所需发射功率大于终端最大发射功率；

（4）干扰抬升超过门限。

但是在 4G 网络中，所有无线资源都是被所有接入网络的用户或业务请求所共享的，在一次快照或者一次调度周期内，没有被调度的用户并不一定意味着"悲剧"了，表现出来的是传输速率低，不"悲剧"，但很不爽。所以我们在 4G 网络的容量仿真中，更多的关注小区能达到的平均吞吐量以及边缘用户吞吐量。当然在动态仿真中，我们可以获得每个用户被服务时实际承受的平均时延如何，时延抖动如何，这些对于衡量用户感知是十分有帮助的。当然对于 4G 网络中的 VoLTE 语音用户，在动态仿真中如果某个用户长时间得不到调度，其传输速率低于一定门限时会导致语音质量低，这类用户也会被统计为接入失败用户。反过来，接入到网络中的 VoLTE 用户数的稳定值就是网络可能承载的语音用户数。

网络规划人员会统计各个小区能达到的数据平均吞吐量以及边缘用户吞吐量。通过各个小区的观察，可以发现哪些是问题小区，配合上下行 PRB 利用率、上下行发射功率等可以联合配置哪些小区参数设置不合理，从而进行调整。

由于在动态仿真过程中模拟了不同业务类型的终端，因此从各个维度的统计都能得心应手。为了考察各个小区整体用户接入以及吞吐量性能，我们可以给出小区整体统计结果如图 9-10 所示。为了考察不同业务类型在网络中各个小区下所受到的待遇差别，可以给出小区分业务统计结果如图 9-11 所示。为了给出不同业务类型整体在网络中获得的服务效果，可以给出业务整体统计结果如图 9-12 所示。下面三张图均为使用 APC 规划工具对 TD-LTE 小区所做的蒙特卡洛仿真的统计示例。

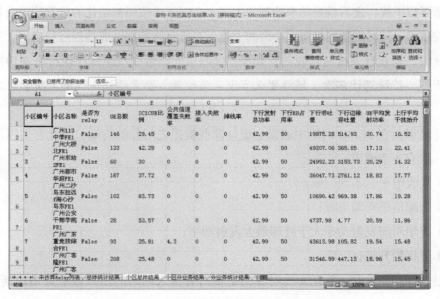

图 9-10　小区总体仿真结果（来自 APC）

252

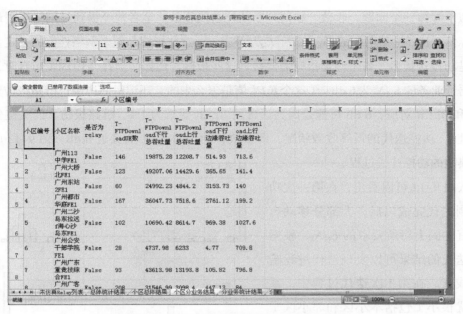

图 9-11 小区分业务仿真结果统计（来自 APC）

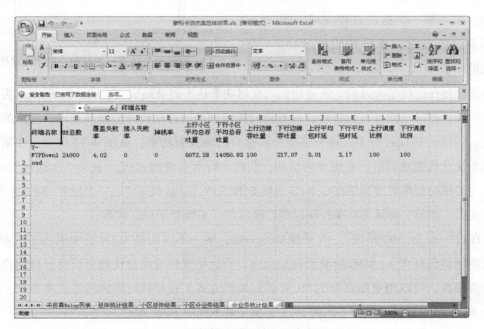

图 9-12 业务整体统计结果（来自 APC）

似乎漏掉一个问题，收敛。如何判断功控迭代收敛？笔者曾经提到过网络规划最重要的指标信干比，一般可用 E_b/N_o、C/I、E_b/I_o 等表示，这些指标是整个网络性能的"定盘星"，也就是功控迭代后，各个终端指标需要接近这些指标。比如，当在 WCDMA 仿真时，我们设定语音业务的 E_b/N_o 为 6 dB 时（这个 E_b/N_o 值是怎么来的？还记得前边讲过链路级仿真吗？E_b/N_o 和 BLER 对应，6 dB 可能是因为话音的 BLER 要求为 1%，链路级仿真的关键作用就在此处），功控迭代的最终收敛状况，即多数移动台的 E_b/N_o 会接近 6 dB。图 9-13 所示为一个典型的功控迭代过程。

从图 9-13 可以看出，在第一次功率控制迭代完成以后，大部分移动台都没有达到上行所要求的 E_b/N_o，根据每次迭代的结果可以发现迭代过程暗藏的线索。在第 1 次迭代过程中，系统干扰很小（包括本小区和邻小区干扰），所以先接入的移动台初始发射功率小。而当第一次迭代过程完成、所有移动台的发射功率都初始化以后，系统的干扰加大了，在迭代过程先接

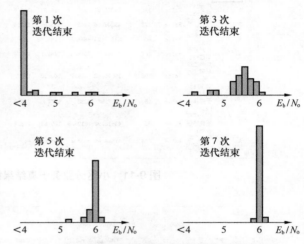

图 9-13　蒙特卡洛仿真一次快照中的功控迭代

入的移动台在迭代结束以后，依靠初始的发射功率达不到基站所要求的上行 E_b/N_o。再仔细追究的话，在第 1 次迭代过程中，只有最后接入网络的移动台才会达到基站所要求的上行 E_b/N_o。后续的迭代过程中，每个移动台调整自己的发射功率，从图 9-13 可知，在第 3 次和第 5 次迭代完成以后，有更多的移动台获得上行所需要的 E_b/N_o，在第 7 次迭代完成后，大部分的移动台都紧密团结在以 6 dB 为核心的 E_b/N_o 周围，终端"同一个世界，同一个梦想"终于实现。此时，可认为功率控制过程已经收敛，系统处于稳定状态。

在这一点上，4G 系统与 3G 系统如出一辙，唯一不同的是 4G 系统中引入了 AMC（自适应调制编码技术）。AMC 简单说就是当用户所处位置信号质量优越且没有其他用户与其争夺资源时，可以用更加高阶的 MCS（调制编码方式）在相同时间内传输更多数据。所以对于 4G 系统，我们就是为不同的 MCS 去满足其不同的 E_b/N_o 而已。

可是问题又来了，你认为功控收敛，还得需要用计算机能听明白的语言。所以，一般

会用数学的方法来描述收敛判据，即 $\dfrac{\|x(k+1)-x(k)\|}{\|x(k)\|}<\varepsilon$ ，所谓$x(k+1)$，即第$k+1$次的系统E_b/N_0的统计平均，这个公式的意思就是本次统计平均同上次统计平均的差异低于某一值，该值可以在仿真平台中设置，如1%，这种判据最普遍，因为比较符合蒙特卡洛仿真收敛的无偏一致性特点。

以上说的只是一次快照的所有步骤。而为了能让网络模拟更加真实，终端分布更加随机，往往需要做多次快照来使功率控制过程更加收敛。一般是根据计算时间，仿真平台本身的性能以及每次快照的终端规模来确定快照的次数。根据经验，次数从 20 次到近百次不等。

这便是网络规划仿真中的蒙特卡洛方法的原理。其核心在于：由于业务即干扰，网络覆盖和容量的共同作用导致了系统需要通过功率控制达到平衡。而功率控制才是仿真最核心的内容。可是，什么样的系统才会有功率控制呢？凡是存在小区间干扰的系统均需要尽可能控制自己的功率发送，比如 CDMA 系统以及 LTE 系统。

9.3.3 把地图放进去

移动通信网络不同于互联网、电信网、卫星网的最大特点是其完全彻底地受地理环境的影响，所以笔者认为，客户所感兴趣的网络级仿真，并非蒙特卡洛方法自身，客户所感兴趣的是如何将方案在建设之前就实现到地理环境上，给大家一个更加直观的感受。笔者认为，网络规划仿真之所以如此重要，不是因为仿真本身的学术意义，也不是因为使用了蒙特卡洛方法，而是和地理环境结合，能让人们看到鲜活的"沙盘"。

因为有了数字格式的地图，蜂窝网络规划仿真才能做起来。数字地图的便利造就了仿真的便利。

数字地图实际上是将地球面转换成数字平面。但这个转换有点小问题。因为人们看到的数字地图是个平面，而地球是个不规则椭球体。因此，将椭球体变成一张平面就需要投影技术，即假设球体内部有一个光源，通过光源照射某个参考椭球体到一个圆柱面上，然后再展开圆柱，就能按一定投影比例将椭球体的部分面相对平地展开，将球面坐标转换为投影坐标。这种投影技术称为高斯克鲁格（Gauss–Kruger）投影技术，如图 9–14 所示。

而这里有一个关键问题是选择参考椭球体。参考椭球体是对地球的近似，其参考面则是某一片地区，这片地区的球面同参考椭球体近似一致（当然其他部分则可能偏离很大），由此生成标准椭球体。因此，在什么地区进行地图映射，还得依照该地区的参考椭球体坐标系，比如在我国，就得按照 WGS84 或北京 54 坐标系的参考椭球体。

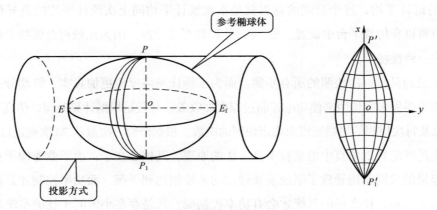

图 9-14　高斯克鲁格投影技术

网络规划仿真所用的数字地图包括 4 类模型。

数字高程模型（DEM）：网络规划仿真用数字地图是三维地图，除了经纬度，还需要知道高度，DEM 是栅格数据，即每个栅格一个高度。数字高程模型如图 9-15 所示。

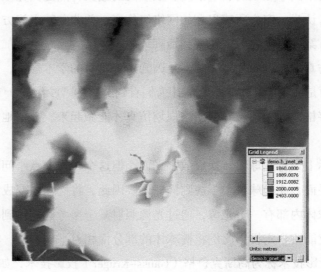

图 9-15　数字高程模型（DEM）

地物覆盖模型（DOM）：地物，就是地面上长的那些块状地物，内行人称为 Clutter 参数，同样也是栅格数据，每个栅格表征一种地物，一般地图上会给出十几种 Clutter，包括内陆水域、海洋、湿地、乡村开阔地、市内公园、市区开阔地、绿地、林地、高层建筑群、一般建筑群、低矮建筑群、郊区村庄等。DOM 数据也是必需的，用来为每个栅格定义业务密度权值，比如高层建筑群的权值可以设为 10，而乡村开阔地的权值则仅设为 2，地物覆盖模型如图 9-16 所示。

线状地物模型（LDM）：以弧段坐标表示的线状地物平面位置，采用矢量数据结构，线状地物主要指道路、街道、河岸线、行政边界等。线状地物模型如图 9-17 所示。

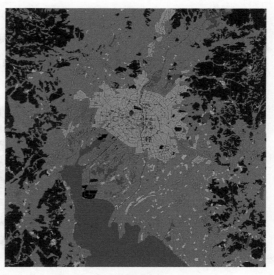

图 9-16　地物覆盖模型（DOM）

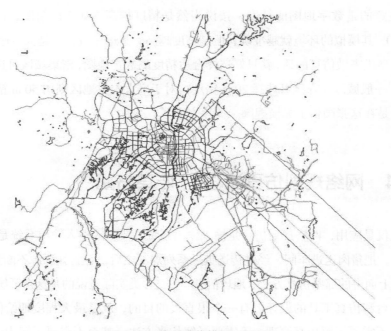

图 9-17　线状地物模型（LDM）

建筑群空间分布模型（BDM）：描述建筑物的平面位置和高度数据，采用栅格数据结构或矢量数据结构，一般只用于微蜂窝的预测，在微蜂窝用量较大时才需要用到这层数据。

图 9-18 所示为建筑群空间分布模型（BDM）。

图 9-18　建筑群空间分布模型（BDM）

由此，经过椭球体转换，并将几类模型映射进去之后，数字地图就生成了。另外，我们需要注意的是数字地图的精度。按说当然是精度越高（如 5 m 精度，即每个栅格为 5 × 5 大小），其模拟的环境就越准确，但是精度越高，其运算量也就越大，速度也就越慢，不舍得用大型机来做仿真的话，就只好选择合适精度的数字地图，密集城区可选择 5 m 精度、10 m 精度，一般城区和郊区可选择 20 m 精度，对于广大农村地区则用 50 m 精度。

之后便是在这张画板上纵横捭阖、挥斥方遒了。

9.4　网络规划仿真流程："吃草挤奶"

如果仅仅是应用，网络规划仿真是输入输出系统。典型的输入输出系统是车间生产线，比如做香肠，把猪肉送进车间，经过传送带一系列加工之后，香肠就源源不断地从车间后门出来。我在上面讲的那些仿真方法、地理信息、仿真分类实际上说的是这个系统的内部构造。

仿真平台和仿真工具的设计者有一个很直接的目的，就是最大程度地给使用者带来方便。使用者不需要了解仿真原理，不需要了解仿真方法，甚至不需要了解为何需要这些输入输出，只需点击"仿真"按键，图形、表格甚至报告就出来了。对于实际应用者来说，系统只是黑盒子，大家都喜欢这种设计，但无论如何还是要关注一下要输入什么和需要什么输出，以及这些输入输出都有什么价值。

9.4.1　输入什么"草"

一个网络级仿真需要输入两类：一类是网络规划具体方案，另一类是网络需要实现的目标。

1.　网络规划具体方案

不要以为网络规划的方案就是一本报告，我们所规划的网络是一个个坐落在千山万水、亭台楼阁的发射机。因此，具体的方案就包括：数字地图、小区参数和传播模型。

（1）数字地图。第 9.3.3 节中已经提到了数字地图，网络仿真第一步通常是将规划地的数字地图导入仿真平台中。此时要注意以下几点。

① 用最新的数字地图。

② 不要搞错了参考坐标系，在我国的坐标系都是 WGS84 和北京 54 坐标系。

③ 导入的数字地图还需误差校正模块进行专门的误差校正。即便用对了坐标系，数字地图仍旧与实际有偏差，这就需要使用地图中专门的误差校正模块进行校正。图 9-19 所示为未校正的地图，图 9-20 所示为校正后的地图。

图 9-19　未校正地图时，测试数据与道路出现较大偏差

图 9-20　校正地图后，测试数据与道路的偏差较小

（2）小区参数。小区参数包括工程参数和无线参数。

工程参数则包括站点参数和天线参数。站点参数是对站点（天线点）具体位置的描述：站名、小区编号、经纬度、海拔高度、相对高度、该站所在的建筑物，必要时还需要附上平面图。

天线参数则是天线的辐射参数和小区参数，在第7章对天线已经详细地分析过，这里不再赘述。规划仿真平台可以将专门格式的天线辐射参数读入。

而无线参数则是小区的配置参数。无线参数多如牛毛，但真正用于仿真的，还是那些设计容量和覆盖的无线参数，小区载频、时隙的配置、不同信道的发射功率等。

把这些参数导入地图中，我们才能看到在多彩的图片上盛开着的一朵朵三叶草，如图9-21所示。同时，规划人员需要仿真调整的核心参数，就是上述这些参数。

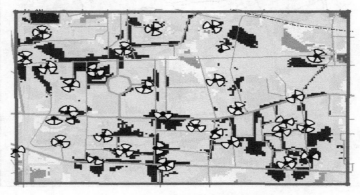

图 9-21　坐落在数字地图上的三叶草小区

（3）传播模型。传播模型在网络仿真中依旧牢牢控制着覆盖性能。这里所提到的传播模型，自然是经过修正以后的传播模型。任何无线系统仿真（链路级、系统级）都必须张开双臂欢迎传播模型的输入。一个高水平的仿真平台，可以内部设置多种传播模型，甚至包括非统计性的双射线模型。同时，为网络规划服务的仿真平台，需要提供传播模型修正的功能。

2．网络实现的目标

仿真最终的目的是看规划方案能否实现目标，有的目标是仿真以后，肉眼可以观察到的，而有的目标则必须在仿真输入中设置。规划目标也不外乎"老三样"：覆盖目标、容量目标、质量目标。

（1）覆盖目标。最理想的覆盖目标当然是"共同富裕"，覆盖了所有的业务。但是业务一多，成本又有限，所以在网络的初级阶段，只能先保证基本业务的连续覆盖，对于更占资源的奢侈业务（比如在线游戏等），只能"让一部分人先富裕起来"，即保障一部分地区先满足覆盖，让先满足覆盖的区域带动后满足覆盖的区域，在网络的高级阶段，最终实现全业务覆盖。覆盖目标无须配置，在最后的输出结果中能通过分析得到。

（2）容量目标。容量目标就是业务需求的满足，容量的输入实际在第 6 章已经提到了，即业务—承载—终端的输入。同时在生产线的过程中，还需要生成"业务地图"。由于 4G 网络中用户"永远在线"的机制，一般会用在线用户数、同时调度用户数、RRC 连接数等多个指标来共同表征容量。

（3）质量目标。这里的质量目标指服务质量的目标，在 4G 系统中通常表达为小区平均吞吐量（比如 20 Mbit/s）或者用户边缘吞吐量（比如 1 Mbit/s）。当然，在 4G 网络中这三个指标是相辅相成，互相牵制的。想要获得更高的质量目标（比如边缘用户达到 2 Mbit/s 的传输速率），那么其覆盖范围就会收缩，同时调度用户数会减少。

9.4.2 生产线的处理

该输入的都输进去，剩下的工作似乎就是"按键"了，人称"一键仿真"。方便归方便，但是还是需要将仿真的生产流程说一说。仿真生产线的流程图如图 9–22 所示。

图 9–22 所示流程需要按三个键：公共信道覆盖预测、生成业务地图和覆盖容量仿真（蒙特卡洛仿真）。

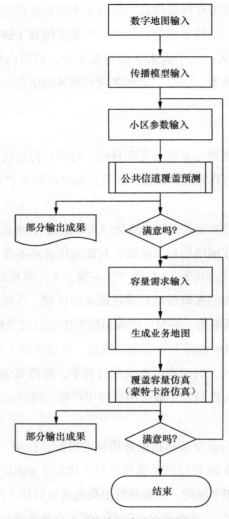

图 9-22　仿真生产线的流程图

公共信道覆盖预测：公共信道覆盖预测除了做预测之外，还做了另外一件事，就是路损计算。前面已经提到，公共信道覆盖预测实际就是给公共信道做了一遍详细的链路预算，从而在地图上显示出各个小区公共信道所能覆盖的范围，这个范围再不是一个覆盖半径所画的六边形，而是由不规则的面积拼接而成，此时便可输出公共信道的 Best Server 图，如图 9-23 所示。当然，还能计算各个栅格的接收电平、信干比（C/I、E_c/I_o）。

图 9-23　公共信道 Best Server 图（由仿真软件 APC 生成）

生成业务地图：业务产生在覆盖区之内。因此，只有当覆盖区预测完成后，再生成业务地图才更合适。而业务地图如何生成，前面已经说了，就是利用地图的地物覆盖模型（DOM）中设置的十几种 Clutter，对这些 Clutter 设定业务权值 $C(i, j)$。另外，每个小区配置好容量资源，即 CE、业务信道等资源配置，之后就能直接计算出每个栅格的业务量，从而生成业务地图。

覆盖容量仿真：下一步，把仿真的收敛条件和快照次数设置好，点击"仿真"按键，然后泡一杯清茶，静静地等待吧。

9.4.3　输出什么"奶"

仿真第一目的：验证。仿真输出的内容是拿来验证的，即规划人员经过一遍遍修正的方案是否能够实现覆盖、容量和质量的目的。

对于公共信道：需至少准备以下统计。

公共信道覆盖（可包括 CRS 信道的 RSRP 图、CRS 信道的 Best Server 图、GSM 的 BCCH接收电平图、TD-SCDMA 的 PCCPCH\DwPTS 的 RSCP 图等），表征的是公共信道信号的强度，此图可分析公共信道的覆盖漏洞。

公共信道干扰（针对 LTE 网络中 CRS 的 SINR、CDMA、WCDMA 的 E_c/I_o 和针对 GSM、TD–SCDMA 的 C/I）可作为小区方向的设置和公共信道的配置的参考，避免出现干扰，表征的是信号的质量。

对于业务信道，则同公共信道类似，只是业务信道需区分上 / 下行，包括以下几类统计。

覆盖质量：上 / 下行业务信道的覆盖范围和统计；因覆盖而造成业务信道失败的统计。

网络服务质量：接入成功率及失败原因；上 / 下行吞吐量。

小区性能：小区噪声抬升、终端发射功率、小区负载、业务信道发射功率等。

切换性能：切换性能专门针对软切换。在仿真中，软切换属于需要费心照顾的性能，软切换图得观察，软切换比例要控制。软切换这种技术很温柔，但代价就是比较"磨叽"。

好，我们所需要的输出不外乎这些内容。除了色彩斑斓像现代油画的图，还有统计表格。图的作用主要是为了证明，真正有用的还是统计表格，通过表格能看出每个小区的问题，再结合放大后的小区栅格来分析。

另外，其中或许根据不同的技术体系、不同人开发的仿真平台而使得输出名称略有不同，但都能看到相同的影子。因此，在用一些新的仿真平台"打游戏"时，记得举一反三，玩了《模拟餐厅》，再换一个《模拟农场》，相信不会难倒大家。

写到最后，有一句感慨禁不住发表一下：网络仿真把链路预算想做且做到的以及想做而做不到的都实现了，链路预算可以休矣！

Chapter 10
第 10 章
参数：软实力

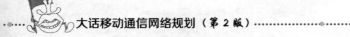

网络用什么配置？用参数。网络用什么描述？用参数。网络用什么统计？用参数。

参数是网络能力、软实力的体现。不要再为成百上千的网络参数而烦恼了，我们玩的《三国志》游戏里不也玩的是武将参数、城池参数、技能参数的变化吗？如果突然你看到诸葛亮智力参数值跟张飞一样，是不是心头一震；如果你看到某个小区的切换成功率为27%，是不是心头也一震……感觉是一样的。

对于网络规划"魔法师"而言，经常会遇到三类参数。

工程参数：蜂窝网络建设工程的参数，典型为站址参数、天线参数。这类参数无法用脚本调整，基站放在哪里，工程参数就随之摆在哪里。网络规划阶段和优化阶段规划人员都会关心工程参数，因为网络的覆盖问题往往是由于工程规划设计的方案所引起的，因此必须根据工程参数而改变天线的方向、倾角，甚至是基站的站址。

无线参数：网元设备和接口的配置参数。网元的所有功能都需要无线参数进行配置。典型的有 PRACH 参数、上下行功控参数、MIMO 模式切换参数、小区选择/重选参数、小区切换参数等。在一个 GSM 系统中无线参数通常在 500 个左右。而在 LTE 系统中，无线参数可以达到上千个。

统计参数：传说中的话统指标，包括交换机性能测量、A 接口操作、七号信令协议性能测量、小区性能测量、功控性能测量、切换性能测量……统计参数同样如繁星点点，不可计数。统计参数是网络规划人员了解网络状况、掌握网络问题的重要指标。

如果想掌握上面的那些参数，最好的办法是观察设备参数 3 ~ 5 年，那算是真正的"臻于至善"。因此，不要说网络规划人员，即使网络优化专家，也不见得对所有参数熟稔。自然，本章中，笔者也不可能把所有参数都一一描述。

10.1 工程参数

10.1.1 站址参数

站址参数的内容很少，就是基站的经纬度、天线的有效高度和方位角。如果再多设置，那也就是小区的载频数目、时隙数目、信道数目等。

这些参数，无须多言。需要多言的是这些参数是否准确，是否已经对站址建档，参数发生了何种变化。这些问题针对的是网络现状。需要提个问题，这个网络现状，是今天的现状，还是三年前的现状，还是该站址刚刚建成的现状？有时，当我们拿着设计图纸站在那已有的基站跟前，就会发现"年年岁岁花相似，岁岁年年站不同"。如果再深究的话，这其实根本不是一个技术问题，而是一个管理问题。如果管理到位，周期性更新，这个问题就不会发生。

因此，对站址参数，特别是已有站址参数的调研十分重要。调研的方法不外乎去找上一期的网络规划结果，或者上一期的工程设计，或者最新的话务报表。不过，用这几种方法所获得的内容总会有出入，此时亲自去看看那些有出入的站址是最务实的选择，任何人问起你所采集的参数，你都会有底气。

10.1.2 天线参数

笔者在第 7 章已经颇费笔墨地谈过天线的参数了。工程参数中的天线参数主要还是决定覆盖波束的参数，如果能获得天线型号，则可通过手册查到天线的方向图和增益，同时再输入下倾角，则覆盖效果可由此计算得到。

当然，如果简化一下，知道天线的频率范围、增益、半功率角、极化方式和下倾角，也算大致掌握天线的波束。

对于智能天线，其参数则更显雍容。

智能天线是自适应阵列天线，因此同样的参数要用下面三种语言来描述。

其一是单元天线语言，即单个阵元天线的参数：增益、波瓣宽度、前后比以及描述波束的一切参数。

其二是广播波束语言，因为对于广播波束，它只是多天线合成的固定波束，由各个天线所赋的增益和相位决定；对于广播波束，同样有相应的增益、波瓣宽度及前后比。

其三是业务波束，业务波束是可以根据终端的位置而扫来扫去的波束，业务波束同样有增益、波束宽度和前后比，但是业务波束除了其指向经常发生变化，波瓣的形状也会发生变化，特别是定向天线，0° 的业务波束（天线法向波束）和 60° 的业务波束的增益和波束宽度都有所不同，因此还要对业务波束的参数做更多的描述，比如 0° 的业务波束什么模样，60° 的业务波束什么模样。

至于智能天线的极化方式、是否电调、倾角如何，乃至阵元数目，都要作为网络规划的天线参数。

表 10–1 和表 10–2 所示分别列出了普通天线的主要工程参数和智能天线的主要工程参数。

表 10-1   普通天线工程参数

小区	天线型号	频段	极化	增益（dBi）	水平 3 dB 波瓣宽度	前后比	下倾角
小区 A	XXXXXX （电调）	GSM900 ～ 1 800MHz 双频段	±45° 双极化	17.5	65°	30 dB	6°

表 10-2   智能天线工程参数

小区	天线型号	频段	极化	阵元数目
小区 A	XXXXXX（机械下倾）	1 880 ～ 1 920 MHz/2 010 ～ 2 025 MHz	±45° 双极化	8
增益（dBi）	单阵元	15		
	广播波束	15		
	业务波束（0°）	24		
	业务波束（60°）	18		
水平面 波瓣宽度	单阵元	90°　±15°		
	广播波束	65°		
	业务波束（0°）	14.5°		
	业务波束（60°）	23.5°		
前后比	>25 dB			
下倾角	6°			

 # 10.2　无线参数

10.2.1　位置区和跟踪区

位置区和跟踪区规划似乎不该列为参数规划，但是总归需要为每个小区设置 LAC 参数，也可算作无线参数配置。

网络规划中有个很重要的工作，就是划分位置区（LA）和跟踪区（TA）。TA 的本质和 LA 都是一样的。TA 是 LTE 分组域的位置区。LTE 中主要是数据业务，当网络有下行数据的时候，PGW 下发数据到 SGW，然后 SGW 触发 MME 发起寻呼，MME 查找内存中保存的 UE 所在的跟踪区列表 TAI LIST，然后将寻呼下发到终端。

　　在有基站分布的地图上，将一个本地网分成不同位置区，并将其编号。这个工作很像庖丁解牛，比较初等的位置区划分是"良庖岁更刀，割也"，再高级一点也算"族庖月更刀，折也"，真正高级的划分方法应该是"以无厚入有间，恢恢乎，其于游刃必有余地矣"。如果规划"魔法师"能达到"无厚入有间""批郤导窾"地划分位置区和路由区，那还是挺有成就感的。

　　位置区和跟踪区设置的原因在于"寻呼"，其原理跟寻呼机原理一致，就是网络通过"广播找人"的方式通过各个基站（BS）来呼叫移动台（MS）。位置区（路由区）就是一个寻呼区，在一个位置区里，网络侧要经常给所在移动台通过寻呼信道发送寻呼信息。路由区同样，只不过路由区与位置区的区别是一个针对电路域业务（位置区），一个针对分组域业务（路由区）。

　　位置区规划的主要问题是位置更新和寻呼容量。

　　位置更新：如果俯视地看移动终端的运动轨迹，那就是满世界乱跑，可称为"伪布朗运动"。移动台从一个位置区进入另一个位置区的地盘必须发生的事情就是位置更新，在新的"居委会"挂号，否则人家寻呼不到你，失去了联系，那就是"黑户"了。除了这种由于地盘变更而发生的位置更新之外，还会有周期性位置更新，即移动台每隔一定周期向"领导"汇报自己的位置，一旦出现不汇报的现象，则要对该移动台贴"分离"标签，以示提醒。位置更新需要占用信令流量，就是要占用信道资源，因此，位置更新越多，需要分配的资源也越多，同时位置更新期间无法产生通话。因此，位置区规划的一个目标是让位置更新尽可能少。那把位置区划大一点不就更新少了吗？但是不行，位置区是受寻呼容量的限制的。

　　寻呼容量：寻呼容量决定了位置区、跟踪区的容量。寻呼能力由系统分配的寻呼信道、寻呼信道的单位寻呼次数以及系统设备的能力所决定。同时，位置区还不能按寻呼极限来规划，必须要为位置区的扩容留下余量，在网络建设初期甚至需要预留 50% 的富裕，否则，每次扩容都要全部更改一次位置区，除去巨大的工作量之外，出错率也会增加。

当限制了位置区、跟踪区的容量之后，就可以在地图上"解牛"了。经典的切牛方法是沿着肌肉和神经的缝隙切。而位置区之间的缝隙也很有讲究，这就是位置区规划的规则。

规则一：避开大话务量区域，从小话务量的工厂、郊区等区域"下刀"，如果实在避不开，那就从移动速度较慢的居民区"下刀"。

规则二：切口处避免高速移动区，因此对道路的切割要尽量斜着"切"。

规则三：避免几块位置区的交界处在一个小区域，否则这个小区域的位置更新频繁，而且还会出现乒乓切换。

规则四：不要漏掉微蜂窝和室内分布，将它们跟周围的宏蜂窝划到一起。

规则五：特殊场景的位置区（如高速铁路、体育场馆群）单独设置。

对于位置区划分这种相对复杂系统求解的真实操作所遵循的方法无非两种：分解和聚类。

分解：就是把复杂问题分解为多个相对简单的问题，人类解决各种复杂问题都是按这个思路操作的。在区域划分中将大的面积分解为相对较小的部分。比如将城市按密集区分块，先对每一块进行位置区划分，之后再组合，然后再对相邻部分小区按照位置区规划的规则做调整。

聚类：按照寻呼业务量要求和小区间距归类。这个工作可不是简单用肉眼看看、用笔画画就可以完成的，这样达不到距离最优。这个工作实际依旧是一个数学建模。其目的就是达到各个位置区的小区足够近，同时满足寻呼业务量需求，比如图 10-1 所示的例子。

图 10-1 中有 10 个基站，我们想把它分成两个位置区。这个很简单吧，你的大脑可以下意识地将它们分成两个最佳位置区，大脑与计算机的不同就在于此，大脑的计算是不那么精确的抽象计算，是靠表象来进行计算的。图 10-2 所示为直观划分的位置区。

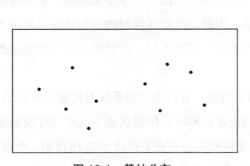

图 10-1　基站分布

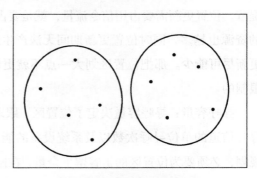

图 10-2　直观划分的位置区

但是问题来了，这只是 10 个基站，如果是 100 个基站凌乱地放在地图上，你还能那么直观地画十几个圈圈成最合适的位置区吗？大脑的表象能力就没法发挥了。因此，这就需要聚类算法。通过聚类算法来实现计算机的位置区划分。

聚类算法的核心是判据，如何判定这几个小区是最合适的聚类。一般的方法是求距离，这里的距离是个逻辑概念，在位置区中是指物理距离，也可以是寻呼量距离，或者多个距离的欧式距离（方均根的概念），然后根据需要分几类进行聚类。最后看这几类是否满足容量均衡的原则，同时是否符合位置区设置的那些规则。聚类划分位置区的流程图如图 10-3 所示。

聚类过程本身是一种迭代过程，即先将每个基站都视为一类，生成距离矩阵；然后把距离最近的归为新的类，再生成新的距离矩阵；再和其他类计算距离，再生成新的距离矩阵，最终达到总体的位置区个数。如果基站数目为 N，则基站之间的距离数目为 C_N^2，同时如果是多次迭代的关系，则总体是 N^2 的计算复杂度关系。好在现在我们完全可以用计算机的程序去运算。

还是上面 10 个点的例子，我们用聚类迭代的过程来实现，这个过程如图 10-4 所示。

实际的网络规划过程中，我们往往不会做最原始的位置区规划，而是基于已有的位置区形状，根据增加的站点和容量进行调整。其方

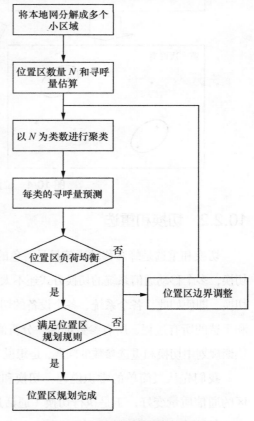

图 10-3　聚类划分位置区的流程

法与原始的规划类似，同样是分解和聚类，只不过此时需要将已有位置区考虑进去。

另外，此时的位置区规划需遵循先难后易的顺序，先搞定高寻呼量区域，再处理低寻呼量区域。因为高寻呼量区域可能需要增加位置区，因此要对原有位置区进行分裂和再聚类；而低寻呼量区域仅仅是将新增的容量划到原有位置区中。如果不按此顺序完成，则工作量往往会变大，同时位置区的划分也不尽合理。

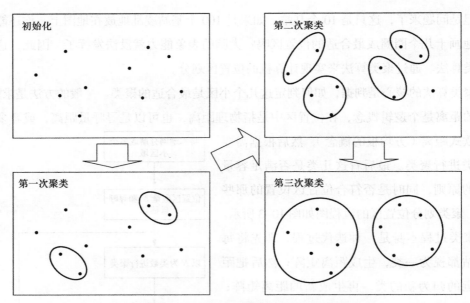

图 10-4　位置区规划的聚类过程

10.2.2　切换和重选

切换和重选是蜂窝移动通信最具特色的功能（没有之一），是网络优化的重头戏。特别是切换，多个移动通信系统的切换方式还不太一致，业内人士将其分成了硬切换、软切换、接力切换。即使如此，各个系统、各个设备的切换方式和切换参数还是有很大的不同。如果把切换和重选的所有过程、所有参数都逐一分析的话，可能还需 N 本教材来讲述，本书仅用一节来谈谈规划中切换和重选参数的问题，是想说一些通用的参数和问题，过于具体的内容就不讲了。

我们先从最简单的常识说起：切换和重选，无非就是"本小区的通信质量变差，邻小区的通信质量变好，于是执行切换（通话过程中）或重选（非通话过程中）。"

但是这个问题如果放到终端侧和网络侧来说明，就必须要把上面这句话用数学变量来说明。切换和重选的参数和过程实际是确定以下几个问题。

（1）什么是邻小区？服务小区怎么知道邻小区？

这个问题的专业说法，就是邻区列表的设计问题。

（2）什么叫差？什么叫好？

这个问题的专业说法，就是切换指标和门限设置的问题。

（3）什么叫"变"？

这个问题的专业说法，就是切换事件触发及切换偏置和时钟设置的问题。

（4）如何了解到服务小区和邻小区的通信质量？

这个问题的专业说法，就是切换测量的问题。

（5）多个网络如何考虑切换和重选？

这个问题的专业说法，就是异系统的切换和重选策略。

1. 邻区规划

先谈谈邻区规划的事项，网络切换和重选的前提是规划了邻区，切换和重选的测量报告的小区都要在邻区的池子里。邻区就是服务小区的"关系圈子"，一旦终端跑到了非邻区的小区（假设是 C 小区），服务小区就只能给手机一个信号："C 小区是谁，我不认识啊，爱莫能助，不好意思，你自裁吧，"于是就掉话。按这个逻辑，我们似乎应该尽可能多地配置邻区，把所有的小区都配给每个服务小区才好。可是邻区配多了，手机测量的负担也变重，而且受到设备设计的影响，邻区配置是有上限的（一般为 32 个，几乎所有系统都差不多是 32 个）。因此，在规划阶段把邻区配置好就成了参数规划的一个重要工作。

邻区规划需遵循以下几个原则。

（1）互为邻区原则。A 小区把 B 小区设为邻区，B 同样也得投桃报李，将 A 小区也设为邻区。两个小区互相认识，才能互相测量、互相切换。但确实有单向邻区设置的情形，即要求 A 小区可以切换到 B 小区，但是不许切回来，这种情形的典型场合是楼宇室内。

（2）距离就近原则。邻区，邻区，就是服务小区的邻居。自然是物理距离最近的小区都要设置成邻区。这里还有一个更强的强制原则，就是同站小区必设为邻区，甚至异系统同站小区也得设为邻区，这也是依据终端的"伪布朗运动"而设置的。但是，如果你能了解到本小区覆盖的终端会做看似有序的运动，那也无须将所有的邻居都设为邻区，比如说隧道和高速铁路专网，这个在第 11 章还会说到。

（3）覆盖交叠原则。跟服务小区的覆盖范围有交叠的小区，需设为邻区。这跟距离就近原则类似，实际上是个双保险。一般可以按各种算法来设置，比如，当覆盖交叠小区的接收电平高于切换电平时（二者之差小于"切换迟滞"），则设为邻区；又如，二者重叠覆盖区高于 5%，则设为邻区……

（4）对于 CDMA 以及 LTE 系统，还牵扯到同频邻区和异频邻区的问题。比如室内和室外采用了异频，则需设为异频邻区，否则进出口就成了掉话重灾区。比如 LTE 系统中的 F 频段和 D 频段，同站址的两个小区要设置邻区。

（5）如果多个系统同时运营，且终端是双网双待，那么异系统之间还要设置邻区。随着软件技术的发展，邻区规划已经被封装到规划软件中并成为一种功能，只需要输入配置条件，它会帮你自动配置邻区。

2. 切换 / 重选测量

切换与重选之前的重要一步是测量，移动台测量服务小区的信号强度、质量、路损，及邻小区的信号强度（U、RSCP、E_c/I_o、基于时隙的 ISCP、RSRP、RS–SINR），同时基站会测量上行的信号强度。测量报告会周期性地报告给 BSC，之后由 BSC 根据某些算法来进行切换决策，这是 GSM 的切换测量过程。当然在 LTE 系统中，由于扁平化的网络结构，eNB 具有此仲裁功能。

在 3G/4G 网络中则有一定差别，就是 3G/4G 的测量报告是"事件触发"（当然也可以设置为周期上报，但还是以事件触发为主）。一旦出现和切换相关的"事件"，则将测量报告通过基站上报给 BSC（RNC、eNB）并发生切换（如执行硬切换，执行系统间切换，或是激活集、候选集的变化）。其实，按照我的理解，无论是周期上报还是事件触发上报，切换测量后的决策都是靠事件来触发的。

3. 事件触发

3GPP 中 25.331 以及 36.331 中定义了用于切换的事件，比如，对于 3G 系统频率内切换就用"1"号来定义，切换中的各种状况分别定义为 1a、1b、1c、1d、…、1i，如 1a 就表明了有一个小区已经可以进入软切换的激活集中，1b 则表明，激活集中的某个小区不符合要求。而频间切换用"2"号定义，即 2a、2b、…、2f，如 2a 表示质量最好的频率发生了变化，2b 则表明使用的频率低于门限，而其他频率则质量变好了。系统间切换的事件则用"3"表示，3a、3b、3c、3d，其内容相似。而对于 4G 系统而言，A 类事件用于本系统内测量，B 类事件用于系统间测量。比如 A1 代表服务小区质量高于门限，A2 代表服务小区质量低于门限，A3 代表邻接小区偏移后优于服务小区等，B1 代表异系统小区的质量优于门限。

4. 切换 / 重选的几个关键参数

这里我挑了几个需要规划的参数来说明，考虑篇幅因素，其他参数就不一一介绍了。

切换/重选门限：该门限是触发切换/重选事件的门限，GSM 系统中用该门限为 C2（重选）和上/下行接收电平门限，在 3G 系统中则是用 CPICH E_c/I_o（WCDMA）或 PCCPCH RSCP（TD-SCDMA）的门限，而在 4G 系统中则是用 CRS 信道的 RSRP 以及 RS-SINR 的门限。一旦到达这个门限，切换算法就如同狐狸般警觉起来。因此，一般将这个门限同小区覆盖边界门限再提高几个 dB 不等，以避免还没来得及执行切换测量，质量就飞流直下，然后我们就对着手机狂喊"喂、喂"，最终懊恼挂机。对于软切换，这个参数设置则略有不同，决定了 1a、1b 事件的发生。而软切换实际给人的感觉并不是像切换那种能听见"卡塔"声，软切换是通过激活集的变化而悄无声息实现，感觉很像是耦合。比如达到 1a 事件时，一个小区"耦合"进激活集，产生资源占用。因此，软切换看似"随风潜入夜，润物细无声"，付出的代价却是占用了容量。在设置门限参数时，则需要确保软切换比例在 35% 左右。当然在 4G 系统中，数据业务吞吐量特性与信号质量的相关性更强，就是存在一种情况，即使当前信号强度很弱，但是信号质量很高，依然可以流畅地刷微博，发朋友圈；相反假如信号强度很强，但是信号质量较差，就算手机显示满格信号，可能点开一个网页都费劲。因此，在 4G 网络标准制定过程中，对于考察 CRS-SINR 这个参数的门限也确实经历了从无到有的过程。

磁滞参数：这个参数的目的是让事件发生更加确切，不要邻小区比服务小区信号稍好就触发事件，发生乒乓切换，切来切去。于是，加入几个 dB 作为缓冲，这就是磁滞参数。但是，磁滞参数也不能设置得过大，设置过大就会反应过慢，错过了最佳事件触发时期，这就"踏空"了，反而会造成切换失败。因此，磁滞参数的设置会根据环境里的移动速度来变化设置，表 10-3 所示是 WCDMA 频率内切换磁滞参数的设置范围变化示例。

表 10-3　磁滞参数设置

速度（km/h）	范围（dB）	建议值（dB）
5	3 ~ 5	5
50	2 ~ 5	3
120	1 ~ 3	1
典型设置	2 ~ 5	3

同时，磁滞参数对于不同类型的事件有不同参数设置，1a 事件、1b 事件、2a 事件、2b 事件或者 A1、A2 等事件磁滞参数都是独立设置的。在规划阶段，可能多个事件的参数

值一致，但是到了优化阶段，就得视网络质量而进行调整。

延迟触发时间：事件发生不但要确切，还要多观察一段时间。多观察的这段时间，就是延迟触发时间。延迟触发时间同样和移动台的速度有关，高速移动的终端对延迟触发比较敏感，其设置值就不能过长；低速移动的终端容易发生乒乓切换，则需要设得长一些，是为"宁可错过，不可做错"。触发时间的设置也同环境相关，一些衰落较快的环境（如室内到室外的接口处），如果延迟触发时间设置过长，就会因为错过了最佳时机而导致切换失败，继而掉话。同磁滞参数一样，延迟触发时间也要根据不同事件独立设置。

5. 多系统之间的切换和重选如何考虑

当一个运营商使用多个网络运营，普遍采用的战略就是：只需要用户感受到普遍的服务，而不需要去感受不同的网络。于是，就需要推广双网双待的终端，通过使用这种终端，用户不需要知道身处何种网络就可以实现高质量的通信业务。这就需要实现网络间切换和重选。A网络质量不好，切换到B网络上去；B网络业务负荷高，切换到A网络上去。在异系统实现切换和重选，看似容易，实际是增加了多个网络的负担。标准25.331以及36.331中确实也定义了3G向2G以及4G向3G以及2G切换/重选的事件及参数，但是还是需要规划人员考虑很多问题。

首先，是切换和重选的策略。对于重选，其策略的关键在于优先驻留在哪个网络上，为了能让4G网络更多地吸引业务，多数运营商的策略是优先驻留在4G网络上，但是必须能够实现双向重选的功能。而切换的策略则更为复杂，按穷举可分为单向切换（通常指4G到3G的切换）、双向切换、不切换。按常识，4G网络建设初期，为了满足网络的总体质量和用户满意，实现单向切换，一旦弱势网络（4G）不能提供覆盖，就切换到强势网络（3G或者2G）上去。

其次，就是切换和重选对系统的改动。既然提出了多系统之间的切换，4G系统自然设置了这个功能。（1）邻区信息。在邻区信息中要增加相应的4G邻区消息，如2G BSC以及3G RNC发送给基站的关于EUTRAN的Measurement Information信息，即4G邻区描述表。（2）测量报告。多模MS在GSM网络或者3G网络中通话，需上报包含4G网络邻区的测量报告。这就要求测量报告的格式增加4G的内容。（3）切换信息。当需要3G网络向4G网络切换时，RNC发给MME的切换请求信息需包含4G的小区标识符表信息，同时MME也得升级支持这些信息的接收和确认。

最后，是重选和切换易出现的问题。主要的问题还是两个：一是切换/重选过慢而失败，二是过快造成乒乓切换/重选。这是切换/重选容易犯的"急性子"和"慢性子"的毛病。多网络间的重选会发生乒乓切换的问题，主要是由于让终端优先驻留 4G 网络，而 4G-3G 网络相互的重选参数设置问题，比如门限设置差距过大。（4G → 3G 设为 –14 dB，3G → 4G 设为 –20 dB，那公共信号接收功率如果在 –14 dB 和 –20 dB 之间，就会出现乒乓切换了）。而多网络间切换比较容易犯的是"慢性子"毛病，主要原因还在于新的网络难以实现连续覆盖，比如没做室内 4G 覆盖的楼宇，终端进入，本该切换/重选至 3G 网络，但是信号衰减过快，同时测量触发过慢，导致切换失败。另外，与在 3G 系统中启动异系统切换要开启压缩模式不同，在 4G 系统中应用灵活的测量 GAP 来完成对于异系统的测量。

10.3　簇规划

10.3.1　移动通信网的"村落"：簇

移动通信基站组成"蜂窝"，如星星点点散落在陆地的各个角落。从网络规划的角度看，这些小区并非一个个孤零零地独立，将频率资源分配给它们，于是逐渐形成了各个"村落"，大的村落是位置区、跟踪区、MSC 区、RNC 区，小的"行政单位"是什么呢？个人理解就是"簇"。

网络资源分配有"复用"的特点。这是利用了无线电波的衰落特性，当某个信息的载频传递一定距离后衰减到很低时，这个载频就可以被重复利用来传递另一个信息。通过无线电波的衰落而实现复用，是有限频率实现"无限"容量的必要条件。但是出现复用的两个小区是有距离的，否则就会出现干扰。而簇，是可以复用实现地理平铺的最小单位。在一个簇内的所有小区，都无法实现复用，而只要出了簇，就完全可以实现复用。由此，"簇"是移动通信网络的"村落"。

簇的关键指标为复用系数，即一个载频簇中的小区个数。这些小区不会出现共载频的现象，但一旦在簇外，则会完全复用。GSM 系统中，我们常常用频率复用系数来评价频率利用率，复用系数越小，则频率利用率越高，网络的容量越高。而到了 CDMA 系统，由于其码分多址的特性，使得单个载频可以在所有小区复用，因此，其频率复用系数为 1。不过，CDMA 系统中会以扰码来区分小区，而扰码数同样也是有限的，相同扰码的小区距离过近同样会产生干扰。可以将不同扰码所形成的小区组看成一个扰码簇，不同扰码簇之间可实现扰码复用。类似概念，在 LTE 系统中同样存在。在 4G 网络中有 504 个 PCI（物理小区 ID）。在网管配置时，为小区配置 0 ~ 503 之间的一个号码即可。而该号码可以由 TD–LTE 系统中主同步序列（PSS，共 3 种可能性）和辅同步序列（SSS，共有 168 种可能性）组合后获取。

由此，笔者认为，无论是频率规划还是码规划，都是簇规划的一类。其规划的目的有二。

（1）同资源干扰达标。如果同频（GSM 系统）、同码小区距离过近，则不可避免产生同频干扰或同码干扰，当干扰大到一定程度时，其误码性能将不能达标，这将导致通信质量下降或通信失败。好在标准中已经设置了干扰门限和指标，比如 GSM 要求的 C/I 大于 12 dB。因此，簇规划的目标是通过对簇内的频率和扰码分布实现同频干扰或同码干扰达到标准。

（2）让簇内的频谱利用最大化。换个角度说就是频率复用系数最小，这个问题在 CDMA 系统中已经不是问题，但是在 GSM 系统中却是永远的大问题。通过簇的规划实现频谱效率最大。

簇规划的目的很简单，就是在两个相互矛盾的目标之间寻求平衡。但是实现这个目的却并不简单，当矛盾比较激烈的时候，这类问题就比较突出。举个例子，如果网络根本没有什么业务量，那么簇规划就可以十分简单，可以让复用系数做得很大以满足干扰要求。但是当网络业务量增大时，就必须得考虑忍受一点点干扰，实现复用系数的减小，让簇更紧密一些，而这样所带来的问题就是频率重新规划。

10.3.2　频率规划

通信网络的换代和计算技术、仿真技术的提升，让之前如海的工作变成了在仿真软件上的几个操作，频率规划一下子容易起来。同时在 4G 网络中，由于一个频点的带宽都有 20 MHz，所以在有限的频谱街上分配给 4G 网络可用的频点实在有限，一般不需要进行频率规划。

10.3.3　码规划

CDMA 系统（包括 WCDMA、TD–SCDMA、cdma2000 等 3G 系统）中，频率的复用系数为 1，所以频率规划异常简单，对各个小区的区分用扰码实现。和频率类似，扰码数是有限的，因此同样也是一种资源，扰码的规划也就成了 CDMA 系统中的一件重要工作。

与频率规划不同，CDMA 系统中的扰码都比较多，最多的 WCDMA 存在 512 个主扰码，关键的好处还是这些主扰码的相关特性都较低，即使将这 512 个扰码分成了 64 组，规划起来也比频率规划要方便许多，一个 WCDMA 的扰码簇可以至少包括 16 个基站，这么大一个簇，其他簇的同扰码小区传过来的信号属于"强弩之末势"，和服务小区信号比，那就是萤火虫比明月，干扰自然可以忽略。因此扰码规划起来可以不用运筹算法。

在 LTE 系统中对应的是 PCI 规划，对于 PCI 规划通常规划人员需要掌握几个原则。

一是不冲突原则，保证同频邻小区之间的 PCI 不同；因为 PCI 直接决定了小区同步序列以及物理信道的扰码，相邻小区 PCI 共相同则直接带来的是 100% 的干扰。

二是不混淆原则，保证某个小区的同频邻小区的 PCI 不同，切换时，UE 将报告邻小区的 PCI 和测量值。如果服务小区有两个邻区都使用同样的 PCI，则服务小区无法分辨 UE 到底应该切换到哪个邻小区。

三是相邻小区 PCI 模三不等原则，PCI 模 3 相等条件下参数信道 CRS 在 PRB 内的位置相同，相邻小区（尤其对打小区）PCI 模 3 相等直接造成了 CRS 之间的强干扰。相邻小区 PCI 模 6 相同会造成下一个天线端口发送的 RX 相互干扰。PCI 模 30 相同，会造成上行 DMRS（数据解调 RS）以及 SRS（Sounding RS）的相互干扰。

四是最优化原则，保证同 PCI 的小区具有足够的复用距离，并在同频邻小区之间选择干扰最优的 PCI 值。

如果我们真正做一次码规划，就能知道：码规划比 2G 网络的频率规划容易许多。毕竟，有那么多组码，所要求的复用簇又比较宽松，再加上有计算机自动规划的途径，人所做的就是对有特殊问题的小区进行再次配置。

10.4　统计参数

10.4.1　话统分析方法

网络优化的数据主要来自两个地方：业务统计和实际测试。对于网络规划而言，掌握现网的状况、问题和需求主要来自业务统计（实际测试是个长期过程，短期测试很难得出需求）。因此，获取统计指标和其中的数据对网络规划人员来说尤其重要。

通常，网络规划人员要能够采集最近一周的话统报表，包括 BSC 的统计报表、小区的统计报表、各种信道（业务信道和控制信道）的统计报表和各种业务的统计报表。

同时，还需将工程参数结合到地图上，由此来观察出现问题的小区。

是的，这些报表数据繁杂，可以让你的眼睛迅速看花。所以获取报表之后的工作是筛选，一是将关键指标筛选出来（关键指标主要是下面讲的接入性指标、保持性指标和移动性指标；二是将指标高于告警值的小区筛选出来，只观察这些小区。这样其他小区就可以全部切掉，不予考虑了。为了说得更具体点，我们拿最经典的 LTE 统计报表做个例子。

LTE 的统计指标大致包括如表 10-4 所示的几组内容，每组内又有若干参数指标。

表 10-4　LTE 统计指标组分类

指标组	指标组名	指标组说明
EU01	接入性指标	RRC 连接建立、E-RAB 建立相关的指标
EU02	保持性指标	无线掉线、E-RAB 掉线等相关的指标
EU03	移动性指标	切换成功率相关指标
EU04	完整性指标	空口业务承载质量，即用户面丢包、时延相关的指标
EU05	容量指标	业务量、利用率指标

统计指标可分成利用率指标、网络接入指标、呼叫保持指标和切换管理指标。

利用统计参数来分析网络状况、发现网络问题和需求很像破案的过程，通过统计报表来猜测"可能是什么原因造成的"。网络优化人员会找到更多的线索，比如测试、测量报告，来定位出问题，第一时间解决问题。而网络规划人员则是负责对需求的总体把握，为制定方案提供更多的依据。所以网络规划人员在发现报表上的异常现象时，最好问问网络优化人员是什么原因，有的原因可能很直观，设备坏了或是临时的参数调整；有的原因则是话务提升、覆盖盲区等。

10.4.2　利用率指标

网络规划人员看到统计报表的第一冲动是看看网络的利用率，包括整个网络利用率和每个小区的利用率。要通过观察网络的使用情况，对网络容量的问题进行判断，从而提出扩容目标、扩容方案和具体技术方案。

利用率在第 6 章讲过了，说到底还是用实际的话务量（业务量）除以配置的资源。

在 LTE 网络中，由于业务特性的多样性，不能简单用一个统一的指标来衡量网络的忙闲。举例来说，对于一个小区碰巧用户量很大但都在刷微信、上 QQ 这类小数据包业务，此时表面看上去无线资源也就是 PRB 利用率不高，但是在 RRC 连接数上已经超出了小区配置资源所能承受的范围。还有一些小区用户都在进行视频浏览或者文件下载这样的大包业务，此时占用的无线资源很高，表现为 PRB 利用率高，但同时调度用户数以及在线用户数等都还有富余。

因此，在 4G 网络中，网络规划人员需要综合应用上述指标通过合理筛选和排序找到真正最忙的或者需要扩容的小区，结合网络接入指标、切换管理指标分析这些小区因何而忙，比如：是小包业务占用的控制资源太多了，还是大包业务占用的数据资源太多了，抑或小区用户数太多超过了设备的硬件能力。而如果再结合资费套餐，就会发现，有时候话务突变，往往是某些局部地区推出了特色的资费套餐的缘故……通过这些深入分析，除了可以实现网络本身发展的规划策略的制订，还可以在资费套餐、客户划分等运营策略中发现问题和寻求解决方案。

10.4.3　网络接入指标

网络接入指标主要包括接通率、拥塞率。表 10-5 所示为接入类具体指标。

表 10-5　LTE EU01 类统计指标举例

指标编码	指标名称	业务需求
EU0101	RRC 连接建立成功率	反映 eNodeB 或者小区的 UE 接纳能力，RRC 连接建立成功意味着 UE 与网络建立了信令连接。RRC 连接建立，包括如位置更新、系统间小区重选、注册等的 RRC 连接建立
EU0102	E-RAB 建立成功率	E-RAB 建立成功则是成功为用户分配了用户平面的连接
EU0103	无线接通率	统计 UE 成功接入网络的性能
EU0104	E-RAB 建立成功率（QCI=1）	统计 QCI=1 的用户平面连接建立成功率
EU0105	E-RAB 建立成功率（QCI=2）	统计 QCI=2 的用户平面连接建立成功率

续表

指标编码	指标名称	业务需求
EU0106	E-RAB 建立成功率（QCI=3）	统计 QCI=3 的用户平面连接建立成功率
EU0107	E-RAB 建立成功率（QCI=4）	统计 QCI=4 的用户平面连接建立成功率
EU0108	E-RAB 建立成功率（QCI=5）	统计 QCI=5 的用户平面连接建立成功率
EU0109	E-RAB 建立成功率（QCI=6）	统计 QCI=6 的用户平面连接建立成功率
EU0110	E-RAB 建立成功率（QCI=7）	统计 QCI=7 的用户平面连接建立成功率
EU0111	E-RAB 建立成功率（QCI=8）	统计 QCI=8 的用户平面连接建立成功率
EU0112	E-RAB 建立成功率（QCI=9）	统计 QCI=9 的用户平面连接建立成功率
EU0113	无线接通率（QCI=1）	统计 QCI=1 的网络接入性能
EU0114	无线接通率（QCI=2）	统计 QCI=2 的网络接入性能
EU0115	无线接通率（QCI=3）	统计 QCI=3 的网络接入性能
EU0116	无线接通率（QCI=4）	统计 QCI=4 的网络接入性能
EU0117	无线接通率（QCI=5）	统计 QCI=5 的网络接入性能
EU0118	无线接通率（QCI=6）	统计 QCI=6 的网络接入性能
EU0119	无线接通率（QCI=7）	统计 QCI=7 的网络接入性能
EU0120	无线接通率（QCI=8）	统计 QCI=8 的网络接入性能
EU0121	无线接通率（QCI=9）	统计 QCI=9 的网络接入性能
EU0122	E-RAB 拥塞率（无线资源不足）	反映 eNodeB 侧无线资源的繁忙程度
EU0123	S1 接口 UE 相关逻辑信令连接建立成功率	反映 eNodeB 与 MME 连接稳定性
EU0124	RRC 连接平均建立时长	统计 RRC 连接平均建立时长
EU0125	E-RAB 平均建立时长	统计 E-RAB 平均建立时长

　　接入指标恶化的最主要原因是网络容量不够，拥塞率是容量规划的重要指标。但是不能以偏概全，还有很多其他原因。

　　通过分析接入指标，网络规划人员最需要明确的是，哪些问题是因为网络容量不够引起的，而哪些问题是因为参数设置问题引起的。下面以 TD-LTE 网络为例进行说明。

　　RRC 连接建立成功率反映了用户控制面信令建立的成功率，E-RAB 建立成功率反映了用户业务面通道建立的成功率。因此一个小区如果这两方面指标都比较低，多为网络容量过大的原因，可以结合 PRB 利用率以及小区吞吐量等指标进行观察。这种小区往往忙时数据流量很大。在一些话统中，超忙小区会被提取出来，或被直接过滤。

而对于 E–RAB 拥塞率过高，而 RRC 连接建立成功率很高，可以查看其小区忙时数据吞吐量，看是否是因为数据量大造成拥塞，如果不是因为数据量大造成的拥塞，则可以同网络优化人员沟通，让网络优化人员检查设备告警、干扰、设备参数设置等问题。

特别要提的是，在 4G 网络中可以统计基于不同 QCI 下的 E–RAB 建立成功率以及无线接通率，这实际上是根据 TS23.203 中 QCI 映射表中不同业务类型来进行接入类指标的统计。比如 QCI=1 是指会话类语音业务的承载；QCI=2 是指会话类直播视频流业务的承载；QCI=3 是指实时游戏业务的承载；QCI=4 是指非会话类有缓冲的视频流业务的承载；QCI=5 是指 IMS 信令业务的承载；QCI=6 是指有缓存的视频流业务的承载；QCI=7 是指话音、实时视频流以及交互游戏业务的承载；QCI 为 8 和 9 时与 QCI 为 6 时承载的业务类型类似。

如果是其他问题，如随机接入成功率过低，则有可能是因为出现了干扰或者覆盖问题，网络优化人员会结合路测的 BLER 数据进行排查。

总结一下，网络接入指标中，网络规划人员更关注于是否因为容量需求而导致的拥塞。因此，结合忙时数据吞吐量、无线资源利用率、超忙小区等指标排查更为有效。

10.4.4　呼叫保持指标

衡量呼叫能否保持，一类最主要的指标就是掉话率。以 4G 网络为例，涉及掉话率的指标具体如下：

（1）无线掉线率；

（2）E–RAB 掉线率；

（3）RRC 连接重建比率；

（4）RRC 连接重建失败率。

看到掉话率高的小区，莫要惊慌，把这些小区专门提取出来看。首先分析这种状况是偶然事件还是经常如此。如果多个小时总是掉话率高，掉话原因则包括弱覆盖、干扰、上 / 下行链路不平衡、参数设置问题、故障，可以通过检查其他指标逐一排查。

网络规划人员比较关心的是由于弱覆盖及干扰所造成的掉话。

如果是弱覆盖，工作人员则可发现掉话率过高时，其上 / 下行电平过低，接收电平低的次数比例过大。同时，工作人员再结合地图仿真估算或实际测量，就可定位覆盖问题。

若是系统内/间的干扰，则可结合干扰抬升情况分析，同时从报表中找到上/下行质量，如果某一路质量过低，可以观察在 20M 带宽上不同子载频上的干扰抬升情况，从而定位干扰产生的大体原因。

至于上/下行链路不平衡、参数设置等问题，仅仅通过统计报表的指标进行分析，确实难以找出根源，网络规划人员一方面是对原因进行排查（弱覆盖和干扰在报表上能明显体现），另一方面可以跟网络优化人员沟通了解大致的信息。

最终将出现弱覆盖的小区全部筛选出来，新建基站的位置也就逐步定位。

10.4.5　切换管理指标

切换管理指标是指切换请求次数、切换成功次数和切换成功率，也包括了切换类型（eNB 间 X2 切换、eNB 间 S1 切换、eNB 内切换、同频切换、异频切换、异系统切换）、切入以及切出，切换平均时长等指标。

网络规划人员观察切换管理指标的目的是：通过观察切换数和切换成功率，发现越区切换、乒乓切换和网络弱覆盖、干扰的现象，并调整相关小区的邻区关系、工程参数及切换参数。

通过报表有可能发现乒乓切换现象，典型的如切换次数相比于其他小区异常高。此时再观察相邻小区的切换次数，就能定位乒乓切换的问题。之后再通过网络规划工具的仿真或路测对这个问题定位加以确认。当出现乒乓切换时，只要深入分析，就能找到最根本原因。比如可能是多系统小区交叠、切换参数设置问题；或是高层小区设置邻区过多，多个邻区信号在高空萦绕而致。这就要求网络规划人员在这些特殊小区有针对性设置工程参数、邻区参数和切换参数，或者增加主服务小区，以突出主服务小区的信号强度，减少乒乓切换。

越区切换也可以通过报表找到。报表中会出现切换成功率超低的小区，在排除了设备故障、网络干扰、弱覆盖等问题后，再定位该小区，会发现该小区切换失败的原因是同其他小区未作邻区关系。如果通过地图观察就能发现这是因为出现了越区，这个小区同那些邻区本不是邻居，只是它的信号越区出现在了不该出现的地方，由此导致了切换失败。再深挖原因，多是因为高站或天线参数设置问题，可通过调整工程参数来实现网络规划方案的调整。

第 11 章

场景规划：封印结界

给各位施加个"飞行"魔法，让我们飞向天空，俯瞰一下通信网络的"结界"，如图 11-1 所示。

图 11-1　场景俯瞰（图片截取自 E 都市）

从茂密低矮的丛林边碧波万顷的湖泊，一望无际的稻田中铺着稀疏零星的房屋（乡村），到夹山而落的房屋群构成一街横穿的县城，灰色水泥的屋顶高低错落（郊区），再到整齐划一的火柴盒楼和近乎平行的街道，其间散落绿地街心公园（一般城区），再到玻璃幕墙和钢筋水泥的茂盛森林（密集城区）；有时还能俯瞰到蜿蜒一线的高速列车，高速公路上呼啸而驰的交通工具。

这一个个场景，把人群和人群的行为渐渐分开，构成了一个个"结界"，而这些场景的电波传播和通信行为依旧能找到看似明显的界限。

于是，运营者的焦虑再次袭来，他们需要"网络规划魔法师"对这些"结界"做出解释、分析和拆招，给他们吃个定心丸。通过研究，他们发现"结界"的覆盖性能和容量性能有着明显的区别，从而造成网络布放时的不同问题，由此引入了不同场景的规划方案，以"封印结界"。

那么我们看看是否能"封印结界"呢？

11.1 鳞次栉比

11.1.1 密集城区之阵

拿张图看看什么是密集城区，如图 11-2 所示。

图 11-2 密集城区（图片截取自 E 都市）

对密集城区的官方定义是：错综复杂的楼群无明显分界线，平均楼高超过 40 m，建筑物高度密集，间距较近，建筑物排列分规则和不规则两种，一般为中心商务区或商业区。

如果从不同角度来看，密集城区是由楼宇布的阵势。再仔细分一分，可以分为以下三种阵势。

1. 鹤立鸡群型

鹤立鸡群型如图 11-3 所示。

在一群低矮建筑物的中心，出现一个高层建筑物。富有联想的人就知道这属于"塔形碉堡"阵型。这种阵型大大满足了人们的崇拜之心，但带来的网络问题却让人挠头。

图 11-3　鹤立鸡群型

2.　层峦叠嶂型

层峦叠嶂型如图 11-4 所示。

图 11-4　层峦叠嶂型

一群较高的建筑密密麻麻地堆在一起，这就是层峦叠嶂。让我想到了古代阵法里的"鱼鳞阵"，每个建筑物都很像鱼鳞一样，叠在一起，不正是密密麻麻的握手吗？这个阵势，信号很不好穿透，因此可能形成不连续覆盖。将墨水倒在一叠纸上，越向下，浸湿的部分越少，最下边甚至不会浸湿，在战术上也可以叫车轮战法，首先在气势上就把无线电波给"吓破了胆"。

3. 四合院型

四合院型就是多幢相互连接的高层建筑围成建筑群，内部像口井一样，如图 11-5 所示。

图 11-5　四合院型

这是"方圆阵"，古代战争中方圆阵的最大问题是中间如何保护。而网络规划中的"方圆阵"问题也在中间，中间会有覆盖盲区。

这三大阵，基本上能够组合成各种密集城区，尽管我曾经强调高站覆盖，但是把天线放到 50 m 以上的大厦顶还是很吓人的，这样信号会飘到很远，相邻小区的意见会很大。但是，天线不能挂这么高，同样也会产生 N 多问题。

（1）乒乓切换：乒乓切换就是手机信号在多个基站间像乒乓球一样切换，这个比喻太生动了。你能想象出手机中不同小区信号的变化，一会儿是小区 A 强，一会又跳到了小区 B，又过了一会儿，远在三条街之外的小区 C 竟然也变成主小区。这种现象的原因是多个小区共同对高层建筑进行覆盖（特别是"鹤立鸡群"型），同时高层建筑之间的反射、散射也十分频繁，从而产生不稳定的信号，绕树三匝，无枝可依。

（2）干扰：对于建筑高层，到窗边能看到别的建筑的平台，能看到地面上蚂蚁般的行人，也能"看到"多个小区的信号。这些小区信号太多，同频、邻频、同码字的信号就会全收进来，同频、邻频干扰迅速提高，误码率升高，通话质量受到影响。

（3）孤岛：孤岛在第 7 章已经讲过了，说直接点就是出现了没做邻区配置的信号。在密集城区的高层建筑里也会产生孤岛现象。主小区信号不够强，接收到了三条街以外的 C 小区信号，而这个 C 小区并不在主小区的列表里。于是，主小区就会嗔怪："这个小 C，我怎么没听说过？不许你跟她交往！"不许切换，话音质量下降，然后通话中断。

（4）弱覆盖：弱覆盖主要出现在高层建筑的较高层和密集建筑的内侧，由于建筑超过宏基站覆盖范围，或者信号穿透多层而变弱，称为"墨水穿纸"效应。

11.1.2 见招拆招

对于密集城区这样的阵势，最好的方法就是内外结合，内部用室内覆盖，建筑物周边、窗边则需要针对性地用室外覆盖。室内覆盖将在第 11.2 节介绍，这里只讲室外覆盖，如何针对楼宇布"天线阵"。

如果天线已经布放在较高的地方，如 40 m 高的楼顶，则需要使用比较高级的天线，即电调下倾、下零点填充、上副瓣抑制、前后比要求高的天线，这在第 7 章已经提到了。

如果宏蜂窝定向天线布放在 30 m 左右的平面，如高楼的裙楼，高层建筑周边相对矮点的建筑物，则还需要在 5 m 左右的平面增加一层全向天线，以满足楼间盲区的覆盖。特别是"方圆阵"的中间，设置全向天线覆盖这片盲区及周围建筑物，称为"中心开花"。同时，设置上倾天线以覆盖高层建筑物的高层。密集城区室外天线布设示意图如图 11-6 所示。

对于密集城区的建筑物，室外覆盖并没有一招鲜吃遍天的办法，都是得到现场去查勘，然后凭经验因地制宜地设计出一个合适的方案，并通过仿真调整验证。但是，最好的解决方案并非用室外天线覆盖室内，而是进行室内分布系统的布放，室外天线依旧负责室外覆盖，室内天线负责室内覆盖。室外天线主要用于无法建设室内覆盖的高层建筑，或者用于室内外交界处以补充室内覆盖无法完全达到覆盖的建筑物。室内外交界处的覆盖补充如图 11-7 所示。

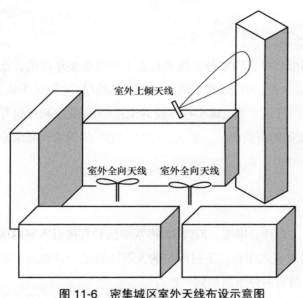

图 11-6 密集城区室外天线布设示意图　　　图 11-7 室内外交界处的覆盖补充

11.2 宅

11.2.1 室内的"宅"特性

密集城区之阵为楼宇的"结界"，那么"宅"就是围墙的结界。现代城市人一生 2/3 的时间在围墙的"结界"中度过，因此，室内的"宅"特性则更显突出。

1. 业务"宅"

尽管室内有固定电话，但还是有很多移动通信话务量发生在室内。数据业务也多发生在室内。这甚至引发了一个疑问：还有没有必要对室外进行更细致的建设？谁让通信业务那么"宅"呢。

2. 无线电波"宅"

由于室内分布系统的增益较小，再加上建筑物的穿透损耗。室内小区的无线电波比较眷恋室内。有的室内覆盖的小区覆盖面积还很小，以至于一层楼层需要布置很多室内覆盖天线。

3. 用户需求"宅"

如果室内的通话都发生在窗口，那似乎可以用室外天线来覆盖（记得很多年以前，室内覆盖尚未铺开，打手机还都是要靠到窗口去。但是，我们的用户需求真的很"宅"。《手机》电影里严守一要在厕所里发短信打电话，而现实中也确实存在投诉说："为何我家厕所信号差"，难道大家都有一些保密的电话必须到厕所谈吗……那么，用户"宅"的需求，要求室内覆盖规划也要"宅"起来。

11.2.2 室内分布系统

室内分布系统就是用有线传输方式（光纤、电缆、漏缆），将基站信号直接引入室内区域，再通过室内天线发送出去，从而实现室内覆盖。下过围棋的人都知道吃一片棋要"收气"，室外覆盖如同在棋外边"紧气"，而室内分布则如同"点"。

室内分布系统由以下几类物件组成。

信号源：室内覆盖的信号，其源头是宏蜂窝基站、微蜂窝、直放站和最近异常流行的RRU(无线射频单元)。

功分系统：一个源要分给不同的覆盖区域，因此需要功分器和耦合器将功率分开。这二者的差别在于功分器只能平均分两份、三份、四份，而耦合器则可按不同比例分功率。

合路系统：如果多个信号源共用室内分布系统（如 WCDMA、TD-SCDMA、LTE 共用室内分布系统），则必然需要将多个信号源进行合路，这就需要多系统合路器来实现，典型如多频合路器，合路器可以实现多路信号之间较大的隔离度。另外，如多个频点的小区共用室内分布系统，也会用到合路器，一般会使用 3 dB 电桥作为合路。

干线放大器：当信号传到一定距离，其损耗过大，主干信号源功率不够，此时需要对其功率进行放大来满足覆盖要求。

室内覆盖发射源：室内覆盖发射源主要有室内覆盖天线和泄漏电缆。天线主要是吸顶天线和墙挂式天线（一般为全向锥形天线、八木天线或对数周期天线），出于电磁辐射的考虑，室内覆盖天线尺寸变小，因此其天线增益也必然变小，最大增益一般为 9 dB。泄漏电缆则经常会用于长筒形室内，如地铁隧道、长走廊、电梯。图 11-8 所示的泄漏电缆就是将馈线当天线，因为把馈线的外包层挖一些规则的小槽，电磁波就可以从中冒出来。

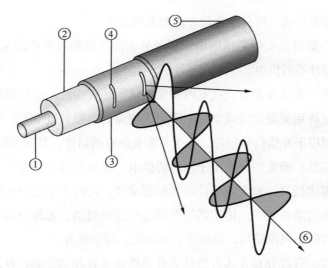

注：① 内导体；② 绝缘体；③ 外导体；④ 槽孔；⑤ 护套；⑥ 电磁波

图 11-8 泄漏电缆

馈线：上述这些器件的连接全靠馈线实现，馈线就是同轴电缆，这种电缆分两层：内导体和外导体，中间是发泡材料做的绝缘体，电磁波就在内导体和外导体中间传播。内导体和外导体的轴是一致的。室内分布系统用馈线分为 7/8 inch（1 inch=2.54 cm）和 1/2 inch（1 inch=2.54 cm）。馈线越粗，其单位长度损耗越低，但是付出的代价就是变粗变重，更加碍眼了。

上述这些设备，组成了室内分布系统，如图 11-9 所示。

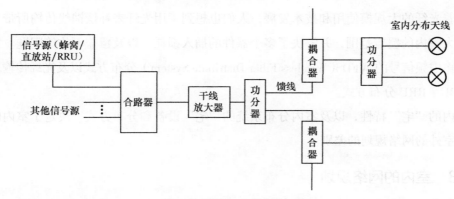

图 11-9 室内分布系统图

实际的室内分布方式，可分为有源方式和无源方式。

所谓"源"不是指源头而是指电源。有源分布即在分布过程中的某些器件需要供电，无源分布即所有器件不需供电。

无源分布方式：无源分布方式在室内覆盖中使用比较广泛，信号源只通过功分器、耦合器进行分路，最终用无源天线或泄漏电缆完成覆盖。当覆盖范围大、传输距离远时，干线放大器的加入则用于补偿信号损耗。对于不需要供电的器件，其最大的好处是稳定性好、可靠性强、故障率低；而无源分布由于不需要供电，布放安装灵活方便。但是无源方式对楼宇分布设计的要求较高，对无源器件的指标要求高，同时为了减少传输中的损耗，其分布设计也要求较高的路由效率。由于系统覆盖范围受到限制，无源分布方式适合于覆盖区域集中、范围不大的小规模建筑，如超市、电影院、写字楼等。

有源分布方式：有源分布方式自然是靠有源器件（有源功分器、有源放大器、有源天线）实现的信号放大和分路，有源器件的最大特点是不需要考虑传输损耗，有源补偿。有源分布方式的好处是：适合大规模覆盖的室内分布系统，不需要考虑馈线损耗；布线比较灵活，只要有供电就可以布放；集中告警，模块化结构；可以无所顾忌地使用损耗较大的细馈线。有源分布方式的缺点也很明显：依赖供电，器件的故障率高；噪声积累，信号的任何放大都会同时引入噪声，信号放大级数增多，则噪声和互调引入量就会增大，如果器件的质量差，比如互调指标较低，则覆盖质量变差；有源器件的频段较窄，宽频有源放大器一直是业界开发设计的难点，器件设计、器件材料、工艺设计都会造成频带平坦度的下降。

随着光纤的大规模使用和技术发展，人们也想到了用光纤来补偿馈线传输所带来的衰减，扩大室内的覆盖范围，并解决了多个器件的插入损耗，以及覆盖不均等问题。比如用光纤传输中频信号的 WFDS（Wireless Fiber Distribute System）分布方式以及光纤传输基带信号的 BBU + RRU 分布方式。

室内的"宅"特性，以及室内分布系统的"宅"设备和分布方式，决定了室内的网络规划与室外的网络规划的差别。

11.2.3 室内的网络规划

如果你读了前面的文字，就应该知道如何把方案、统计等东西说清楚，实际就是牢牢抓住"比较"二字，找出未知和熟知的差异，对于室内网络规划的描述同样如此。

1. 容量规划的差异

容量规划，还是要从需求和供给两线入手。

对于室外网络规划，需求预测着眼点是整个本地网，预测的都是总体的用户数，用户发展趋势，总体用户的业务模型。而对于室内网络规划，则着眼点更加细节，规划的可能是一幢写字楼、一个购物中心、一个车站。因此，用户量也就是这个建筑物的用户数，其用户流量不是靠统计局的年鉴，而是靠相关物业和管理部门的"说法"。要想获得准确的数据的办法是，直接调研统计。找个调研人守在建筑物门口统计人的出入流量就能计算总体的用户数，或者用经验估算，拿建筑面积和百分数相乘，从而得到用户数。

比如写字楼用户数可以这么估算。

建筑面积 $\times 1/20 \times A\% \times B\%$，$A\%$ 可以定义为地毯面积比例，$B\%$ 就是某技术终端的渗透率，$1/20$ 就是每 $20 \ \mathrm{m}^2$ 摊一个人。而室内的业务模型也不同于室外，不同功能的建筑物，其业务波动也不同。写字楼就是工作 8 小时有业务量，其间可能还会有不少数据业务量；而商业区的业务量则集中在周末和节假日；而大型场馆、体育馆的业务量则呈突发状，没有展会、比赛时寂静如鬼城，一旦有展会和比赛则业务井喷。这种业务量波动的问题在第 11.3 节中会更详细地描述。因此，室内业务模型总是依托建筑物功能而分类的，如写字楼、超市、会展中心、机场、酒店、娱乐场所、停车场等。

系统如何配置：对于突发业务量的室内分布，聪明的做法是多做几种状态配置，自然就是"万籁俱寂"型配置和"车水马龙"型配置。"万籁俱寂"型好配，仅仅关心是否满足覆盖就可以了，但是"车水马龙"型就不好配置，除了配置信道、载波和码道资源，还得做频率规划，甚至可能超出网络的极限容量而需要临时调配资源。另外，对于非突发业务的系统配置同样可按第 6 章所讲，统计出每用户业务量，然后用仿真算法来配信道、CE、BRU 等数目。以上是我们在 2G/3G 网络中常用的方法，在 4G 网络中，类似地，可以根据用户的平均 DOU/MOU 以及室内用户数估算出室内的吞吐量需求，从而估算出室内小区数以及载频数的需求。假如室内可用频段是 $2\ 300 \sim 2\ 400\ \mathrm{MHz}$，那么可以根据室内建筑的情况选择同频或者异频组网。这属于具体的室内组网方案，需要考察实际场景。

2. 覆盖规划的差异

覆盖规划方法仍旧不变，还是链路预算、传播模型、覆盖仿真这一系列方法。其间的

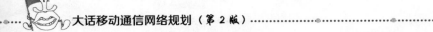

差异主要在于以下几方面。

（1）用于室外规划的传播模型不能用在室内。

因为传播环境完全不一样，天线的覆盖范围很小，很多区域的接收信号多是直射信号和单次反射、二次反射信号，瑞利效应并不明显。因此，人们提出了针对室内的传播模型，同样也分为确定性模型（射线跟踪模型）和统计性模型。比较著名的室内模型有 Keenau–Motlay 模型、MWM 多墙模型、LAM 模型。通信组织 ITU–R 基于 Keenau–Motlay 模型提出将室内分为 LOS（视距传播）和 NLOS（非视距传播）两种。

NLOS：

$$L_{\mathrm{NLOS}} = 20\lg f_{\mathrm{(MHz)}} + N \times \lg(d) - 28 + X_{\delta} + L_{f(n)} \qquad (11\text{--}1)$$

LOS：

$$L_{\mathrm{LOS}} = 20\lg f_{\mathrm{(MHz)}} + N \times \lg(d) - 28 + X_{\delta} \qquad (11\text{--}2)$$

其中，

X_{δ}：慢衰落余量，在第 7 章已经谈过这个概念；室内环境下的慢衰落余量一般取 8 dB；

N：距离损耗，取值在 20 ~ 30；

$L_{f(n)}$：楼层穿透损耗系数。

根据传播模型公式，就可以做室内覆盖的链路预算了。

室内的覆盖规划还必须要考虑和室外的关系。室外信号总会静悄悄地溜进室内，同时，室内信号也会羞答答地溜出室外。这会导致如下的问题：室内覆盖小区利用率低于室外，没有吸收到业务量；室内外之间的干扰和切换问题在第 11.1.1 节中谈到了，多个室外信号溜进室内，室内信号又没能镇住，那乒乓切换、质量下降、孤岛情况都有可能发生。所以在覆盖规划时，尤其要保证室内、室外信号都能和平共处，既不干涉对方，也不允许对方干涉自己，这就在指标上提出以下要求。

① 要求室内信号小区边缘场强高于室外信号 10 dB；

② 要求室外 10 m 处的室内导频信号低于某值，如 –95 dBm。

但是，这样的要求前提是室内分布系统能够规模建设。对于那些室内分布天线不能过多建设、室内分布系统建设遇到困难的室内，用室外信号来解决室内边缘覆盖是正解。因此，室内的覆盖规划只能是因地制宜。橘生淮南则为橘，生于淮北为枳，在 A 建筑物好用的方案，用到 B 建筑物就很蹩脚了。

（2）切换规划的变化。

切换的目标是"平稳过渡"，而室内是"墙"的结界，墙内与墙外、墙与墙之间的信号过渡就很困难。室内切换规划的关键任务就是对"结界"切换制定方案和参数。

结界包括一切室内环境的出入口（大楼出入口、电梯间出入口、停车场出入口）及各个楼层窗口处。

切换规划的原则很重要：避免不必要的切换；减少切换过程中的信号恶化；减少能带来不良感觉的切换。

避免不必要的切换：最不必要的切换就是楼层窗口处的切换。那就让窗口处的室内信号较强，避免室外信号的切换；同时调整重选参数，如让重选到室外小区的电平要求高，或者迟滞时间长，让用户更容易选到室内小区；另外，高层室内小区不与室外小区建立邻区关系，让手机找不到邻区，或者只建立单向邻区。

减少切换过程中的信号恶化：最可能产生的频繁切换就是建筑物的出入口。对于人流量较大的建筑物（如商场超市、酒店宾馆），为保证进入室内的切换，减少信号突然恶化，则需要考虑在入口处增加一室内覆盖天线，同一层大堂的小区保持一致，同时入口处的信号可延伸至室外 5 m，让切换区域设在临近室内的室外。电梯的出入口也同样如此，如小区设置不合理（一般电梯内为一个小区，一出电梯就切换至邻区），则电梯出入口信号会急剧恶化而容易导致通信失败。一般会将电梯间和电梯共设在同一个小区，让切换区域设置在电梯间和楼层走廊连接处。

减少能带来不良感觉的切换：通话过程中的频繁切换自然会让人感觉不良。在建筑物、特别是高层建筑物的电梯运行过程中，应尽量减少切换。因此，往往专门为电梯设置八木天线或定向天线垂直覆盖；如果采用多小区覆盖，则需要根据楼层的功能属性在电梯间分布多个小区（如商务楼层一个小区、酒店楼层一个小区），同时二者的覆盖区域应有较大交叠，以减少切换失败，并佐以切换算法以保证电梯运行中减少切换；而对于较高层建筑，则最好采用泄漏电缆进行覆盖。

（3）仿真要求的差异。

室内网络规划一般不进行仿真，不是因为不需要，而是因为难题太多。一是详细的楼宇地图不好找，而且如何被仿真工具识读也是个大难题；二是室内的电波传播使用射线跟踪模型，对每个反射面的反射都进行计算是难题；三是室内仿真结果还要与室外仿真结果相结合进行分析，这同样也是难题。因此，只能退而求其次，链路计算之后，凭个人经验在建筑物平面图上指点江山。

（4）频率配置的差异。

考虑到数据业务大多分配在室内，室内同室外又有多墙之隔，其覆盖特性同室外迥异。因此，我们会专门为室内配置独立的频率，而在 4G 中甚至专门为室内分配了频率和载波，从而实现室内与室外异频组网，降低室内外之间的干扰，而室内频率规划也各不相同。

普通商务楼一般会按楼层规划频率，如 1 ~ 6 层各层小区构成一簇；7 ~ 12 层进行复用；高层再复用。

会展中心可按会展区块进行簇的复用。

而体育场馆则更难实现。因为体育场馆在高话务时必须分更多的小区实现复用，可以先将其分为比赛区和看台，对于看台，则可按不同区块分簇复用，如图 11-10 所示。同时因为多数场馆封闭性差，因此最好给场馆内独立分配频率资源。

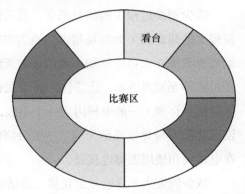

图 11-10　体育场馆的簇规划

（5）天线设置的差异。

室外蜂窝的天线一般只分全向、定向两种，TD-SCDMA 系统再分智能天线，4G 网络中又分为 2 通道天线、4 通道天线与 8 通道天线。8 通道天线应用于 TD-LTE 系统中，与 TD-SCDMA 系统智能天线类似，具有波束赋形的能力，而 2 通道天线应用于 LTE-FDD 系统中，不具备波束赋形的能力。而到了室内，天线尺寸不能过大，天线增益不能过高，覆盖区域也都是在楼层中、场馆中。因此天线则更显多样化，最普遍的吸顶锥形天线则属全向天线，用来覆盖建筑物楼层；而八木天线和对数周期天线则属窄波束定向天线，用来覆盖电梯井和走廊；对于体育场馆、会展中心，由于天线覆盖的严格要求，还需要特殊波束的天线，比如在体育场馆中会采用方形波束天线。

（6）多系统共存的差异。

出于成本、改造工作量、资源共享、物业协调等因素的考虑，室内分布系统多系统共用的需求也越来越高。但同样需要考虑室内分布系统多系统共用的干扰问题。多个系统的室内天线都共用了一副宽频天线，干扰隔离度很难用空间隔离解决，因此只能考虑用器件隔离，也就是使用隔离度高的合路器。而今有厂家开发出多系统接入平台（PoI，Point of Interface）的合路器，其内部结构就是多个合路器、电桥和双工器的组合，根据组合工艺和材料的选择，能够实现较高的隔离要求。

另外，降低多系统干扰还有"收发分缆"的技术。最直接、最需减小的干扰就是下行对上行（基站发射对基站接收）的干扰，因此如能在室内分布系统中将发射和接收全部空间分开，则此类干扰就可被解决。于是，便提出了"收发分缆"，即将上/下行链路分别合路，之后上/下行进入独立的分布系统，最终使用独立的天线，天线之间留够距离，如图 11-11 所示。这样天线之间隔离再加上分布系统的馈线损耗和插入损耗对抑制干扰都做了贡献。但这种技术所付出的代价就是重复建设了一套分布系统，虽然比单独建设多个分布系统要节约资源，但总归比收发同缆多花了成本。

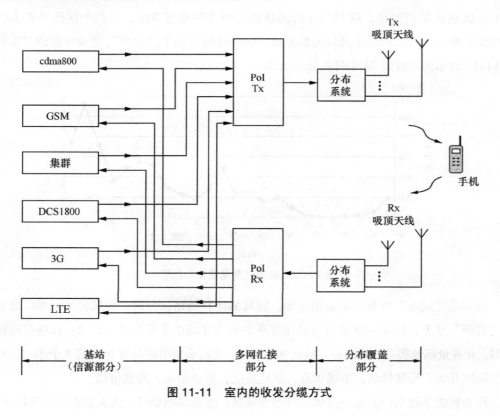

图 11-11　室内的收发分缆方式

11.3 尖峰时刻

11.3.1 什么叫"尖峰"

仲夏之夜的大学校园是充斥着足球比赛、GRE 备考……的校园。而今，手机的普及和校园资费套餐的诱惑又让移动通信业务充满了校园。晚上 9 点，刻苦一点的学生从自习教室回到宿舍，手机成了通话的重要工具。

而此时的校园基站，则处处话务溢出，大量的接入溢出统计在 OMC 上令人触目惊心，超忙小区再次如期而至，这些小区的网络利用率往往超过 70%，一些小区还接近 100%。就在晚上 9 ~ 12 点，校园小区每天都上演"尖峰时刻"，这个"尖峰"，是业务量的"尖峰"。图 11-12 所示为某校园 24 小时业务波动图。

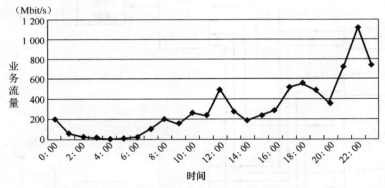

图 11-12   校园业务量变化示意图

校园是"尖峰"业务的主要根据地，同时如体育场馆、公园甚至居民区，都可能会出现"尖峰"业务。图 11-13 所示为某体育赛事的体育场馆业务波动示意图：在赛事还没开始时，业务量迅速提高，到比赛开始前达到顶峰，之后会随着时间推移出现 3 个小"尖峰"。赛事刚刚开始，酝酿情绪；中场休息，描述战况；赛事结束，发泄情绪。

作为智能手机用户的你一定体验过如下场景：在看演唱会时，人人都在拿着手机直播，而此时你想发送一张图片都需要等待很久，甚至频繁出现接入失败。那是因为你身处"尖峰时刻"。

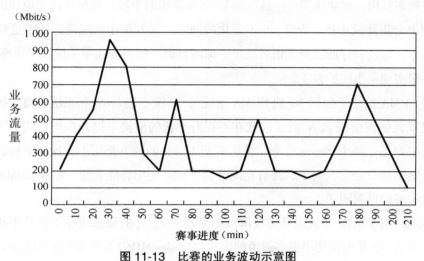

图 11-13　比赛的业务波动示意图

由此，总结一下"尖峰"场景的特点。

（1）特立独行、与众不同、卓尔不群的业务量波动。这些场景的忙时与网络系统的忙时总是不搭调（网络系统忙时一般为上午 11 ～ 12 点和晚 5 ～ 6 点），这些场景的忙时一般出现在晚上（校园为主），也会出现在节假日的公园里。

（2）旱的时候旱死，涝的时候涝死。忙时直冲九霄，利用率冲 100%；闲时直掠平地，话务稀少，利用率低于 30%。用术语说法则是小区业务量的"峰均比"高。

（3）"周期躁狂性神经质"话务。尽管这些场景的业务量波动与系统业务量波动有差异，但是如果长期观察，就能发现其周期型特色。比如校园，就是在学期上学日的晚 9 ～ 12 点；而公园，则发生在特殊节假日的上下午；体育场馆，那就靠重大赛事来调理了。

几乎每个网络规划人员到现网调研都会遇到上述场景，作为网络规划师，总要给出具体方案，见招拆招。

11.3.2　见招拆招

"尖峰"业务最直接的拆招就是提升系统容量，"再大的流量也超强吸收，让工程师安睡到天明"。

提升系统容量的手段有什么呢？频率复用、紧密的频率复用、再紧密的频率复用、再三紧密的频率复用、射频跳频……这些都是 GSM 常用的手段，这些手段的原理说直接点就是通过频率分集降低干扰，保证 C/I 不恶化的同时，提升单小区配置。倘若这些手段都不够吸收话务，那就只好通过降低语音质量，即降低语音编码的速率（使用半速率、AMR 编码方式）来实现单小区扩容了。

至于 CDMA 系统（包括 3G 的 CDMA 系统），其核心是 E_b/N_o 和系统负荷，扩大容量的手段就是降低解调所需 E_b/N_o 的要求或在不提升干扰的前提下提升系统负荷。所能想到的手段究其根源无非两个字——分集。把所有能用分集的地方都用上，比如下行链路发射分集、上行链路接收分集，对了，还有空间分集，就是使用智能天线。好在 CDMA 系统尚未遇到容量尖峰的极端问题。

类似地，对于 LTE 系统也是需要降低解调所需 E_b/N_o 的要求或在不提升干扰的前提下提升系统负荷。于是出现使用更多通道的天线（Massive MIMO），比如 128 通道，64 通道天线。应用多天线技术实现更加细分的空分复用，让更多的用户能够在同一时间传输数据信息或者让同一用户能够在同一时间传输更多的数据信息，这就是多天线技术下多用户 MIMO 与单用户 MIMO，前者能够增加小区吞吐量，后者不仅能够增加小区吞吐量同时单用户体验也能得到提升。当然由于天线通道数增加，其个头也比一般天线大，成本也相应地增加。但是对于一些高 ARPU 值用户云集的区域，增加投资是值得的。

如果上述手段都不好用呢？那还是回到最原始但最直接的"亢龙有悔"吧。两招：增加载波、增加小区。这两招说得简单，但实现起来最费劲。频谱街的频率早已"客满"，小区也已经密如蛛网。于是，微微小区、家庭基站也逐渐被人们所认识。

除了提升系统容量之外，难道就没有其他办法了吗？各村有各村的高招。在交通领域：早高峰时，从居民区到商务区的车流量巨大，造成拥堵，而反方向的车流量却很小，一路畅通；于是有人提到能不能将双向道路中间的隔离栏设计成可变的，早高峰在出行方向上挪动一下隔离栏增加个车道，晚高峰在回家方向上增加一个车道。这个方案看上去很美，但由于实现操作很难而作罢。不过这个想法却遗留给了通信行业。

尖峰业务的特点是错峰，即同非"尖峰"小区的峰值时段不一致。那么是否能用一种调度方式，将其他小区在此时闲置的资源配置到本小区上呢？这个方案成为"错峰互补方案"。这样，系统总体的资源配置不变，仅仅通过调度就提升了总体的利用率，一举多得啊。

于是，多年前，多个厂家提出了"载波池"的解决方案，即让载波在不同小区之间周期性调度，白天在商务小区，晚上则调度到了校园，平时在居民小区，休息日则落到了商业区和公园。如图 11-14 所示，让 2 ～ 3 个载波在 16 点时从商务区 C 小区调度至学校 A 小区，最终解决了学校晚上的话务溢出问题，商务 C 小区的整体利用率也有所提高。

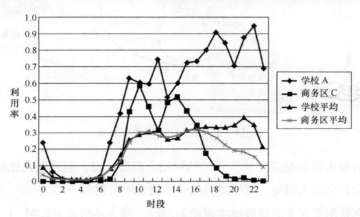

图 11-14　不同小区的业务错峰

载波池具体的解决方案可分为静态方案和动态方案。

静态方案分同站静态耦合和光纤直放站分布系统。同站耦合就是将两个同站的错峰小区用合路器耦合，让小区的话务量随着时间的迁移而迁移到相邻小区中来。静态方案载波池如图 11-15 所示。

光纤直放站分布系统就是选择一个中心节点基站集中放置大量的载波资源，然后通过多路光纤将射频信号送到各个需要资源的地区，同时覆盖这些区域，利用不同区域话务本身存在的时间错峰效应达到载波共享的目的，日常并不需要进行调度操作，载波信号同时为所有覆盖区提供服务，如图 11-16 所示。

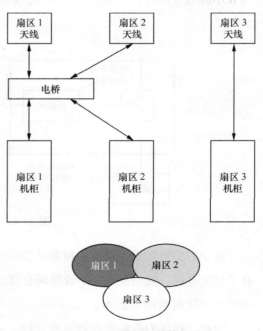

图 11-15　静态方案载波池

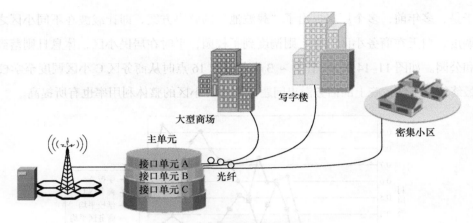

图 11-16　光纤直放站分布系统

　　静态方案的最大好处是避免调度带来的掉站、退服风险，但问题也比较突出，频率规划和切换关系设置会陷入困境，网络维护优化的困难增大很多。

　　动态方案则是用带开关的载波池实现动态调度。当 A 小区流量高时，开关切至 A 小区，当 B 小区流量高时，开关切至 B 小区，如图 11-17 所示。

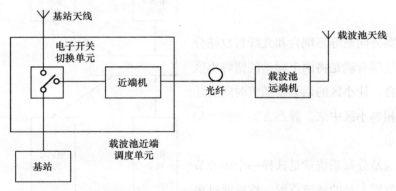

图 11-17　载波调度方案

　　这个方案看似很美好，不过基站及周边小区的频率规划和邻区规划仍旧是难题，但是有了解决办法，就是在小区中设置两套脚本，切换到 A 小区时采用 A 频率和邻区脚本，切换回 B 小区时采用 B 脚本。

　　由此，在我们的脑海中就出现这样一幅动人的画面，到处都是载波池，不同的错峰小区在不同时刻进行脚本切换，不用扩容就能将错峰业务吸收干净，安睡到天亮。是不是听到了不同时刻的"咔咔"切换声了？

如果从网络规划角度考虑，上述两种方案都可看作纸上谈兵，因为必须局限在一定条件下才可使用。最核心的条件就是，得找到具备互补的配对小区。这个条件看上去简单，但是如果增加很多附加条件就与大龄青年找对象一样困难：①如果这两个小区分属不同 LAC（位置区），那调度时就会产生 LAC "飞地"，显然不行——双方"户口"都得一样；②如果采用载波池方案，一次性调度载波最好多于 4 个，否则其成本高过直接扩容的成本，因此两小区得互补强烈——双方的"性格"明显互补；③同时这两个互补小区的"峰均比"都要较高，否则 A 小区还没调度过来，自己先成忙小区了——双方"个性"突出；④由于是采用光纤作为连接，则从传输角度，互补小区最好位于一个传输环上——双方"见面"方便。这几个条件得是"与"的关系。按照这个条件去配对小区，真的，很难！根据经验，一般各个城市中最容易找到的是校园小区（如校园同商务区相邻）或体育场馆（载波调度数量巨大）。所以，如果网络规划人员到现场去作规划，如有尖峰业务问题需要解决方案，首先想到的就是体育场馆和校园。

前面困难讲了很多，但确实也是实际运营中所遇到的现实问题。"池"内共享的思想在业界一直发展演进着。早在 2009 年业界就首次提出无线云网络（C-RAN）概念，希望通过增强云内协作降低干扰从而提升网络性能，同时 C-RAN 集中化部署也可降低网络运维综合成本以及综合能耗。

在 4G 时代，前传网络传输资源消耗较高的需求受限于传输资源有限的现实，C-RAN 发展较为缓慢。但无源波分设备（WDM，Wavelength-division Multiplexing）以及通用公共无线电接口（CPRI，Common Public Radio Interface）压缩技术的出现，一定程度上缓解了上述矛盾，也使得 C-RAN 得到了一定的发展。同时无线云化的概念也被广泛接受，已经有越来越多的厂商在 5G C-RAN 进行研发投入。

总结一下：对于尖峰小区，为了满足高容量需求，无外乎"硬"手段和"软"手段。先尽量选择"软"手段，比如通过软件升级新的性能提升算法、干扰消除算法或者池内写作算法等；如不可行，就需要看"硬"手段，是否可以增加频点，是否可以增加新的站点等。

11.4 火车情结

11.4.1 高速"结界"的特点

很多小朋友对坐火车都特别兴奋。当火车开启的时候，看见楼房、树木渐渐向身后远去就会很快乐，特别是坐最后一节车厢，看到两条铁轨从脚下伸向远方，逐渐消失，有一种漂泊感。以至于之后工作的出差，只要不是时间紧迫的任务或长途的任务，我都更倾向于坐火车，不是因为能多得点补助，而是因为那种在火车中自由的感觉（春运不算）。

而今，火车速度越来越快，通信需求也越来越强。对于从小喜欢坐火车的人们来说，在火车里打电话，却似乎有点麻烦。

在高速运动物体的"结界"里通话，会出现通话质量下降乃至掉话等现象，这都是速度惹的祸。其真正原因有二：多普勒效应导致的频率变化；高速运动导致小区间重选/切换。

1. 多普勒效应

多普勒效应在中学物理课本中就提到过了。现实世界也能遇到很多现象可以用多普勒效应来解释，比如两火车迎面而过的呼啸声，声音频率变高后又变低就是声波的多普勒效应；而最绝的现象则是"红移定律"，哈勃的红移定律说天体的光谱总向红波（长波）位移，并根据多普勒效应推算出所有星系都在离我们远去，再由此逆推宇宙的出现，即"大爆炸"理论，令人惊叹不已。

闲话少说，来看看多普勒效应是如何影响通信的。首先对铁路上高速车辆的多普勒效应建模，如图 11-18 所示。

多普勒效应最大频率偏移公式如下：

$$f_d(t) = f_c \cdot \frac{v}{c} \cdot \cos\theta(t) \qquad (11-3)$$

其中，f_c 为载波工作频率，v 为车速，c 为光速，而 $\cos\theta(t)$ 则为火车在某一时刻跟所处小区的夹角。将这个夹角换算一下，公式可变为：

$$f_{\mathrm{d}}(t) = \frac{-v^2 t}{\lambda \sqrt{v^2 t^2 + d^2}} \qquad (11\text{-}4)$$

其中，d 为轨道同基站的垂直距离。

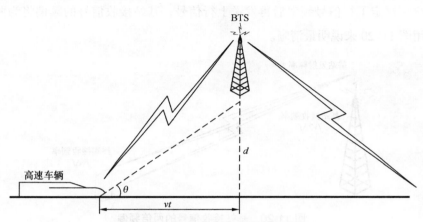

图 11-18 高速车辆的多普勒效应建模

之后，我们可以计算一下，看看不同速度的车辆，其带来的频偏有多大，如图 11-19 所示。

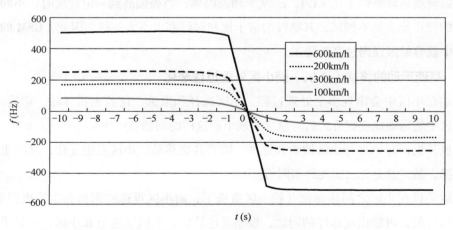

图 11-19 高速车辆的多普勒频偏

由此可以得出如下结论。

（1）速度越高，频偏越大，这是常识结论。我们可以算算不同速度的频偏，如 3GPP 总提到的 RA120（120 km/h）的速度，其频偏为 100 Hz（900 MHz 频率）、200 Hz（1 800 MHz

频率）、220 Hz（3GHz 频率）；而如今的高速火车，其速度高达 350 km/h，则频偏为 294 Hz（900 MHz 频率）、588 Hz（1 800 MHz 频率）、647 Hz（3GHz 频率）。

（2）频偏在近小区垂直点周围突变，其突变时间仅为 2 秒，频偏突变范围达两倍频偏。

（3）终端锁定下行信号频率后再发送上行信号，基站接收信号的频偏将为两倍频偏。这个道理用图 11-20 来说明最清晰。

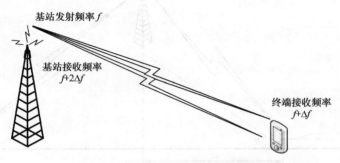

图 11-20　基站接收信号的两倍频偏

而由频偏及频偏突变所带来的影响就是牺牲信干比和误码率：接收机出现频率误差的最直接影响就是降低信干比（C/I、E_b/N_o）和误码率，当频偏高到一定程度时，不同系统的接收机的校正能力是不同的，其牺牲的信干比和误码率也不太一样。因此，GSM 的接收机在高速中就容易因误码过高而罢工。

2．高速运动的终端（手机）使小区处理过程恶化

终端在小区中会出现多个处理过程，小区选择和重选、位置更新寻呼、切换。于是，当在小区中的运动速度提升之后，就会发现下面这样的问题。

手机开机，开始进行小区搜索和选择，随着高速移动，小区发生变化，又得重新进行小区选择，最终总是无法实现终端附着。

之后手机在小区之间移动就开始小区重选了，而小区重选的测量和决策也需要时间，由于高速行驶，可能出现这样的问题，根据重选算法，手机重选至 B 小区，可是手机已经进入了 C 小区。

好了，到了位置区边界，需要执行位置更新了，高速运动终端的位置更新时间长，将可能造成更新后的寻呼无响应。

这些问题通过频繁开关机总算解决了，开始通话后，小区间切换就成了最令人头疼的麻烦，这里软切换则发挥了其"主小区红旗不倒，邻小区彩旗飘飘"的优势，而硬切换就比较成问题。当切换测量报告、切换事件触发、切换迟滞时间还没走完时，终端的物理位置已经倏忽跑入新小区，接收指标早已恶化了。

11.4.2　见招拆招

而今，高速铁路越来越多，动车组早已遍布各个城市，由此，高速火车所形成的通信问题逐渐突出。规划咨询师的工作是从规划角度减少上述问题的发生。那么，如何从规划角度来考虑呢？还是按照从上到下的思维方式去考虑。

最先，是组网问题。针对高速铁路如何组网，那自然会想到两种方案：公网和专网。

公网的方案自然就是利用现有网络，顺带将高速铁路周边的小区进行调整，其好处也很明显，花钱少，进度快；缺点也明显，不见得真能搞定高速的问题。

专网的方案则是针对高速铁路的覆盖独立建站，独立设置位置区和参数。其优缺点和公网方案正好相反。

所以，关键是在质量和成本上如何抉择，想省钱就别太在乎网络质量，视网络质量为生命就得舍得成本，这又是一个比较"纠结"的选择。通常，对于高速铁路，网络质量的影响还是很要命的，因此，在超过 250 km/h 的高速铁路都会使用专网方案。现在随着高速铁路越来越多，专网方案自然也将变成主流。

接下来就得考虑专网的网元和位置区设置。位置区的问题已在第 10 章介绍了，其解决方案自然是专设铁路的位置区，这样就可将位置区范围做成长条形。然后合理地设置位置区交界处，一般将交界处设于低速区域。

再后就是基站设置和小区设置。为了避免高速过程中的小区处理过程恶化，最好的方法是增加小区的覆盖面积，让终端在一个小区里待更长时间，同时小区之间的切换区也设置得更长一些，即小区交叠覆盖延长，以保证足够的距离完成切换和重选。因此，两扇区基站就在高速铁路专网中得到普及。小区合并也成了首选方案，将一个基站的两个扇区设置为一个小区，甚至将多个基站的连续扇区设置成一个小区，延长了小区的长度，使得小区选择、位置区更新、切换等过程都有时间完成。那么如何才能实际操作将多个小区设置为一个小区呢？长度可达几千米，总不能用馈线连接吧，因此 BBU + RRU 又一次出现，光纤接入 RRU 级联的方式大为普及，多个天线覆盖连成一个小区只是 RRU 排队，如图 11–21 所示。

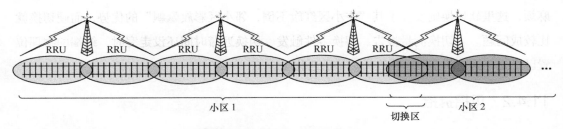

图 11-21　高速铁路的小区设置

小区之间的重叠覆盖区设得大一些。如果认为小区间切换/重选的最大时间为 2 s，则 120 km/h、250 km/h、350 km/h 需设计重叠区域达 180 m、400 m 和 600 m。

然后是天线的选择。高增益、窄波束天线必然进入考虑范围。覆盖带状区域的特点是长而不是胖。因此，在对铁路的覆盖中，用固定赋形的天线，或窄波束双极化天线比智能天线更好控制。

再往下，就是参数设置了。参数设置的关键是切换参数和重选参数，其实第 10 章已经说了，切换是通话中的重选，重选是空闲时的切换，二者的工作过程相似，参数原理也类似。在高速中，设置参数的目的都是希望尽快实现切换和重选，和火车的速度赛跑。一般的参数设置就是：减少切换和重选的时延；减少切换和重选的启动门限，终端一有点风吹草动，就启动重选和切换测量；为了减少切换测量时间，则需要对邻区列表进行优化，减少邻区配置；为了减少重选寻呼信道接收时间，则需简化寻呼信道内容，减少不必要的消息。至于哪些具体的制式，看具体的参数名字做配置吧，这里就不列举了。在规划中的参数只能做相对统一的设置，真正的一点点细节配置会在网络优化中实现。

最后是对具体设备的选型。这是应对多普勒效应的关键，对于高速所造成的频率偏移，设备厂家采取措施的核心在于频偏补偿算法，估计接收信号的相位旋转速度，计算多普勒频移和终端速度，对接收信号或检测符号做出处理，以补偿多普勒效应所带来的频偏影响。

最后，总结如下。

（1）在高速上的通信问题主要是多普勒频偏造成的误码率下降以及小区处理过程出现恶化所致，由此产生通信质量下降、重选及切换失败而掉话或网络驻留失败等现象。

（2）高速铁路网络规划的方案主要是专网方案，即将覆盖高速铁路规划的小区单独规划、单独设计、单独设置；公网方案属于"骑墙妥协"方案，通常用在速率低于 250 km/h

的铁路上。

（3）小区用 RRU 级联的方式实现，让多个天线覆盖像穿糖葫芦那样连成一个小区，增加其覆盖的长度。

（4）给终端切换和重选的小区重叠区域设置得大一点，让终端有足够时间完成切换／重选。

（5）切换／重选参数设置的目的是尽可能加快切换／重选的速度，因此所有参数设置的关键词是"减少"：减少时延，减少磁滞，减少邻区……

（6）如果网络质量确实不好，何不关掉手机，聆听轮轨交错的歌声，观察匆匆溜走的景象，感受逃离与漂泊的感觉呢？

11.5 BBU+RRU：池和云

11.5.1 基站的近端和远端

基站系统由几个关键模块组成：基带单元完成基带信号生成、复用、信道编码、同步时钟等功能；中频单元完成光传输的调制解调、数字上下变频、A/D 转换等功能；收发信机完成中频信号到射频信号的变换；功放和滤波模块完成信号的放大和滤波；射频电缆将信号传输给天线；天线发射信号。传统的基站结构如图 11-22 所示。

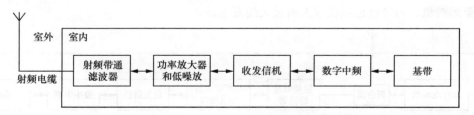

图 11-22 传统的基站结构

原先，所有这些模块必须全部在一个物理空间中，天线同所有模块间的距离受到射频电缆的限制，而这些模块的连接同样受到同轴线、跳线等限制。这样的模式从基站出现延续至今，尽管大家习以为常，但这种模式仍然存在下面一些问题。

（1）网络拓扑、覆盖和容量必须放在一起规划优化。一个小区的覆盖、容量全部由这一套模块组合所确定。这导致网络的组网十分"沉重"，拖泥带水，无法实现更有针对性的覆盖和容量配置，这其中的连接线是基站的"裹脚布"。

（2）站址获取的难度越来越大。无论是室外覆盖还是室内覆盖，希望随心所欲地将上述那堆设备放进自己钟爱的房间并挂上"通信基站"的牌子同时把 N 根又粗又黑的射频电缆千回百转地接到天线上很难。在站址难以获取的今天，同时要满足室内室外的覆盖和容量要求也就难以实现了。

（3）场景结界越来越多。前边提到的密集城区、宅、尖峰时刻，这样的"结界"越来越多，不知道以后还会出现什么"结界"，必须要求灵活的组网拓扑、灵活的容量配置和灵活的覆盖，线缆束缚的基站无法"封印结界"。

（4）综合成本高。虽说规模网络的前提是规模投资，但是大家都是企业，都是在资本市场上生存的，资本市场对成本的要求自然是越少越好。而站址选择如此困难，网络规划优化如此难堪，这让建设成本很难下降；同时，传统方式故障点多，维护成本也较高。

上述这些问题，是拉远系统解决方案出台的前提。

拉远系统的关键，是将基站从逻辑上分成了近端和远端，其核心是用光纤这种衰耗小、传输速率高的连接线取代射频电缆。由此，实现近端的综合控制，远端的灵活布放。如此，人们考虑的问题就是怎么把基站切开？哪块是近端，哪块是远端？

最容易想到的解决方案是图 11-23 所示的射频信号拉远，这是由直放站设计思路演变而来的，其实质是光纤直放站。直放站的原理是将射频信号耦合至直放站近端机，经光纤发送至远端机，再经过远端机放大通过天线发射。

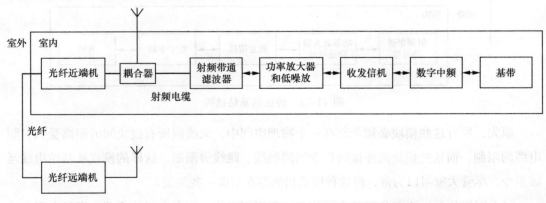

图 11-23　射频信号拉远（光纤直放站）

光纤直放站的好处是实现了覆盖范围的延伸，只要是光纤可及的范围，小区就可覆盖到。但是射频信号拉远只是将信号中继，无法实现容量的灵活调度。直放站的设置也受到同步、负荷分担等制约。

于是，这种模式又向更灵活的方式发展，即射频单元拉远，这就是所谓 BBU + RRU 的方案。这个方案首先在 WCDMA 系统中提出，之后逐渐运用到 TD-SCDMA、CDMA2000 系统和 LTE 系统，其通用架构如图 11-24 所示。

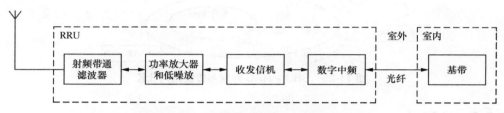

图 11-24　射频单元拉远（BBU + RRU）

BBU+RRU 方案：采用光纤将数字基带 IQ 信号拉远，射频变换在天面完成。射频远端模块通过光纤将基站的射频部分拉远，实现基站射频部分与基带部分的分离。将整个射频部分全部集合起来，变成一个又大又沉的铁盒子，而基带部分则只相当于一台 DVD 机大小。此时我们是否能看出端倪：室内的大部分设备已经变成了传输、电源等辅助设备，一个大大的基站机架单独放一个 DVD 机般的基带模块自然空落落的。而室外部分由于使用了光纤传输技术，可以将天线拉到 10 km（理论值达 40 km）之外的陌生地段。光纤直放站实现的是射频信号的拉远，而 BBU+RRU 方案则是让机房全部腾空，把最占地的射频模块实现了拉远。BBU+RRU 组网与传统组网的比较如图 11-25 所示。

10 km 的室外活动范围及空落落的室内机架让人浮想联翩：如果把那个空落落的机架放满基带设备，一个室内机房的容量就相当于过去数十个基站。

对于室内覆盖，一个室内机房就可以将容量随意分配到多个 RRU，伸展开来可以按各个室内的需求分配小区，分配容量；对于尖峰话务，容量的动态调整只需要对机房中的基带设备进行编程，就可以动态调整各个 RRU 的资源配置，拆闲补忙仅仅是中心机房的鼠标操作；对于高速铁路，那一长串连续覆盖而成的一个小区必然要在使用 RRU 这种方案之后才能实现……

在 4G 发展的几年时间里，BBU+RRU 模式已经成为绝对主流的基站设备形态。RRU 距离天线的距离拉近，减少了其中的馈线损耗从而提升了网络性能。

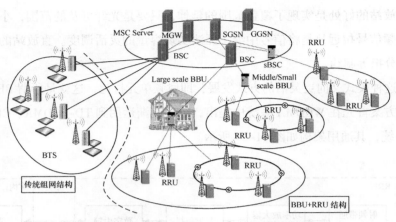

图 11-25　BBU + RRU 组网与传统组网比较

11.5.2　池和云

　　资源池 + 射频拉远的方案将会实现容量和覆盖的动态调度，其中大多数工作都在中心机房实现，而天线侧则不需要机房，只需要完成其射频覆盖的功能，并且天线本身的性能也由中心机房来维护管理。TD-LTE 网络中采用阵列天线进行波束赋形，阵列天线的幅度与相位通过网管进行调整与优化。5G 网络中的天线阵列数将会更多。适应不同场景下的波束管理也是网络规划工程师们需要考虑的因素，当然最终的调整还是在中心机房进行远程设置。

　　相似的概念在近几年的热点技术"云计算""机器学习""虚拟化"中都能找到，那些"云端"其实就是计算能力的资源池，而未来 C-RAN 的发展愿景也是希望集成大规模 BBU 资源池，应用云计算的模式来进行运算、处理、调度、同步、复用等功能；比如早就被提出的"瘦客户端"，也是将计算能力更多放到后台的中心。或者说得更生活一点，管道煤气，也是典型的天然气站当资源池，家家的煤气阀门做射频拉远的"煤气云"。这些系统的理念其实相差无几：资源集中、服务集中、远端虚拟、灵活部署。

　　在此，我们不对"云"模式做过多评价，只是提供这样的建议，当云模式的蜂窝网络真正实现后，网络规划该如何进行？应对"结界"的方案，可能仅仅变成了是 BBU 池子后台中的一套套脚本，采用一个相对烦琐点的数据库就可实现。如果届时人工智能技术得到突破性发展，蜂窝网络规划可能会变成资源池中心的一台计算机，如同"深蓝"，下国际象棋不再是对人类智慧的挑战，而只是计算机复杂计算后的游戏。

Chapter 12
第 12 章
蜂窝网络规划的演进

12.1　网络演进的挑战

刚工作的时候，"老大"跟我说：搞懂 2G 和 3G，能至少折腾 7 ~ 8 年，而今 4G 网络已然成熟，5G 网络即将商用，甚至有人提出，通信再发展会很快突破香农公式的极限，量子通信就要走出实验室了。这样快速的演进对网络规划产生了巨大挑战。

1.　体验业务的影响

一代、二代、三代网络的容量都会基于话务来计算。彼时，数据业务被称为"增值业务"。业务模型对数据业务的考量微乎其微。

到了 4G 网络，话音改了名字叫 VoIP，一切都成为数据业务。过去的所有按用户数、爱尔兰的业务估算统统作废。对业务量全部按数据流来估算，这就已经对业务模型产生巨大挑战。而到了 5G，业务模型又有新的挑战。因为 5G 提供的业务流量更大，这会产生数据业务的新突破。

（1）用户需求从简单的追求速度的需求变成追求体验的需求。4G 时，大家看重的是"快"，而到了 5G，大家看重的则是"爽"。前者还是速度，后者则跃迁到了体验。而对于体验，用 QoS 来评估业务质量已然落后，QoE（Quality of Experiance）必然变成主流。因此，体验的质量要求对网络评估方法和仿真预测提出了更大的挑战。

（2）终端连接从手机变到了万事万物。5G 的高容量会让物联网成为现实。2008 年，物联网提出时，人们还会担心当万物相连时，通信容量出现瓶颈。而到了 5G 时代，这将不是问题。除了人们的手机外，还要增加汽车、电脑、电视、手表、眼镜，乃至身体携带的各种器件。这将让业务模型从对人的分析，变成了对各个物的分析。无论连接数、时延还是可靠性都无法用过去的排队理论来解释，必须采用更系统级的海量计算才能处理。

2.　频谱的影响

为满足海量连接、超高速率需求，5G 网络可用频谱除了 Sub6G，还包括业界高度关注的 28G/39G 等高频段。与低频无线传播特性相比，高频对无线传播路径上的建筑物材质、植被、雨衰 / 氧衰等更敏感。

（1）LOS 和 NLOS 场景下，高频相比低频，链路损耗将分别增加 16 ～ 24 dB 和 10 ～ 18 dB；

（2）同一频段，NLOS 场景相比 LOS 场景，链路损耗将增加 15 ～ 30 dB；

（3）High Loss 和 Low Loss 场景下，高频相比低频，穿透损耗将分别增加 10 ～ 18 dB 和 5 ～ 10 dB。

传统的传播模型未必适合高频的传播特性；高频加低频的频谱共同组网，对网络会有更复杂的频谱协调和干扰要求；过去简单的链路预算绝对无法满足高频和低频的共同组网。特别是，5G 的高频基站还要用于大量复杂的室内体系。这就要求使用更加智能的射线跟踪模型和 3D 数字地图来进行网络建模和仿真计算。整个覆盖仿真的计算复杂度和建模难度会倍增。

3．天线复杂度的影响

4G 网络用了 MIMO 技术实现了空间分集，我们感觉到天线已然成为最小型化的网元。

而到了 5G 网络，MIMO 升级成了 Massive MIMO，天线的波束会从固定波束升级到用户级波束，你能想象出一个基站有数十个小天线，每个天线只和一个手机相连的样子吗？

如果这种天线广泛使用，传播建模、导频建模、覆盖预测和仿真、容量仿真的所有算法都将改写。

4．网络规划的本质要素受到挑战

随着用户体验重要程度的持续提升，网络规划已从"以网络为中心的覆盖容量规划"走向"以用户为中心的体验规划"，网络架构也相应地走向云化。一方面，通过网络切片快速提供新业务编排和部署；另一方面，进行实时的资源配置和调度。这些也给网络规划领域提出了很多挑战。既然是以用户为中心，那组网就会是动态的，信道资源就是云分布的，覆盖和容量就是随时变化的。

这让我们不得不重新审视"蜂窝"移动通信，蜂窝到底要如何使用？六边形结构是会成为"路径依赖"而沿用下来，还是仅仅被当做移动网络的一种"图腾"？

12.2　信息化、AI 化取代电子化

12.2.1　规划信息化

蜂窝网络规划的核心是方案，所采用的方法不外乎调研、深入调研、再深入调研、给出方案、仿真、修改后仿真、修改后再仿真，最终给出的是一个方案报告。而其中所使用的工具，依然是以 Office 系列为主的工具，只能称为电子化而已。

随着电脑速度的成倍提高，网络规划工具更加丰富实用，网络规划信息化也被提上日程。随着网络的演进，仅仅依靠几个公式就能实现的网络规划方案已经作古，取而代之的是用程序计算出来并进行仿真的方案。一个具备多种功能的规划工具会取代整个规划方案，它可以帮你预规划计算，可以做覆盖分析、容量计算，可以进行网络级仿真，还可以做初步的参数配置。之前我提到，网络级仿真的一个目的就是让操作人变成"傻瓜"，而复杂功能规划工具的开发也如同"傻瓜"相机一样，把网络规划"魔法师"变成了"傻瓜"。

信息化的核心是信息系统平台，这个平台集成了各行各业的服务器端，并在不同类型的用户上面加装客户端。平台起到的作用主要是流程的处理、客户端的管理、注册鉴权管理、信息的计算处理挖掘和聚合等。其设想的结构如图 12–1 所示。

此时，如果回过头来看网络规划工具，它的作用已经快上升到网络规划平台的地步，已经能够实现信息的计算处理挖掘聚合，剩下的就是让各个咨询师把调研的情况以客户端的方式输入进来，形成端（炮火前线的咨询师）到端（规划平台后边的开发支撑团队）的信息化模式。这样是否能够大幅度提高规划质量和效率，并迅速产生新的解决方案，进而提升客户的感受呢？

而更具威胁的是 AI 化。如果网络采集数据使用了大数据和海量计算。网络组网、接入、配置就完全能实现机器学习。那么人工智能就会给出一个靠谱的网络规划方案。甚至，AI 的方案会比网络工程师的方案更靠谱。

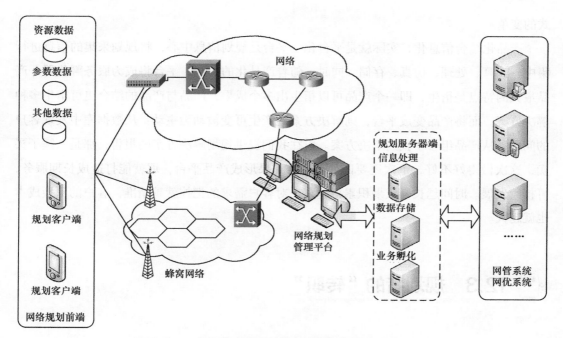

图 12-1　规划信息化的结构示意图（仅为个人想法）

12.2.2　规划产品化

网络规划的成果是规划的方案，是由 Word/PPT/Excel 组成的报告，这样的模式已经存在了很多年，可是问题也显现了出来。规划报告分不出"原创"还是"转载"。一份纸质的报告，其知识产权的保护门槛极低，随意快速的复制能让创新迅速贬值，由此带来的是规划本身的贬值。

因此，产品化这个思路自然而然出现。规划方案的产品化，即方案本身的成果并不单单是一纸报告，而是附加了可被保护的产品，典型的产品自然是软件、工具或某些功能模块，还包括其他知识产权产品如模型、算法等可形成专利的内容。

报告可轻易复制，而背后的产品却难复制，即便复制，当拥有知识产权之后，也存在法律风险。通过产品化来增加规划方案的门槛，从而保护每一个人的创新。从用户角度来看，对于一纸报告，用户早已司空见惯，见怪不怪。而如果形成产品，则为客户提供的就不仅仅是一个方案，而是由产品所形成的过程化的服务，还有最深层次的好处，即业务模式的变革。

产品化结合信息化，实际就是平台化。平台是规划信息中心，将规划采集的信息进行集中、计算、处理、仿真、存储。同时，随着产品化的丰富，平台将成为服务孵化器。产品最大的特点是衍生，即一个产品可以衍生出多个成果，产品与产品的结合更可衍生多种解决方案。而将产品变成平台，则解决方案的产生可变被动为主动：从数据库中发现客户的问题，从产品组合中找到解决方案。以往我们提供规划解决方案的报告，那是一锤子买卖，这次做得好不好，下次还要四处找。而如果形成产品平台，那就能打造成长期服务，可持续发展。时间越长，成果积累得越多，对客户需求的把控就越精准，客户的更换成本也就越大。

12.3　规划者的"转职"

项目经理、客户经理、解决方案经理

随着网络的复杂化，蜂窝网络演进对网络规划的影响加大，而网络规划的信息化、产品化极有可能成为与时俱进的趋势。由此，网络规划工程师将在几次"升级"之后面临"转职"。大家必须要给自己更清晰的定位，才能适应变化的网络和业务模式。

在之前的章节中已经提过，网络规划是个项目，其成果是解决方案，关键要素是人（客户）。根据国际企业通用的职业取向，这代表了三种职业：对产品和方案的计划、开发、展示和包装，即解决方案经理（如果是以产品为核心，则是产品经理）；对客户需求的挖掘、服务、满足，即客户经理；对项目的计划、执行、监控，即项目经理。

而今，网络规划者往往做的是"一人分饰多角"，谈合同时是客户经理，做方案时是解决方案经理，到工程中又变成项目经理。这种玩法最适合的环境就是企业初创。草台班子时期，个人既要求能唱两首歌，还得能变戏法，还得能说段相声之类。随着网络的逐步成熟，网络规划的模式也向更细致的分工转变，必然会让唱歌好的人专门去唱歌，变戏法好的人专门变戏法，说相声好的人专门说相声，即客户经理专门面对客户，解决方案经理专门面对网络问题，项目经理专门面对项目目标。三者组合，则整个网络规划团队就成了攻守相

当、互成犄角的锋利阵型，达到分工合作、规模生产、集成创新的效果。

12.4　规划搭台，优化唱戏

12.4.1　规划 + 优化 = 网络质量

《史记》里有个很值得品味的故事。

魏文侯曾问扁鹊说："你们三兄弟中谁最善于当医生？"扁鹊回答说："长兄医术最好，中兄次之，自己最差。"文侯说："可以说出来听一听吗？"扁鹊说："长兄治病，是治于病情未发作之前，由于一般人不知道他事先能铲除病因，所以他的名气无法传出去。中兄治病，是治于病情初起之时，一般人以为他只能治轻微的小病，所以他的名气只及于乡里。而我是治于病情严重之时，在经脉上穿针管来放血，在皮肤上敷药，所以人们都以为我的医术最高明，我的名气因此响遍天下。"

而如果我们把它用在蜂窝网络中，也很有趣。网络的规划如扁鹊大哥，治病于未病。而网络的优化则如扁鹊二哥，当网络有问题时，早做测试和优化，可减少网络大问题的发生。而当网络出现大问题时，恐怕就要搞"网络质量大会战"项目，规划人员和优化人员组成名为"扁鹊"的工作组，大家一起上吧。

因此，网络的问题不是规划所能承担的，再加上网络演进后的异构和复杂，规划必须要和优化结合，才能保证网络质量。而优化也必须要结合规划的成果，才能更深层次地发现网络的问题，从而避免网络出现更大的问题。随着演进后网络的复杂化和多样化，我相信，最终扁鹊的大哥和二哥会合为一体，规划中带着优化，优化里又揉着规划。

……

不过，上面这个故事就这么简单吗？这个故事背后最耐人寻味的地方是：既然扁鹊大哥、二哥的手段都比扁鹊高明，那为什么扁鹊最出名？是要成为默默无闻、但手段高明的"扁鹊大哥、二哥"，还是要成为"扁鹊"呢？我们能否也让"扁鹊大哥、二哥"更有成就感呢？

12.4.2 规划、优化工程师的意义感

最后，笔者想对奋斗在炮火最前线的规划优化工程师致以崇高的敬意。工程师们只能通过在炮火前线的实践来给网络看病，同时还要应对网络背后各色人的各种合理的、不合理的要求。而这些炮火前线的工作都是些什么呢？在外奔波、聚少离多、联轴测试、晕头转向、方案被批、垂头丧气、PPT返工、心力交瘁。但是评价这些劳动，并不是根据劳动本身的辛苦程度，而是挑剔的网络质量；其实，网络质量只代表网络，真正挑剔的不是网络，而是人的心。

曾几何时，本人在给某省做网络规划时，一个网优工程师半开玩笑问我："我们这的客户很挑剔，在家里的储藏室里还要求信号满格，可是又不能在他家安装室内分布系统，信号很难渗透进去，你能给规划一下吗？"我只好苦笑说："你知道九龙杯的故事吗？杯中刻有九条龙。但是神奇的地方在于，酒不能倒满，一旦倒满就全部漏掉。如果过于追求完满，则最终一无所获。"

但他并不罢休，我只好说："有的需求我们要满足，有的需求我们可以不满足。如果网络规划做到极致，那还要优化作甚，如果网络质量达到最优，那这几万网优工程师岂不通通下岗再就业了。"这话一说，就直指利益了，对方就此作罢。但即便巧舌如此，依旧难以服对方的心。很多事情有人能看开，有人却很难，这关系到自己的荷包和职业道路。

说到此处，不如再给规划、优化工程师这份工作找些意义感吧。每当你打开手机，看到信号满格，旁边的上下行数据图标一闪一闪时，你要想，这张复杂的网络背后有我们的付出。这个意义感会让我们觉得这份工作是值得的。